普通高等教育"十四五"规划教材

化工原理课程设计

（第二版）

主　编　易均辉

副主编　李　燕　李　翔

中国石化出版社

·北京·

内 容 提 要

本书为高等院校化工原理课程设计教材，内容包括：课程设计基础、换热器设计、板式塔设计、填料塔设计和 AutoCAD 在化工设计中的应用，着重介绍了化工单元操作中典型设备的设计过程，即工艺方案的确定、工艺尺寸的计算、流体力学性能核算、辅助设备的设计和选型等。本书内容注重课程设计的规范性与应用性，所介绍的单元操作中设备设计都有示例，并附设计任务书数则，可供不同专业课程设计时选用。

本书可作为高等院校化学工程与工艺、制约工程、应用化学、材料化学、环境工程、高分子材料、过程装备与控制、安全工程等专业的化工原理课程设计教材，也可供有关化工设计和生产管理人员参考。

图书在版编目（CIP）数据

化工原理课程设计 / 易均辉主编；李燕，李翔副主编. — 2 版. —北京 ：中国石化出版社，2025. 4.

（普通高等教育“十四五”规划教材）. — ISBN 978-7-5114-7801-6

Ⅰ. TQ02-41

中国国家版本馆 CIP 数据核字第 20253UH466 号

中国石化出版社出版发行

地址：北京市东城区安定门外大街 58 号
邮编：100011 电话：(010)57512500
发行部电话：(010)57512575
http://www. sinopec-press. com
E-mail：press@ sinopec. com
河北宝昌佳彩印刷有限公司印刷
全国各地新华书店经销

*

787 毫米×1092 毫米 16 开本 14 印张 346 千字
2025 年 4 月第 2 版　2025 年 4 月第 1 次印刷
定价：39. 00 元

第二版前言

《化工原理课程设计》教材自2019年出版以来，受到广大读者的喜爱和支持。为了更好地满足工程素质教育的要求，满足社会与行业发展的新要求，并参考教学实践中教师和学生的反馈意见，我们对原书进行了修订和更新，本次再版主要修订了以下内容：

(1) 新增第1章中的“课程设计说明书撰写要求”“物性数据的查取与估算”内容，第3章精馏塔塔体工艺尺寸中的塔高、物料衡算、热量衡算、精馏塔塔板数的计算以及第3章塔板工艺设计中浮阀的设计计算与排列。

(2) 更新了第1章中常用化工设计软件的部分内容及数则设计任务书示例。

(3) 精简并优化了附录内容，并重新编排。

(4) 对全书内容进行了全面梳理和修订，以提高内容的准确性和流畅性。

参加本教材修订的人员有广东石油化工学院易均辉、李燕、李翔、秦慧博。全书由易均辉负责统稿与审校，广东石油化工学院孟秀红教授、刘淑芝教授，岭南师范学院的罗金教授对书稿提出了许多宝贵意见与建议。在此，我们衷心感谢所有参与及帮助过教材修订工作的人员。同时，我们也期待广大读者继续支持和关注本书，并欢迎广大读者提出宝贵的意见和建议。

尽管我们力求做得更好，但限于编者的水平与经验，不足之处在所难免，敬请各位读者批评指正！

编者

2025年1月

第一版前言

《化工原理课程设计》重点介绍典型化工单元操作课程设计的一般原则、要求、内容和步骤。主要编写了板式塔设计、填料塔设计及换热器设计的内容，即工艺方案的确定、工艺设计的方法及步骤、设备的结构设计与设备的选型等，并附有设计时所需要的公式、图表、数据等，以供查阅。所介绍的单元操作过程都有示例，并附设计任务书数则，可供不同专业课程设计时选用。

本书增加了课程设计说明书撰写的内容与格式要求，本书内容注重课程设计的规范性与应用性，注意培养学生的工程观念及创新意识。

本书从培养学生工程设计基本技能出发，针对高等院校化工原理课程设计的教学实际需要，按照化工原理课程教学体系的基本要求，结合广东石油化工学院及兄弟院校多年的教学实践经验和教学改革成果，在参阅了国内外的有关化工设计资料的基础上编写而成。

本书的最后一章较为详细地介绍了如何利用 AutoCAD 软件绘制图形，本书中的工艺流程图较为严格地参照了化工工艺流程图设计规范，利于学生了解实际化工流程图绘制要求，这是本书的一大特点。

本书可作为高等院校化学工程、生物工程、环境工程、高分子化学、应用化学等专业的化工原理课程设计教材，也可供有关化工设计和管理人员参考。

本书由李燕主编并统稿，易均辉、李翔任副主编。具体编写分工为：第 1 章、第 4 章及部分附录由李燕编写；第 2 章及部分附录由李翔编写；第 3 章、第 5 章由易均辉编写。

由于时间仓促和水平有限，书中难免存在缺点和错误，恳请读者批评指正。

编者

2019 年 4 月

目　　录

第 1 章 化工原理课程设计基础

化工单元过程及设备设计是一项极为复杂的工作，化工专业的设计人员在化工设计项目中主要承担化工过程及装置设计，还需要为相关专业提供设计条件和要求。化工设计可分为两个阶段，基础设计阶段和详细设计阶段。基础设计的主要内容是根据工程设计项目的情况与要求，编写工程设计的主要技术方案，为详细设计提供设计数据和条件；详细设计的主要任务是按基础设计提供的设备工艺尺寸进行具体布置和安排，编制项目施工、生产以及管理所需要的一切技术文件。

任何化工过程和装置都是由不同的单元过程设备以一定的方式组合而成，所以单元过程及设备设计是整个化工设计的核心和基础，且贯穿于设计过程的始终。

1.1 课程设计的性质与任务

1.1.1 课程设计的性质、目的与任务

课程设计是化工原理课程教学中综合性和实践性较强的教学环节，它是综合应用化工原理课程和有关选修课程所学知识，针对某一单元操作过程，在规定的时间内完成指定的设计任务。通过课程设计，要求学生了解工程设计的基本内容，掌握化工设计的基本步骤和方法，培养学生分析和解决基本工程实际问题的能力，同时培养学生树立正确的设计思想，培养求实、认真、高度负责、勇于创新的工作作风。

通过化工原理课程设计，主要训练和培养学生的以下能力：

(1) 查阅资料，灵活选择公式和数据搜集的能力；

(2) 设计理念要兼顾技术上的先进性、可行性，经济上的合理性，操作时的劳动条件和环境保护，在这种设计理念的指导下去分析和解决实际问题的能力；

(3) 准确地进行工程计算的能力与计算机综合应用能力；

(4) 用简洁的文字、清晰的图表准确表达自己设计理念与结果的能力。

1.1.2 课程设计的基本内容

化工原理课程设计一般包括如下内容：

(1) 选择设计方案

根据设计任务书提出的条件和要求，设计工艺流程，选择设备类型，并进行简要的论述。

(2) 主要设备的选型和计算

根据设计条件进行物料衡算、热量衡算，根据设计要求确定相关工艺参数、主要设备的工艺尺寸和结构尺寸的设计计算。

(3) 典型辅助设备的选型和计算

典型辅助设备的主要尺寸计算和设备型号规格的选定。

(4) 绘制工艺流程图

以单线图的形式绘制，标出主体设备和辅助设备的物料流向、物流量、能流量和主要化工参数测量点。

(5) 绘制主要设备工艺及结构图

主要设备的主要工艺尺寸、安装尺寸、局部结构放大、装配关系、技术要求、技术特性和接管表等内容的绘制。

(6) 编写设计说明书

设计说明书的内容应包括：封面、目录、设计任务书、概述与设计方案简介、设计条件及主要物性参数表、工艺设计计算、辅助设备的计算及选型、设计结果一览表、设计评述、工艺流程图、设备工艺及结构图、参考资料和主要符号说明等。

1.2 化工工艺流程设计

工艺流程设计是化工设计的基础与重要环节，它以工艺流程图的形式，形象地描述由原料到成品的生产过程中物料被加工的顺序、流向和能量变化，生产过程中使用的设备、仪表。工艺流程图集中反映了整个生产过程的全貌，是化工过程经济评价的依据。

1.2.1 工艺流程选择的原则

1.2.1.1 技术的先进性和可靠性

工程设计一方面尽可能采用先进技术，提高生产装置的技术水平，使其具有较强的市场竞争能力，又要结合实际对所采用的新技术进行充分论证，以保证设计的可靠性、科学性。

1.2.1.2 过程的经济性

通常生产装置设计是以经济利润为目标，所以要求其经济技术指标具有竞争力。因此，在选择工艺方案的时候，经济技术指标评价往往是最重要的决策因素之一。

1.2.1.3 过程的安全性与绿色环保

化工生产的生产过程中存在大量的易燃、易爆或有毒物质，在设计过程中要充分考虑到各生产环节可能出现的各种危险，选择预防危险发生和应急的设计方案，以确保人员的健康和人身安全。同时生产工艺要尽量能够利用废弃物，减少废弃物排放。

1.2.1.4 过程的可操作性与可控性

系统的可操作性和可控制性是化工装置设计中应该考虑的重要问题，能够进行稳定可靠的操作，从而满足正常的生产需要是对化工装置的基本要求。另外，还应能够适应生产负荷以及操作参数在一定范围内的波动。

1.2.2 工艺流程设计步骤

工艺流程设计的主要任务是依据单元过程的生产目的，确定单元设备的组合方式。工艺流程设计应在满足生产要求的前提下，充分利用过程的能量集成技术，提高过程的能量利用率，最大限度地降低过程的能量消耗，降低生产成本，提高产品的市场竞争能力。另外，应结合工艺过程设计出合适的控制方案，使系统能够安全稳定生产。

由于工艺流程设计在整个设计中起着至关重要的作用，因此，为了使设计出来的工艺流程能够实现优质、高产、低消耗和安全生产，应该按下列步骤逐步进行设计。

(1) 流程组成的确定

工艺流程反映了由原料到制得产品的全过程，应确定采用多少生产过程或工序来构成全过程，确定每个单元过程的具体任务以及每个生产过程或工序之间的连接方式。

(2) 确定每个单元过程的组成

应采用多少和由哪些设备来完成这一生产过程以及各种设备之间应如何实现连接，各台设备的主要工艺参数以及作用要明确。

(3) 工艺操作条件确定

为了确保每个过程、每台设备正确地达到预定作用，要确定整个生产过程或每台设备的各个不同部位要达到和保持的工艺操作条件或者生产工序。

(4) 控制方案的确定

为了正确实现并保持各生产工序和每台设备本身的操作条件，实现各生产过程之间、各设备之间的优化安全的联系，要选用合适的控制仪表，确定适宜的控制方案。

(5) 原料与能量的合理利用

生产成本中原料费用占有相当大的比例，所以既要计算出整个装置的技术经济指标，合理地确定各个生产过程的效率，得出全装置的最佳总收率，又要合理地做好能量回收与综合利用，降低总能耗。

(6) 制定“三废”处理方案

对全流程中除了产品和副产品外所排出的“三废”，要尽量进行综合利用。若有副产品暂时无法回收利用，应当采用适当的方法进行处理。

(7) 安全措施

对装置在开车、停车、长期运转和检修过程中可能出现的不安全因素进行分析，根据以往经验教训，制定符合国家和行业规范的安全措施。

1.2.3 工艺流程图

美国工业工程标准词汇定义：“工艺流程图是用图表符号形式，表达产品通过工艺过程中的部分或全部阶段所完成的工作。典型的流程图中包括的资料有数量、移动距离、所做工作的类别以及所用的设备，也可以包括工时”。在工艺流程图中，一般均采用国际通用的记录图形符号来代表生产实际中的各种活动和动作，用图形符号表明工艺流程所使用的机械设备及其相互联系。

表达工艺流程设计的工艺流程图可以分为：工艺流程草图、工艺物料流程图、工艺控制流程图和管道仪表流程图等种类。

1.2.3.1 工艺流程图中图形符号

(1) 常见管道、管件、阀门、管道附件图形符号

工艺流程图中部分常见管道、管件、阀门、管道附件图形符号见表 1-1。

表 1-1　常用管道、管件、阀门及管道附件图例摘录(HG/T 20519—2009)

名　称	图　例	名　称	图　例
主物流管道		次要物料管道，辅助管道	
引线、设备、管件、阀门、仪表图形符号和仪表管线等		蒸汽伴热管道	
原有管道		电伴热	
地下管道		管道绝热层	
夹套管		管道连接	
翅片层		柔性管	
管道交叉(不相连)		地面	
Y 形过滤器		T 形过滤器	
锥形过滤器		阻火器	
文氏管		喷射器	
截止阀		节流阀	
角式截止阀		闸阀	
球阀		旋塞阀	
隔膜阀		角式截止阀	
角式节流阀		角式球阀	
蝶阀		直流截止阀	
减压阀		底阀	
旋塞阀		疏水阀	
三通旋塞阀		止回阀	
四通旋塞阀		止回阀	
角式弹簧安全阀		角式重锤安全阀	
针形阀		同心异径管	
消音器		视镜、视钟	
放空管	(帽)　(管)	爆破膜	
漏斗	(敞口) (封闭)	喷淋管	
法兰连接		安全喷淋器	

(2) 常见设备图形符号、设备分类号、常用介质代号

工艺流程图中常见设备图形符号见表 1-2，设备分类号见表 1-3，常用介质代号见表 1-4。

表 1-2 工艺流程图中设备、机器图例摘录（HG/T 20519—2009）

类 别	代 号	图 例
塔	T	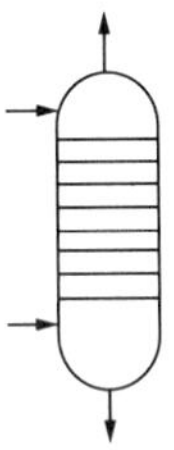 板式塔 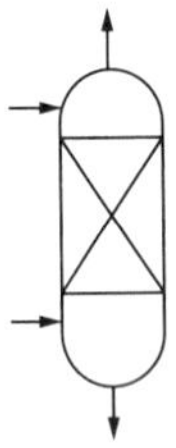 填料塔 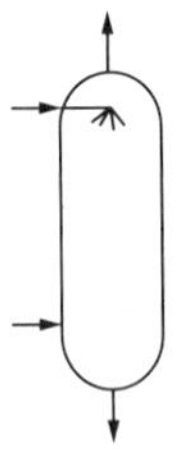 喷淋塔
塔内件		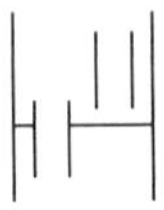 降液管 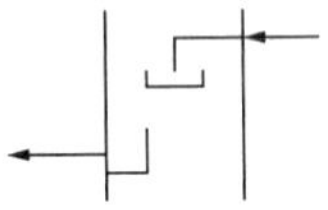 受液盘 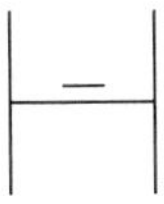 浮阀塔塔板 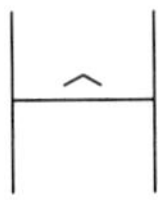 泡罩塔塔板 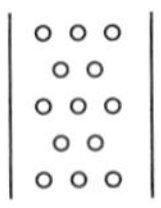 湍球塔 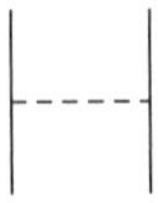 筛板塔  分配器、喷淋器  (丝网)除沫层
反应器	R	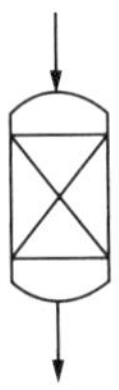 固定床反应器 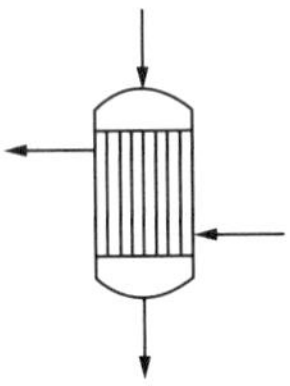 列管式反应器 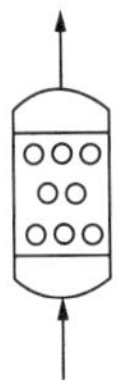 流化床反应器

续表

类　别	代　号	图　例
换热器	E	 换热器(简图) 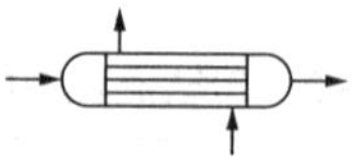 固定管板式列管换热器 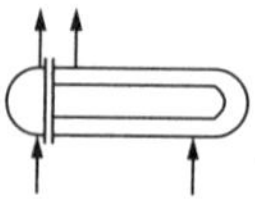 U形管式换热器 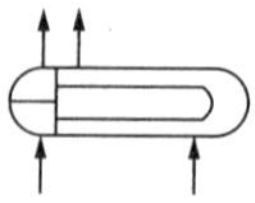 浮头式列管换热器 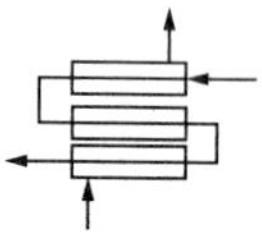 套管式换热器 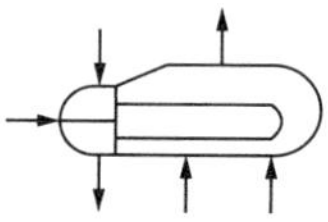 釜式换热器 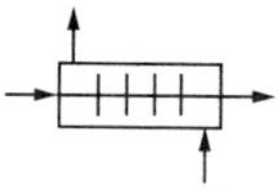 翅片管换热器 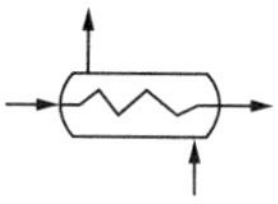 蛇管式(盘管式)换热器
工业炉	F	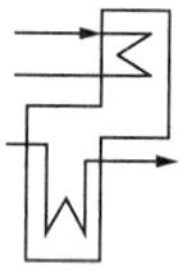 箱式炉 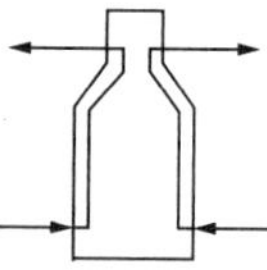 圆筒炉 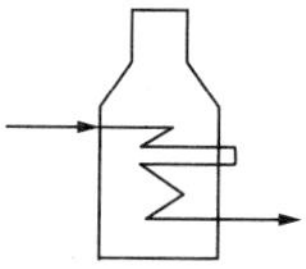 圆筒炉
容器	V	 圆顶锥底容器  蝶形封头容器 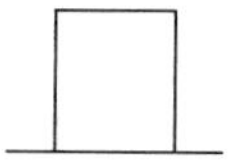 平顶容器 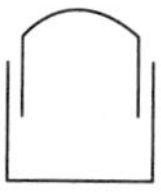 干式气柜 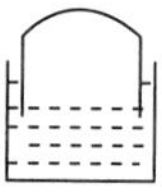 湿式气柜 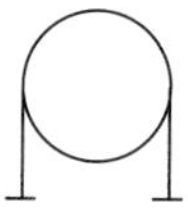 球罐 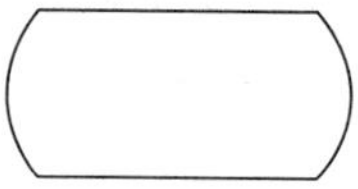 卧式容器 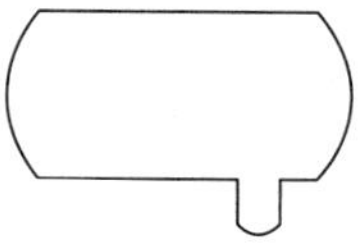 卧式容器 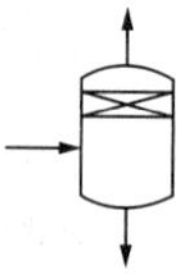 填料除沫分离器 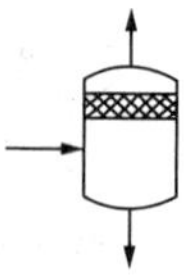 死亡除沫分离器 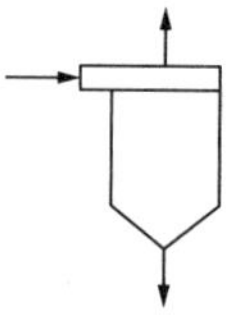 旋风分离器

续表

类别	代号	图例
泵	P	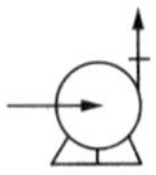 离心泵 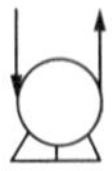 水环式真空泵 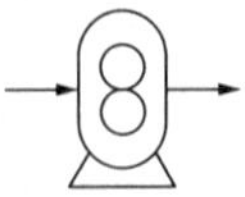 旋转泵、齿轮泵 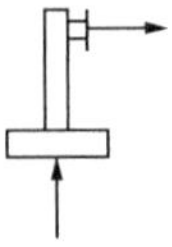 液下泵 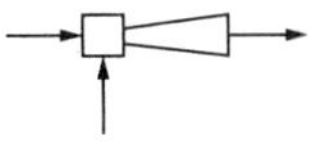 喷射泵 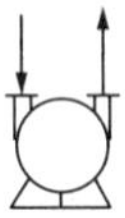 旋涡泵
压缩机	C	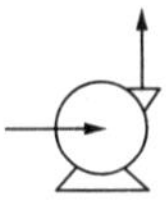 鼓风机 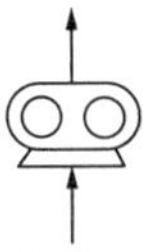 卧式旋转压缩机 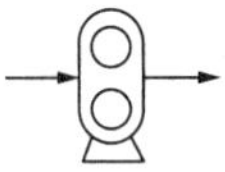 立式旋转压缩机 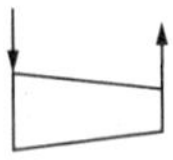 离心式压缩机 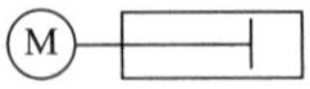 往复式压缩机
其他机械	M	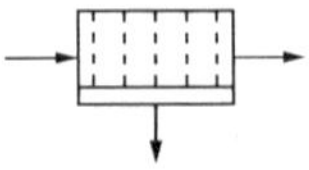 压滤机 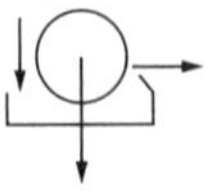 转鼓式过滤机 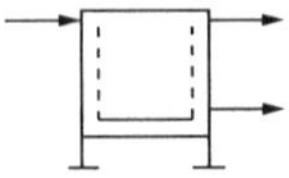 有孔壳体离心机 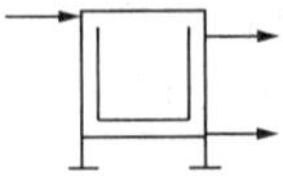 无孔壳体离心机

表 1-3 设备分类号

设 备	分类号	设 备	分类号	设 备	分类号
塔	T	泵	P	压缩机	C
反应器	R	容器	V	工业炉	F
烟囱	S	换热器	E	起重运输设备	L
其他机械	M	称量设备	W	其他设备	X

表 1-4 常用介质代号

物料名称	代号	物料名称	代号	物料名称	代号	物料名称	代号
工艺空气	PA	高压蒸汽	HS	锅炉给水	BW	仪表空气	IA
工艺气体	PG	低压蒸汽	LS	循环冷却水上水	CWS	空气	AR
气液两相工艺物料	PGL	低压过热蒸汽	LUS	循环冷却水回水	CWR	压缩空气	CA

续表

物料名称	代号	物料名称	代号	物料名称	代号	物料名称	代号
气固两相工艺物料	PGS	中压蒸汽	MS	脱盐水	DNW	污油	DO
工艺液体	PL	蒸汽冷凝水	SC	自来水、生活用水	DW	导热油	HO
液固两相工艺物料	PLS	伴热蒸汽	TS	原水、新鲜水	RW	润滑油	LO
工艺固体	PS	液化天然气	LNG	软水	SW	原料油	RO
工艺水	PW	液化石油气	LPG	生产废水	WW	燃料油	FO
空气	AR	燃料气	FG	热水上水	HWS	密封油	SO
压缩空气	CA	天然气	NG	热水回水	HWR	放空	VT
气氨	AG	液体燃料	FL	消防水	FW	真空排放气	VE

1.2.3.2 工艺流程草图

在化工厂设计中用来表达全厂或车间流程图样。当生产方案定下后，就可开始绘制流程草图。图上只定性标出由原料到产品的变化、流向顺序、生产中采用的化工单元及设备。工艺流程草图一般包括物料流程、图例、设备一览表。

物料流程有：

(1) 设备示意图：设备按几何形状大致画出，设备位置不需要准确，需要标出设备名称和位号；

(2) 物流管线和流向箭头：全部物料管线和部分辅助管线，在管线上用箭头表示物料的流向，物料管线用粗实线，辅助管线用实线；

(3) 文字注释：包括设备编号和名称、物流名称、流向等。

图例只要标出管线图例；设备一览表包括图名、图号、设计阶段等，有时可省略。

1.2.3.3 工艺物料流程图

当化工工艺计算即物料衡算与热量衡算完成后，应绘制工艺物料流程图，简称物流图。物流图作为初步设计阶段文件之一，提交设计主管部门和投资决策者审查，如无变动，在施工图设计阶段不必重新绘制。物料流程图主要反映化工计算的成果，使设计流程定量化。有时由于物料衡算成果庞杂，常按工段(工序)分别绘制流程图，其主要内容是设备图形、物料表和标题栏。图 1-1 为工艺物料流程图示例。

设备图形和流程线设备图形按设备外形绘制，尽量按比例。但有时简单的流程外形不必精确，常采用标准规定的设备标示方法，简化绘制，设备甚至简化为符号形式。

对于物料发生变化的设备，要从物料管上画一个引出线，并于引出线端用列表的形式表示物料的组成、名称、质量流量(kg/h)、质量分数、摩尔流量(kmol/h)。如果组分复杂，变化又较多，在物流图的管线旁很难一一列表表达。甚至于还可以把物流表作为图的附件，或将图纸延长，或者单独汇编成册，与管道编号相对应列出。

流程中产生的“三废”，也应在有关管线中注明其组分、含量、排放量等。

物料的某些工艺参数，例如物料温度、压力等可在流程线旁注明。

1.2.3.4 带控制点的工艺流程图

画出所有的工艺设备、主要管线、阀门、工艺参数的测量点，体现自动控制方案。图 1-2为带控制点的工艺流程图示例。

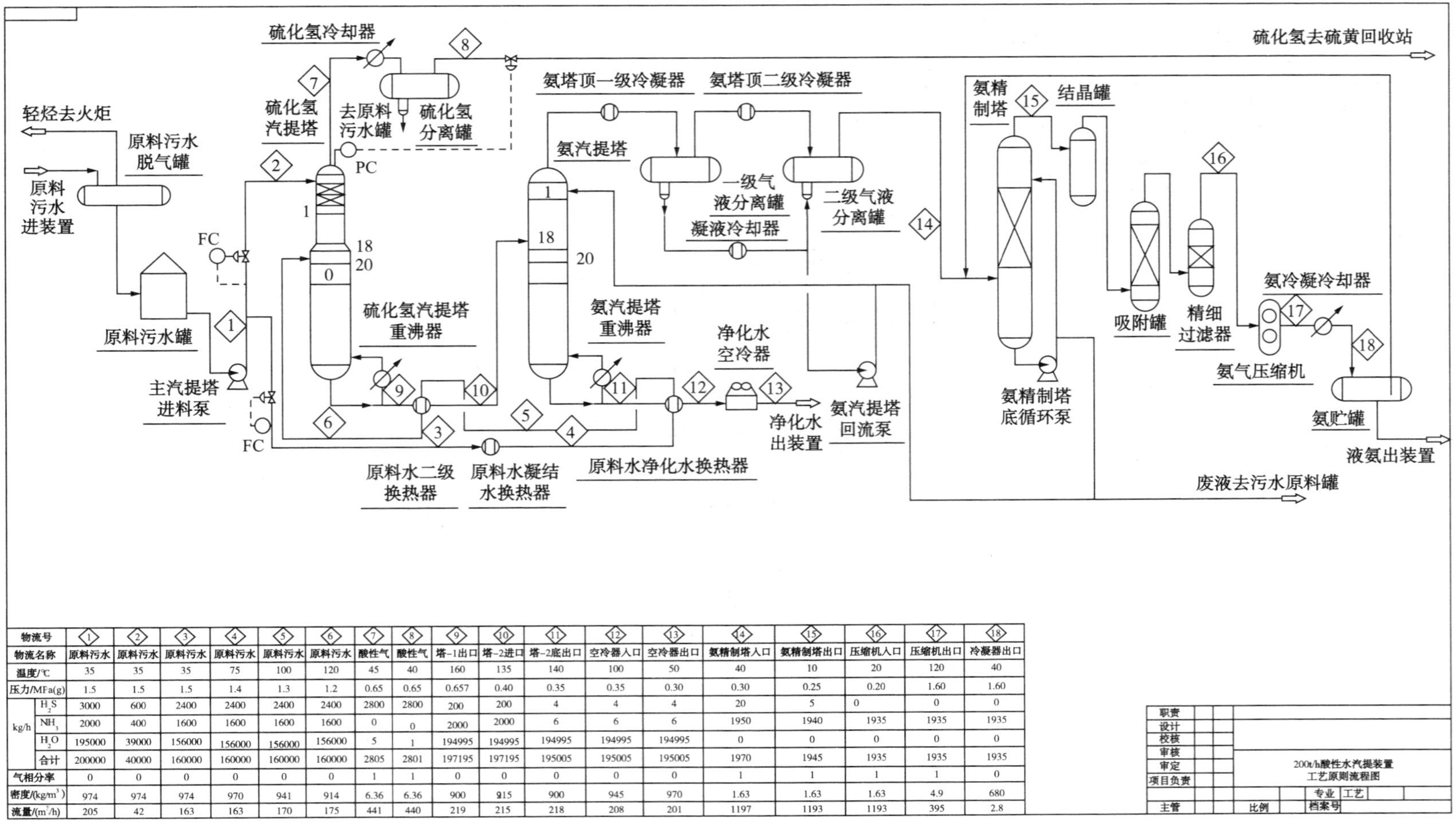

物流号		1	2	3	4	5	6	7	8	9	10	11	12	13	14	15	16	17	18
物流名称		原料污水	原料污水	原料污水	原料污水	原料污水	原料污水	酸性气	酸性气	塔-1出口	塔-2进口	塔-2底出口	空冷器入口	空冷器出口	氨精制塔入口	氨精制塔出口	压缩机入口	压缩机出口	冷凝器出口
温度/℃		35	35	35	75	100	120	45	40	160	135	140	100	50	40	10	20	120	40
压力/MPa(g)		1.5	1.5	1.5	1.4	1.3	1.2	0.65	0.65	0.657	0.40	0.35	0.35	0.30	0.30	0.25	0.20	1.60	1.60
kg/h	H_2S	3000	600	2400	2400	2400	2400	2800	2800	200	200	4	4	4	20	5	0	0	0
	NH_3	2000	400	1600	1600	1600	1600	0	0	2000	2000	6	6	6	1950	1940	1935	1935	1935
	H_2O	195000	39000	156000	156000	156000	156000	5	1	194995	194995	194995	194995	194995	0	0	0	0	0
	合计	200000	40000	160000	160000	160000	160000	2805	2801	197195	197195	195005	195005	195005	1970	1945	1935	1935	1935
气相分率		0	0	0	0	0	0	1	1	0	0	0	0	0	1	1	1	1	0
密度/(kg/m³)		974	974	974	970	941	914	6.36	6.36	900	915	900	945	970	1.63	1.63	1.63	4.9	680
流量/(m³/h)		205	42	163	163	170	175	441	440	219	215	218	208	201	1197	1193	1193	395	2.8

图1-1　工艺物料流程图

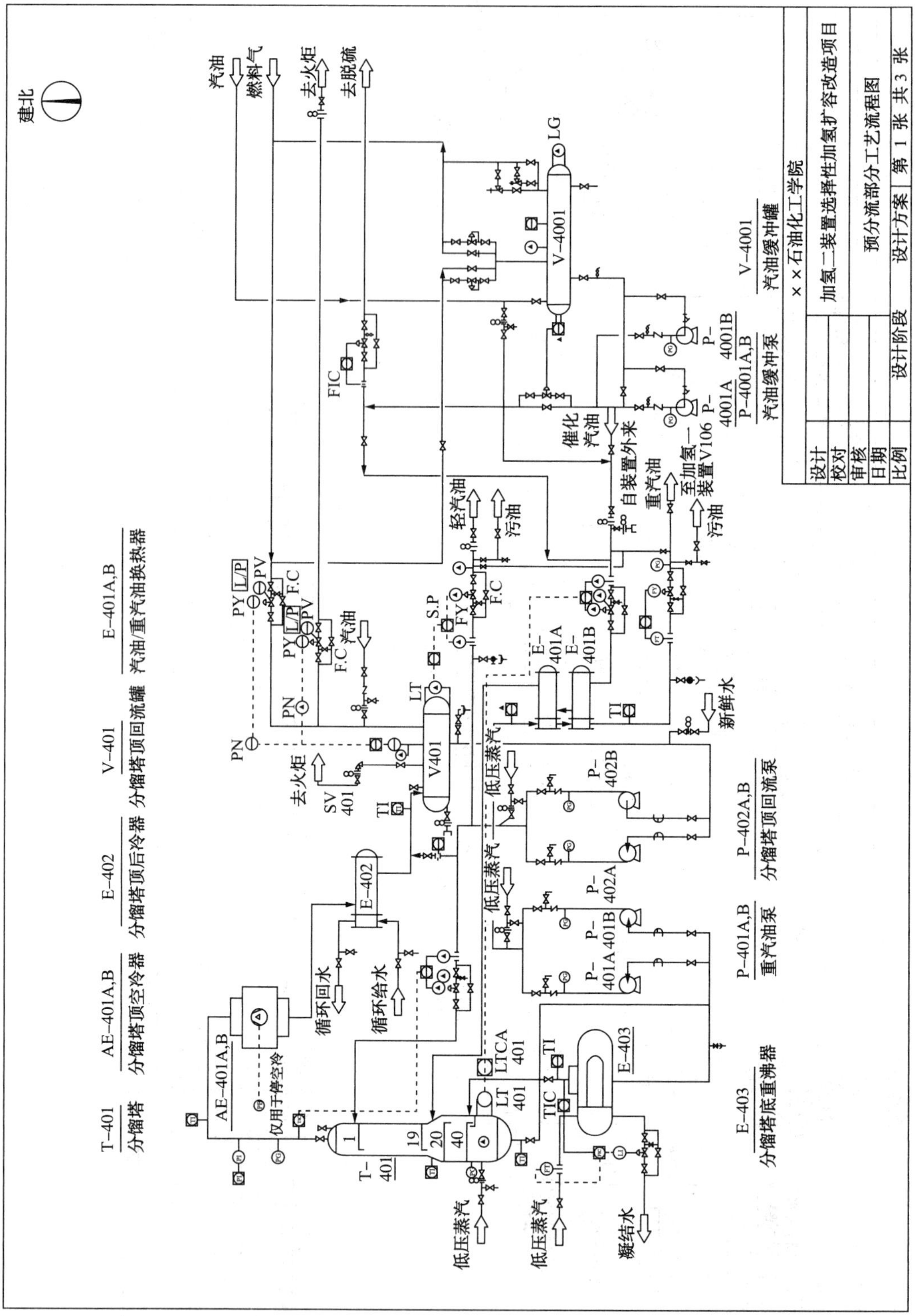

图1-2 带控制点的工艺流程图

(1)带控制点的工艺流程图的主要内容

① 设备与管线将表示生产过程中各设备的简单形状按工艺流程顺序绘制在同一平面上，同时绘制连接设备的主辅管线、管件、阀门和仪表控制点的符号。

② 标注标明设备位号、名称、管段编号、控制点代号、必要的尺寸、数据等。

③ 图例代号、符号和其他标注的说明，有时还有设备位号的索引等。

④ 标题栏标明图名、图号、设计阶段、设计人员、制图人员、图纸比例等。

(2) 带控制点的工艺流程图的绘制

① 图幅流程图采用展开图形式。图形多呈长条形，一般采用 A1 或 A2 横幅。按车间或工段绘制，必要时可加长，加长时按长边的 1/4 倍数进行。在化工原理课程设计中，工艺流程图较为简单，可按实际情况采用 A2 号或 A3 号图。

② 图线与字体。绘制工艺流程图时，工艺物料管道用粗实线表示，辅助物料管道用中粗线表示，其他用细实线表示。图线宽度分三种：粗线 0.6~0.9mm；中粗线 0.3~0.5mm；细线 0.15~0.25mm。图线宽度规定见表 1-5。线与线间应有间距，平行线间的最小间距应大于 1.5mm，适宜的为 10mm。在同一张流程图上，同类的线条要一致。图纸和表格中的文字适宜采用长仿宋体或者正楷体(签名除外)，并要以国家正式公布的简化字为标准，不得任意简化、杜撰。字体高度参照表 1-6 选用。设备名称、备注栏、详图的题首字使用 7 号和 5 号字体，具体设计内容的文字标注、说明、注释等采用 5 号和 3.5 号字体。同类标注中文字、字母和数字的大小应相同。

表 1-5 工艺流程图中图线宽度的规定

类别		图线宽度/mm			备注
		0.6~0.9	0.3~0.5	0.15~0.25	
工艺管道及仪表流程图		主物料管道	其他物料管道	其他	设备、机器轮廓线 0.25mm
辅助管道及仪表流程图、公用系统管道及仪表流程图		辅助管道总管、公用系统管道总管	支管	其他	
设备布置图		设备轮廓	设备支架、设备基础	其他	动设备(机泵等)如只绘出设备基础，图线宽度用 0.6~0.9mm
设备管口方位图		管口	设备轮廓、设备支架、设备基础	其他	
管道布置图	单线(实线或虚线)	管道		法兰、阀门及其他	
	双线(实线或虚线)		管道		
管道轴侧图		管道	法兰、阀门、承插焊螺纹连接的管件的表示线	其他	
设备支架图、管道支架图		设备支架及管架	虚线部分	其他	
特殊管件图		管件	虚线部分	其他	

表 1-6　工艺流程图中字体的规定

书写内容	推荐字高/mm	书写内容	推荐字高/mm
图表中的图名及视图符号	5~7	图名	7
工程名称	5	表格中的文字	5
图纸中的文字说明及轴线号	5	表格中的文字(行高小于 6mm 时)	3
图纸中的数字及字母	2~3		

③ 工艺流程图中通常要绘出全部的工艺设备和附件，当流程中包含两套或两套以上相同系统或设备时，可以只绘出一套，其余的用细双点划线绘出矩形框表示，框内要标注设备的位号、名称，还需绘制出与其相连的一段支管，示例见图 1-3。

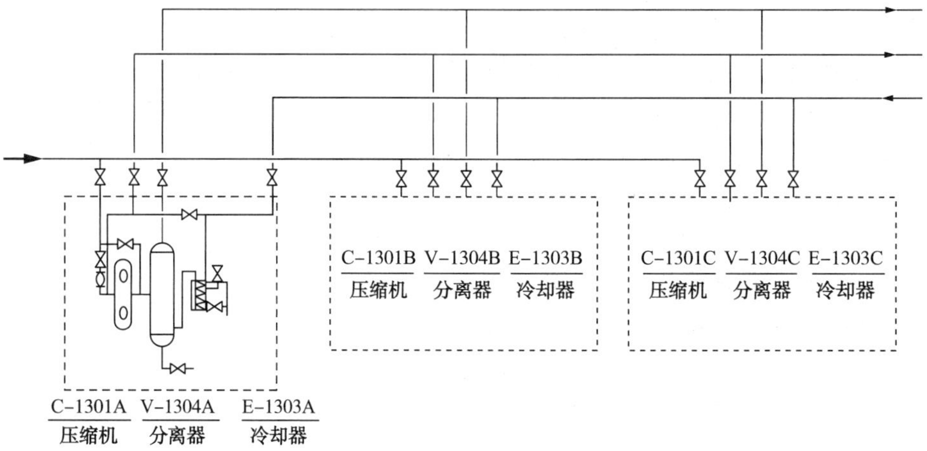

图 1-3　工艺设备图示例

④ 设备位号的编制见图 1-4，每台设备只编一个位号，由四个单元组成：(1)设备类别代号；(2)设备所在主项的编号；(3)主项内同类设备顺序号；(4)相同设备的数量尾号。

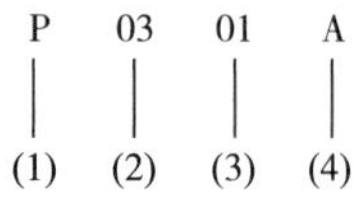

图 1-4　设备位号的编法

主项编号：按工程项目经理给定的主项编号填写。采用两位数字，从 01 开始，最大为 99。特殊情况下允许以主项代号作为主项编号。

同类设备顺序号：按同类设备在工艺流程中流向的先后顺序编制，采用两位数字，从 01 开始，最大为 99。

相同设备的数量尾号：两台或两台以上相同设备并联时，它们的位号前三项完全相同，用不同的数量尾号予以区别。按数量和排列顺序依次以大写英文字母 A、B、C……作为每台设备的尾号。

1.2.3.5　管道及仪表流程图

管道及仪表流程图(P&ID)是工艺流程设计、设备设计、管道布置设计、自控仪表设计的综合成果。图中画出全部设备、全部工艺物料管线和辅助管线、阀门、管件、测量与调节和控制器的安装位置和功能代号。管道及仪表流程图是设计和施工的依据，也是开、停车、操作运行、事故处理及维修检修的指南。管道及仪表流程图分为“工艺管道及仪表流程图”和“辅助及公用系统管道及仪表流程图”。工艺管道及仪表流程图是以工艺管道及仪表为主体的流程图。辅助系统包括正常生产和开、停车过程中所需用的仪表空气、工厂空气、加热用的燃料(气或油)、制冷剂、脱吸及置换用的惰性气、机泵的润滑油及密封油、废气、放空系统等;公用系统包括自来水、循环水、软水、冷冻水、低温水、蒸汽、废水系统等。一般按介质类型分别绘制。

管道及仪表流程图应采用标准规格的 A1 图幅。横幅绘制,流程简单者可用 A2 图幅。

管道及仪表流程图不按比例绘制,但应示意出各设备相对位置的高低。一般设备(机器)图例只取相对比例,实际尺寸过大的设备(机器)比例可适当缩小,实际尺寸过小的设备(机器)比例可适当放大。整个图面要协调、美观。

仪表参量代号见表 1-7,仪表图形符号见表 1-8。图 1-5 为管道及仪表流程图示例。

表 1-7 仪表参量代号

参 量	代 号	参 量	代 号	参 量	代 号
温 度	T	质量(重量)	$m(W)$	厚 度	δ
温 差	ΔT	转 速	N	频 率	f
压力(或真空)	p	浓 度	C	位 移	S
压 差	Δp	密度(相对密度)	γ	长 度	L
质量(或体积)流量	G	分 析	A	热 量	Q
液位(或料位)	H	湿 度	Φ	氢离子浓度	pH

表 1-8 仪表图形符号

意义	就地安装	集中安装	通用执行机构	无弹簧气动阀	有弹簧气动阀	带定位器气动阀	活塞执行机构	电磁执行机构	电动执行机构	变送器	转子流量计	孔板流量计
符号	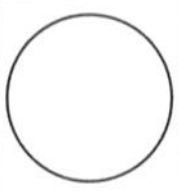	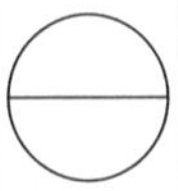			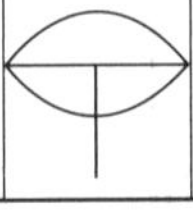		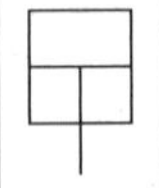				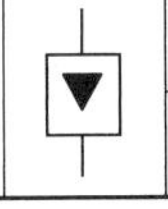	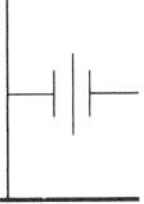

(1) 管道标注

管道及仪表流程图的管道应标注的内容为四个部分,即管段号(由三个单元组成)、管径、管道等级和绝热(或隔声),总称为管道组合号。管段号和管径为一组,用一短横线隔开;管道等级和绝热(或隔声)为另一组,用一短横线隔开,两组间留适当的空隙。水平管道宜平行标注在管道的上方,竖直管道宜平行标注在管道的左侧。在管道密集、无处标注的地方,可用细实线引至图纸空白处水平(竖直)标注,如图 1-6 所示。

也可将管段号、管径、管道等级和绝热(或隔声)代号分别标注在管道的上下(左右)方,如下所示:

$$\frac{\text{PG1310—300}}{\text{A1A—H}}$$

第 1 单元为物料代号,第 2 单元为主项编号,按工程规定的主项编号填写,采用两位数字,从 01 开始,至 99 为止。第 3 单元为管道序号,相同类别的物料在同一主项内以流向先后为序,顺序编号,采用两位数字,从 01 开始,至 99 为止。以上三个单元组成管段号。第 4 单元为管道规格,一般标注公称直径,以 mm 为单位,只注数字,不注单位,如 DN200 的公制管道,只需标注“200”,2 英寸的英制管道,则表示为“2″”。第 5 单元为管道等级,第 6 单元为绝热或隔声代号。

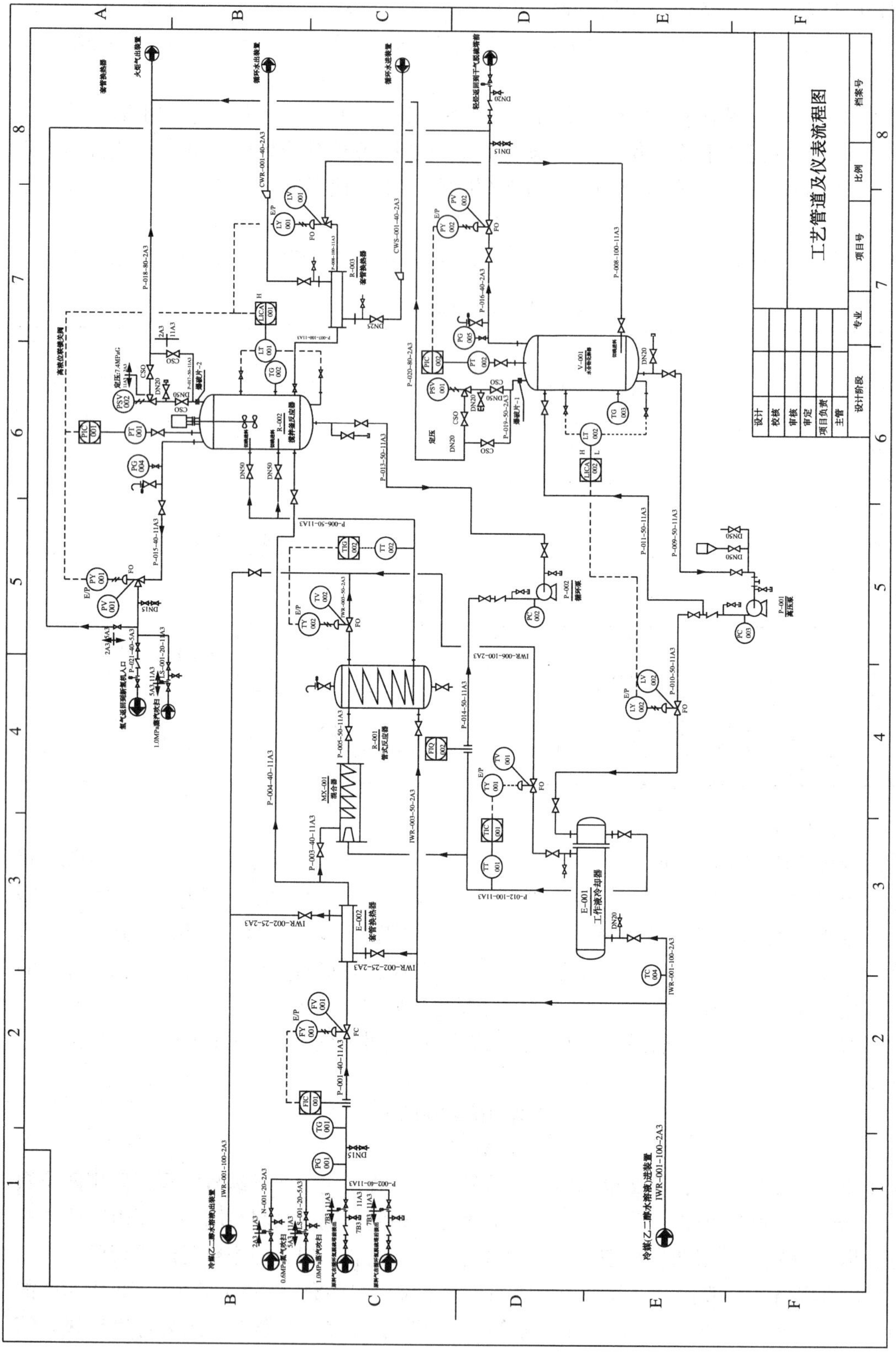

图1-5 管道及仪表流程图

PG	—13	10	—300	—	A1A	—H
第1单元	第2单元	第3单元	第4单元		第5单元	第6单元

图 1-6 管道标注

(2) 常用管道选用

无缝钢管 ϕ18mm×3mm、ϕ25mm×3mm、ϕ32mm×3mm、ϕ38mm×3mm、ϕ45mm×3mm、ϕ57mm×3.5mm、ϕ76mm×4mm、ϕ89mm×4mm、ϕ108mm×4mm、ϕ133mm×4mm、ϕ159mm×4.5mm、ϕ219mm×6mm、ϕ273mm×8mm、ϕ356mm×10mm、ϕ456mm×12mm、ϕ508mm×12mm、ϕ559mm×14mm、ϕ610mm×14mm。

(3) 管道材质表示

A——铸铁　　B——碳钢

C——普通低合金　　D——合金

E——不锈钢　　F——有色金属

G——非金属　　H——衬里及防腐

(4) 自控仪表表示被测变量和仪表功能的字母代号见表 1-9。

表 1-9 自控仪表表示被测变量和仪表功能的字母代号

字母	第一字母		后继字母
	被测变量或初始变量	修饰词	功能
A	分析		报警
B	喷嘴火焰		供选用
C	电导率		控制
D	密度	差	
E	电压		检测元件
F	流量	比率(比值)	
G	毒性气体或可燃气体		视镜、观察
H	手动		高
I	电流		指示
J	功率	扫描	
K	时间或时间程序	变化速率	操作器
L	物位		指示灯
M	水分或湿度		
N	供选用		供选用
O	供选用		节流孔
P	压力或真空		连接或测试点
Q	数量	积分、计算	积分、计算
R	核辐射		记录或 PCS 趋势记录
S	速度或频率	安全	开关或联锁
T	温度		传送(变送)
U	多变量		多功能
V	振动、机械监视		阀、百叶窗、风门

续表

字母	第一字母		后继字母
	被测变量或初始变量	修饰词	功能
W	重量或力		套管
X	为分类		为分类
Y	事件、状态		继动器(继电器)、计算器、转换器
Z	位置、尺寸		驱动器、执行机构

1.3 课程设计说明书撰写要求

1.3.1 课程设计说明书的构成

课程设计说明书大体上可以分为三大部分：前置部分、主体部分、后置部分。

① 前置部分，包括封面、课程设计成绩评阅表、设计任务书、目录、摘要等。

② 主体部分，包括引言(或绪论)、正文、设计结果汇总表(结论)、参考文献、设计总结(或结束语)。其中，正文是设计的核心部分，包括设计方案的说明论证、设计条件及主要物性参数表、工艺设计计算、辅助设备的计算及选型等。

③ 后置部分，包括附录、主要符号表、图纸、封底。

1.3.2 课程设计说明书的编排和要求

① 封面，包括课程设计题目、学生信息(如班级、姓名、学号)、成绩、设计时间等。

② 课程设计成绩评阅表，包括设计方案的确定、工艺设计计算、图形的质量(流程图与工艺条件)、说明书的质量、面试答辩等，各部分占比分别为10%，40%，20%，10%，20%，也可根据实际调整。

③ 设计任务书。

④ 目录(标题及页码)。

⑤ 中文摘要。

⑥ 概述及设计方案的说明论证。

⑦ 设计条件及主要物性参数表。

⑧ 工艺设计计算，包括物料与热量衡算、主要设备尺寸计算。

⑨ 辅助设备的计算及选型，包括机泵规格、换热器类型与换热面积等。

⑩ 设计结果汇总表，主要是两个表，一是系统物料衡算表，二是设备操作条件及结构尺寸一览表。

⑪ 设计总结(或结束语)，主要介绍设计者对本设计的评价及设计的学习体会。

⑫ 设计参考资料目录(资料的编号、书名、作者、出版单位及时间)。

⑬ 主要符号说明。

⑭ 图纸。

⑮ 封底。

说明书必须书写(排版打印)工整、图文清晰。说明书中所有公式必须注明编号，所有符号必须注明意义和计量单位。

1.3.3 课程设计说明书样例

(1) 封面样例

学校 logo

××大学(学院)

化工原理课程设计

题　　目: ____________________

指导教师: ____________________

成　　绩: ____________________

姓名: ____________________

班级: ____________________

学号: ____________________

完成时间: ________________

(2) 成绩评阅表样例

化工原理课程设计成绩评阅表

学生姓名：××× 专业班级：××× 学号：×××

评价内容	权重(分)	评分标准	得　分
设计方案的确定	10	根据任务书要求，初步确定设计方案；	
工艺设计计算	40	根据选定的方案和规定的任务进行物料衡算、热量衡算、主体设备工艺尺寸计算、附属设备的选型等；	
图形的质量	20	根据工艺设计的计算参数，正确绘制流程图和工艺条件图等，注意规范图纸的标尺、设备符号、线形、字体、箭头、作者信息等；	
说明书格式	10	规范课程设计说明书的符号、格式、图表、数据、物理量和单位，并列出设计结果汇总表等；	
面试答辩	20	汇报简洁易懂、论述充分，能正确回答评委老师所提的问题。	

答辩记录：内容略。

总成绩	
评阅人	

（3）目录样例

目录

（4）设计任务书样例

化工原理课程设计任务书

一、设计题目

题目：正戊烷-正己烷混合液筛板（浮阀）精馏塔的设计。

工艺参数：原料中正戊烷含量（30+0.3×学号末两位）%（质量分数，下同）；塔顶产品中正戊烷含量不少于98%，塔底残液中正戊烷含量不超过2%。

该塔的处理量为：质量流量=（8+0.05×学号后两位）万 t/a，每年按330d 计算（一年中有一个月检修），每天24h 连续运转。

基本条件：常压101.325kPa 操作，塔顶压力为4kPa（表压），单板压降≤0.7kPa，进料状态：自选，塔顶采用全凝器泡点回流，回流比 $R=(1.2\sim2)R_{min}$，自选。

设备类型：筛板塔或浮阀塔。

二、设计内容

1. 设计方案的选择及流程说明。

2. 塔的工艺计算（物料衡算、塔板数、工艺条件及物性数据、气液负荷等）。

3. 塔和塔板的工艺尺寸设计：

(1) 塔径、塔高的确定并圆整；

(2) 塔板结构尺寸的确定(降液管、溢流堰、塔板布置等)。

4. 塔板的流体力学验算与操作负荷性能图。

5. 辅助设备选型(冷凝器、再沸器、泵、管道)。

6. 结果汇总表。

7. 设计总结。

8. 塔的设计条件图(A3)。

9. 工艺流程图(A3)。

三、设计要求

1. 设计完成后，撰写设计说明书一份。设计说明书包括：封面、目录、设计任务书、设计计算书、设计结果汇总表、塔板的负荷性能图、工艺流程图、塔板条件图、设计总结及参考文献等。

2. 图纸要求：带控制点的工艺流程图($2^{\#}$图纸-A3)、精馏塔条件图($1^{\#}$图纸-A3)。

(5) 封底样例

学校校训: **崇德、××、××、创新**

学校logo 学校logo

1.4 工艺流程、设备工艺条件图图纸的规格

1.4.1 图纸的构成

主体设备设计条件图主要作用是将设备的结构设计和工艺尺寸的计算结果用一张总图表示，其示例图如图 1-7 所示，其主要内容包括：

(1) 设备图形

设备主要尺寸：如外形尺寸、结构尺寸、连接尺寸，接管和人孔位置与尺寸等。

(2) 技术特性

指装置设计和制造检验的主要性能参数。主要有设计压力、设计温度、工作压力、工作温度、介质名称、腐蚀裕度、焊缝系数、容器类别(指压力等级，分为类外、一类、二类、三类四个等级)和装置的尺度(罐类为全容积、换热器类为换热面积等)。

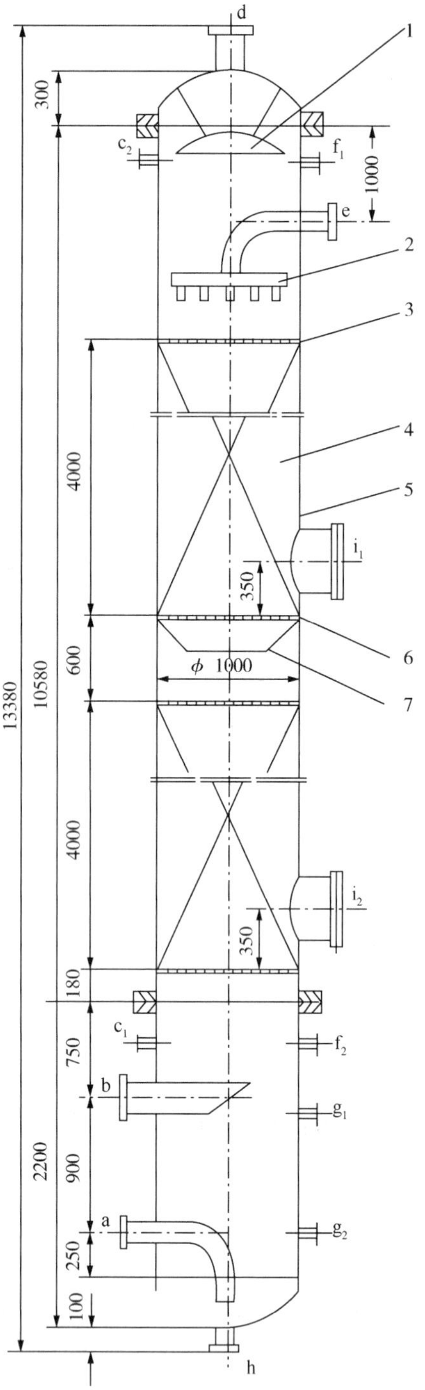

管口表

符号	公称尺寸	连接尺寸标准	密封面形式	用途或名称
a	100	HG20592–2009 SO100–1.0	凹凸面	富液出口
b	200	HG20592–2009 SO200–1.0	凹凸面	气体进口
c_1, c_2	20	HG20592–2009 SO20–1.0	凹凸面	测温口
d	200	HG20592–2009 SO200–1.0	凹凸面	气体出口
e	100	HG20592–2009 SO100–1.0	凹凸面	贫液进口
f_1, f_2	20	HG20592–2009 SO20–1.0	凹凸面	测压口
g_1, g_2	25	HG20592–2009 SO25–1.0	凹凸面	液面计口
h	50	HG20592–2009 SO50–1.0	凹凸面	排液口
i_1, i_2	450	——	——	人孔

技术特征表

设计压力/MPa	1.0	工作压力/MPa	0.6
设计温度/℃	80	工作温度/℃	40
焊接系数(ϕ)	0.85	腐蚀裕度/mm	2
地震烈度/度	7	风载荷(kN/m^2)	0.35
物料名称			
全容积/m^3	8.5	容器类别	类外

7		再分布器	1		
6		填料支承板	2		
5		塔体	1		
4		塔填料	1		
3		床层限制板	2		
2		液体分配器	1		
1		除沫器	1		
序号	图号	名称	数量	材料	备注
化工原理课程设计					
职责	签名	日期	填料塔工艺设计条件图		
设计					
制图					
审核			比例		

图 1–7 设备工艺设计条件图

(3) 管接口表

标注各管口的符号、公称尺寸、连接尺寸、用途等。

(4) 设备组成一览表

注明组成设备的各部件的名称等。

1.4.2 图纸规格

图纸规格按照国家机械制图标准 GB/T 14689—2008 执行，具体规定见表 1-10。

绘制技术图样时，应优先采用表 1-10 所规定的基本幅面。必要时，也允许选用表 1-11 和表 1-12 所规定的加长幅面。

表 1-10 基本幅面(第一选择) mm

幅面代号	尺寸 $B\times L$	幅面代号	尺寸 $B\times L$
A0	841×1189	A3	297×420
A1	594×841	A4	210×297
A2	420×594		

表 1-11 加长幅面(第二选择) mm

幅面代号	尺寸 $B\times L$	幅面代号	尺寸 $B\times L$
A3×3	420×891	A4×4	297×840
A3×4	420×1198	A4×5	297×1051
A4×3	297×630		

表 1-12 加长幅面(第三选择) mm

幅面代号	尺寸 $B\times L$	幅面代号	尺寸 $B\times L$
A0×2	1189×1682	A3×5	420×1486
A0×3	1189×2523	A3×6	420×1783
A1×3	841×1783	A3×7	420×2080
A1×4	841×2378	A4×6	297×1261
A2×3	594×1261	A4×7	297×1471
A2×4	594×1682	A4×8	297×1682
A2×5	594×2102	A4×9	297×1892

1.4.3 图框格式与标题栏

在图纸上必须用粗实线画出图框，图框格式如图 1-8、图 1-9 所示。图纸留边尺寸按表 1-13 的规定。每张图纸上都必须画出标题栏，标题栏的格式和尺寸按 GB/T 10609.1—2008 的规定执行，标题栏的位置应位于图纸的右下角，如图 1-8、图 1-9 所示。标题栏的作用是标明图名、设计单位、设计人、制图人、审核人等名称，绘图的比例与图号等，见图 1-10。

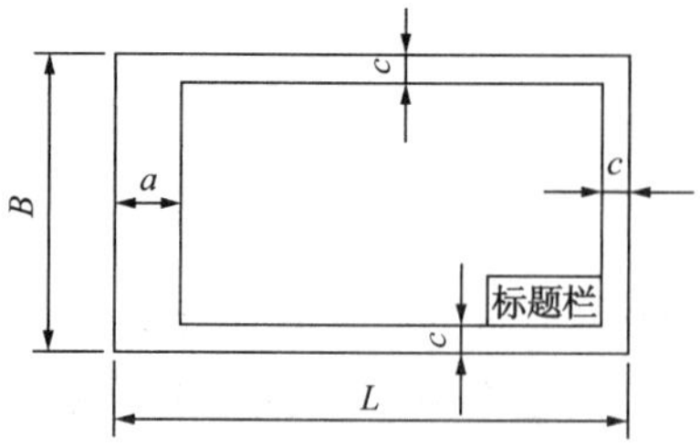

图 1-8　X 型图纸

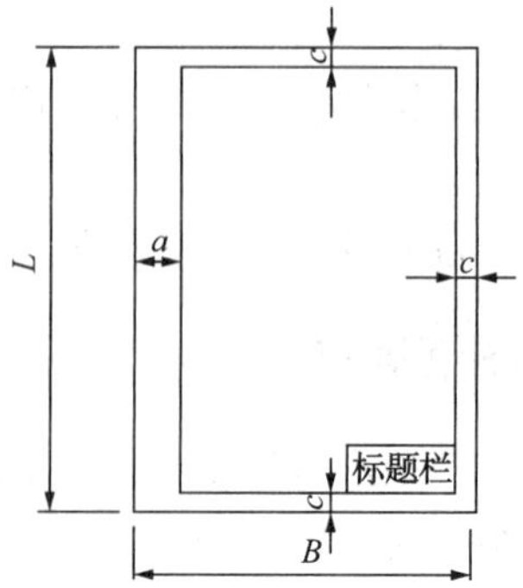

图 1-9　Y 型图纸

表 1-13　图纸留边尺寸　　　　mm

幅面代号	A0	A1	A2	A3	A4
$B\times L$	841×1189	594×841	420×594	294×420	210×297
e(非装订型)	20		10		
c	10			5	
a	25				

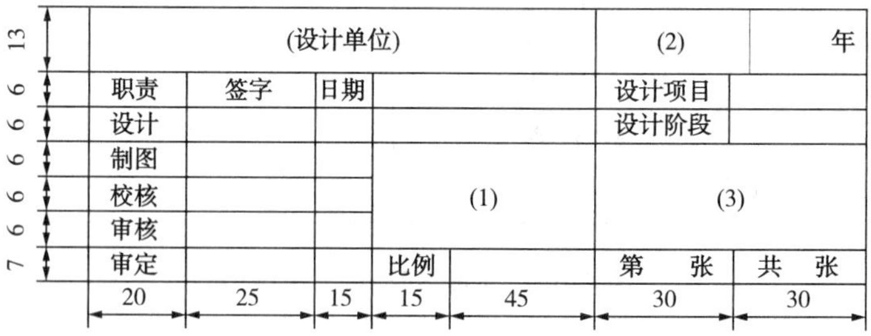

图 1-10　标题栏

1.5　物性数据的查取与估算

化工原理课程设计计算中的物性数据应尽可能使用实验测定值或从有关手册、专著和文献中查取。常用的物性数据，可由《化工原理》或《物理化学》附录，《化学工程手册》《石油化工手册》《化工工艺手册》《化工工艺算图》等工具书中查取。从物性手册中收集到的物性数据，常常是纯组分的物性，而设计所遇到物系一般为双组分体系，查取困难，更多是采用经验的方法进行估算与推算，从而获取混合物物性参数。这里仅介绍部分常用混合物物性数据获取的通用方法。

1.5.1　液体的饱和蒸气压

液体的饱和蒸气压可由 Antoine 方程计算：

$$\lg p^0 = A - \frac{B}{T+C}$$

式中　p^0——温度为 T 时的饱和蒸气压，kPa；

T——温度，K；

A，B，C——Antoine 常数，常见物质的 Antoine 常数见表 1-14。

表 1-14　常见物质的 Antoine 常数

名　称	A	B	C	名　称	A	B	C
甲醇	16.5675	3626.55	-34.29	1,2-二氯乙烷	16.1764	2927.17	-50.22
乙醇	18.9119	3803.98	-41.68	3-氯丙烷	15.9772	2531.92	-47.15
苯	15.9008	2788.51	-52.36	1,2-二氯丙烷	16.0385	2985.07	-52.16
甲苯	16.0137	3096.52	-53.67	二硫化碳	15.9844	2690.85	-31.62
氯苯	16.0676	3295.12	-55.60	四氯化碳	15.8742	2802.19	-45.99
氯乙烯	14.9601	1803.84	-43.15	丙酮	16.0313	240.46	-35.93
1,1-二氯乙烷	16.0842	2697.29	-45.03				

1.5.2　常见双组分系统的气液平衡数据

乙醇-水、丙酮-水、甲醇-水、苯-甲苯、苯-氯苯、二硫化碳(CS_2)-四氯化碳(CCl_4)、正戊烷-正己烷、环己醇-苯酚在常压(101.3kPa)下，气液平衡组成与温度的关系见表 1-15 至表 1-22。

表 1-15　乙醇-水气液平衡组成与温度的关系

温度 t/℃	乙醇摩尔分数		温度 t/℃	乙醇摩尔分数		温度 t/℃	乙醇摩尔分数	
	液相 x/%	气相 y/%		液相 x/%	气相 y/%		液相 x/%	气相 y/%
100	0	0	82.4	25.0	55.1	79.6	59.6	69.6
95.0	2.0	18.7	81.6	30.0	57.5	79.3	64.1	71.9
90.5	5.1	33.1	81.2	35.1	59.6	78.9	70.6	75.8
87.7	8.0	40.2	80.8	40.0	61.4	78.6	76.0	79.3
86.2	10.5	44.6	80.4	45.4	63.4	78.4	79.8	81.8
84.5	14.6	49.8	80.0	50.0	65.7	78.2	86.0	86.4
83.3	20.0	52.5	79.8	54.0	66.9	78.1	89.4	89.4

表 1-16　丙酮-水气液平衡组成与温度的关系

温度 t/℃	丙酮摩尔分数		温度 t/℃	丙酮摩尔分数		温度 t/℃	丙酮摩尔分数	
	液相 x/%	气相 y/%		液相 x/%	气相 y/%		液相 x/%	气相 y/%
100	0	0	62.1	20	81.5	58.2	80	89.8
92.7	1	25.3	61.0	30	83.0	57.5	90	93.5
86.5	2	42.5	60.4	40	83.9	57.0	95	96.3
75.8	5	62.4	60.0	50	84.9	56.1	100.0	100.0
66.5	10	75.5	59.7	60	85.9			
63.4	15	79.8	59.0	70	87.4			

表 1-17 甲醇-水气液平衡组成与温度的关系

温度 t/℃	甲醇摩尔分数		温度 t/℃	甲醇摩尔分数		温度 t/℃	甲醇摩尔分数	
	液相 x/%	气相 y/%		液相 x/%	气相 y/%		液相 x/%	气相 y/%
100	0	0	84.4	15	51.7	69.3	70	87
96.4	2	13.4	81.7	20	57.9	67.6	80	91.5
93.5	4	23.4	78.0	30	66.5	66.0	90	95.8
91.2	6	30.4	75.3	40	72.9	65.0	95	97.9
89.3	8	36.5	73.1	50	77.9	64.5	100.0	100.0
87.7	10	41.8	71.2	60	82.5			

表 1-18 苯-甲苯气液平衡组成与温度的关系

温度 t/℃	苯摩尔分数		温度 t/℃	苯摩尔分数		温度 t/℃	苯摩尔分数	
	液相 x/%	气相 y/%		液相 x/%	气相 y/%		液相 x/%	气相 y/%
110.6	0	0	95.58	35.0	56.6	84.4	80.0	91.2
109.9	1.0	2.5	94.1	40.0	61.9	83.3	85.0	93.6
108.8	3.0	7.1	92.7	45.0	66.7	82.3	90.0	95.9
107.6	5.0	11.2	91.4	50.0	71.3	81.1	95.0	98.0
105.1	10.0	20.8	90.1	55.0	75.5	80.9	97.0	98.8
102.8	15.0	29.4	80.8	60.0	79.1	80.2	99.0	99.6
100.8	20.0	37.2	87.6	65.0	82.5	80.0	100.0	100.0
98.8	25.0	44.2	86.5	70.0	85.7			
97.1	30.0	50.7	85.4	75.0	88.5			

表 1-19 苯-氯苯气液平衡组成与温度的关系

温度 t/℃	苯摩尔分数		温度 t/℃	苯摩尔分数		温度 t/℃	苯摩尔分数	
	液相 x/%	气相 y/%		液相 x/%	气相 y/%		液相 x/%	气相 y/%
80	100.0	100.0	100	44.0	78.2	120	8.8	34.3
85	81.8	95.7	105	27.6	66.5	125	4.5	20.0
90	67.8	91.1	110	18.5	56.3	130	1.2	5.7
95	54.3	84.7	115	13.1	45.5	132	0	0

表 1-20 二硫化碳(CS_2)-四氯化碳(CCl_4)气液平衡组成与温度的关系

温度 t/℃	CS_2摩尔分数		温度 t/℃	CS_2摩尔分数		温度 t/℃	CS_2摩尔分数	
	液相 x/%	气相 y/%		液相 x/%	气相 y/%		液相 x/%	气相 y/%
76.7	0	0	68.6	14.35	33.25	52.3	66.30	82.90
74.9	2.96	8.23	63.8	25.85	49.50	51.4	75.74	87.80
73.1	6.15	15.55	59.3	39.08	63.40	48.5	86.04	93.20
70.3	11.06	26.60	55.3	53.18	74.70	46.3	100.00	100.00

表 1-21 正戊烷-正己烷气液平衡组成与温度的关系

温度 t/℃	正戊烷摩尔分数		温度 t/℃	正戊烷摩尔分数		温度 t/℃	正戊烷摩尔分数	
	液相 x/%	气相 y/%		液相 x/%	气相 y/%		液相 x/%	气相 y/%
35	100.0	100.0	48	57.6	80.3	58	27.4	51.9
40	82.3	93.5	50	44.9	70.6	60	18.1	38.3
42	72.9	89.1	52	38.3	64.4	65	0	0
44	66.1	85.5	54	33.6	59.3			
46	61.2	82.6	56	30.0	55.2			

表 1-22 环己醇-苯酚气液平衡组成与温度的关系

温度 t/℃	环己醇摩尔分数		温度 t/℃	环己醇摩尔分数	
	液相 x/%	气相 y/%		液相 x/%	气相 y/%
147.0	42.5	80.2	124.8	95.0	99.2
145.6	45.0	81.9	124.0	97.5	99.6
144.2	47.5	83.5	123.3	100.0	100.0
142.9	50.0	85.0			

1.5.3 混合物物性数据的估算

1.5.3.1 混合物的平均摩尔质量

（1）混合气体

$$M_m = \sum y_i M_i \tag{1-1}$$

式中 M_m——混合气体的平均摩尔质量，g/mol；

y_i——气体组分 i 的摩尔分数；

M_i——气体组分 i 的摩尔质量，g/mol。

（2）混合溶液

$$M_m = \sum x_i M_i \tag{1-2}$$

式中 M_m——混合溶液的平均摩尔质量，g/mol；

x_i——溶液组分 i 的摩尔分数；

M_i——溶液组分 i 的摩尔质量，g/mol。

1.5.3.2 混合物的密度

（1）混合气体密度 ρ_m

对压力不太高的气体混合物的密度可由下式求得：

$$\rho_m = \frac{pM_m}{RT} \quad 或 \quad \rho_m = \sum y_i \rho_i \tag{1-3}$$

式中 ρ_m——混合气体的密度，kg/m^3；

y_i——组分 i 的体积分数（或摩尔分数）；

ρ_i——组分 i 的气体密度，kg/m^3；

p——混合气体的总压力，Pa；

M_m——混合气体的平均摩尔质量，g/mol。

上式仅适用于混合气体压力不太高的场合，如果压力较高或者要求有更高的计算精度，可用压缩因子法或其他方法进行处理。

(2) 混合液体

混合液体为理想溶液时，可采用下式计算：

$$\rho_m = \frac{1}{\sum (w_i/\rho_i)} \tag{1-4}$$

式中 ρ_m——混合液体的密度，kg/m^3；

w_i——组分 i 的质量分数；

ρ_i——组分 i 的密度，kg/m^3。

1.5.3.3 混合物的黏度

(1) 混合气体

常压下，气体混合物的黏度可以通过各组分的纯物质黏度、摩尔质量及摩尔分数由下式求得：

$$\mu_m^o = \frac{\sum y_i \mu_i^o M_i^{1/2}}{\sum y_i M_i^{1/2}} \tag{1-5}$$

式中 μ_m^o——0℃、常压下混合气体的黏度，mPa·s；

y_i——组分 i 的摩尔分数；

μ_i^o——0℃、常压下组分 i 的黏度，mPa·s；

M_i——组分 i 的摩尔质量，g/mol。

在压力较高，且对比温度 T_r 和对比压力 P_r 大于 1 的情况下，纯组分的黏度可利用对比态原理从压力对黏度的影响图中查出，亦可用下式进行校正：

$$\mu = \mu_i^o \left(\frac{T}{273.15}\right)^m \tag{1-6}$$

式中 m——关联指数。

对于常见气体，μ_i^o 和 m 值见表 1-23。

表 1-23 常见气体的 μ_i^o 和 m 值

气体	μ_i^o/(mPa·s)	m	气体	μ_i^o/(mPa·s)	m
CO_2	1.34×10^{-2}	0.935	CS_2	0.89×10^{-2}	
H_2	0.84×10^{-2}	0.771	SO_2	1.22×10^{-2}	
N_2	1.66×10^{-2}	0.756	NO_2	1.79×10^{-2}	0.89
CO	1.66×10^{-2}	0.758	NO	1.35×10^{-2}	
CH_4	1.20×10^{-2}	0.8	HCN	0.98×10^{-2}	
O_2	1.87×10^{-2}		NH_3	0.96×10^{-2}	0.981
H_2S	1.10×10^{-2}		空气	1.71×10^{-2}	0.768

气体混合物的黏度为：

$$\mu_m = \frac{\sum y_i \mu_i M_i^{1/2}}{\sum y_i M_i^{1/2}} \tag{1-7}$$

上式对含 H_2较高的混合气体不适用，误差高达 10%。

(2) 混合液体

液体混合物的黏度与组成之间一般不存在线性关系，有时会出现极大值、极小值，或者既有极大值又有极小值或 S 形曲线关系，目前还难以用理论预测。除实验测定外，工程上大多采用一些经验或半经验的黏度模型进行关联和计算。

对于互溶非缔合性混合液体的黏度可用下式计算：

$$\lg\mu_m = \sum x_i \lg\mu_i \tag{1-8}$$

式中 μ_m——混合溶液的黏度，mPa · s；

μ_i——与混合溶液同温下组分 i 的黏度，mPa · s；

x_i——混合溶液中组分 i 的摩尔分数。

还可根据 Kendall-Mouroe 混合规则计算：

$$\mu_m^{1/3} = \sum x_i \mu_i^{1/3} \tag{1-9}$$

此式适用于非电解质、非缔合性液体，且两组分的分子量之差和黏度之差不大($\Delta\mu$ <15mPa · s)，对油类计算的误差为 2%~3%。

1.5.3.4 混合物的热导率

(1) 混合气体

① 非极性气体混合物的热导率由 Broraw 法计算：

$$\left.\begin{aligned} \lambda_m &= 0.5(\lambda_{sm} + \lambda_{rm}) \\ \lambda_{sm} &= \sum y_i \lambda_i \\ \lambda_{rm} &= 1/\sum (y_i/\lambda_i) \end{aligned}\right\} \tag{1-10}$$

式中 λ_m——常压及系统温度下气体混合物的热导率，W/(m · K)；

λ_i——常压及系统温度下组分 i 的热导率，W/(m · K)；

y_i——混合气体中组分 i 的摩尔分数。

② 常压下一般气体混合物可由下式计算：

$$\lambda_m = \frac{\sum y_i \lambda_i M_i^{1/3}}{\sum y_i M_i^{1/3}} \tag{1-11}$$

式中 M_i——组分 i 的摩尔质量，g/mol。

对于高压气体混合物热导率的计算，常常需将高压纯组分关系式与相应的混合规则相结合后，按特定关系式计算，具体方法可参考有关文献。

(2) 混合液体

① 有机液体混合物的热导率：

$$\lambda_m = \sum w_i \lambda_i \tag{1-12}$$

② 有机液体水溶液的热导率：

$$\lambda_m = 0.9 \sum w_i \lambda_i \tag{1-13}$$

③ 胶体分散液与乳液：

$$\lambda_m = 0.9\lambda_c \tag{1-14}$$

④ 电解质水溶液的热导率：

$$\lambda_{\mathrm{m}}=\lambda_{\mathrm{w}}\frac{c_p}{c_{p\mathrm{w}}}\left(\frac{\rho}{\rho_{\mathrm{w}}}\right)^{4/3}\left(\frac{M_{\mathrm{w}}}{M}\right)^{1/3} \tag{1-15}$$

式中 w_i——混合液中组分 i 的质量分数；

λ_{c}——连续相组分的热导率，W/(m·℃)；

c_p，ρ，M——电解质水溶液的比热容、密度及摩尔质量；

λ_{w}，$c_{p\mathrm{w}}$，ρ_{w}，M_{w}——水的热导率、比热容、密度及摩尔质量。

1.5.3.5 混合物的比热容

(1) 混合气体

压力对固体热容的影响很小，一般不予考虑；对液体也只有在临界点附近才有影响，一般情况下亦可忽略；压力虽然对理想气体的热容无影响，但对真实气体的热容影响却较显著。各种真实气体纯组分在温度 T 及压力 p 下的比热容 c_{pi} 与同样温度下理想气体组分的比热容 c_{pi}^{o} 之差($c_{pi}-c_{pi}^{\mathrm{o}}$)与对比温度 T_{r}($T_{\mathrm{r}}=T/T_{\mathrm{c}}$)及对比压力 p_{r}($p_{\mathrm{r}}=p/p_{\mathrm{c}}$)有关，($c_{pi}-c_{pi}^{\mathrm{o}}$)的数值符合对比态原理，可通过查对比状态曲线图获取真实气体的 c_{pi} 值。

① 理想气体混合物(或低压真实气体混合物)的比热容：

$$c_{p\mathrm{m}}^{\mathrm{o}}=\sum y_i c_{pi}^{\mathrm{o}} \tag{1-16}$$

式中 $c_{p\mathrm{m}}^{\mathrm{o}}$，$c_{pi}^{\mathrm{o}}$——理想气体混合物及理想气体组分 i 的比热容，J/(mol·K)；

y_i——理想气体混合物中组分 i 的摩尔分数。

② 真实气体混合物(压力较高时)的比热容。求真实气体混合物的比热容时，首先求取混合气体在同样温度下处于理想气体状态时的比热容 $c_{p\mathrm{m}}^{\mathrm{o}}$，再根据混合气体的假临界温度 T'_{c}($T'_{\mathrm{c}}=\sum y_i T_{\mathrm{c}i}$)和假临界压力 p'_{c}($p'_{\mathrm{c}}=\sum y_i p_{\mathrm{c}i}$)，求取混合气体的假对比温度 T'_{r} 和假对比压力 p'_{r}，最后在对比状态图上查出($c_{p\mathrm{m}}-c_{p\mathrm{m}}^{\mathrm{o}}$)值，求取 $c_{p\mathrm{m}}$ 值。

(2) 液体混合物

液体混合物的比热容还没有比较理想的计算方法，一般借助于理想气体混合物的公式按组分组成加和求取。这种做法对分子结构相似的混合液体还比较准确，对其他液体混合物会产生较大的误差。

液体混合物的比热容由下式计算：

$$c'_{p\mathrm{m}}=\sum w_i c'_{pi} \tag{1-17}$$

式中 $c'_{p\mathrm{m}}$，c'_{pi}——液体混合物及组分 i 的比热容，kJ/(kg·K)。

本公式的使用适用于下列情形之一：①各组分不互溶；②相似的非极性液体混合物(如碳氢化合物、液体金属)；③非电解质水溶液(如有机物水溶液)；④有机溶液。不适用于混合热较大的互溶混合液。

1.5.3.6 混合物的汽化潜热

混合物的汽化潜热既可按摩尔分数加权平均，也可按质量分数加权平均。

$$r_{\mathrm{m}}=\sum x_i r_i \tag{1-18}$$

式中 r_{m}——混合物的汽化潜热，kJ/kmol(或 kJ/kg)；

r_i——组分 i 的汽化潜热，kJ/kmol(或 kJ/kg)；

x_i——组分 i 的摩尔分数(或质量分数)。

1.5.3.7 混合液的表面张力

(1) 常压液体混合物

当系统压力小于或等于大气压时，液体混合物的表面张力可由下式求得：

$$\sigma_m = \sum x_i \sigma_i \tag{1-19}$$

(2) 非水溶液混合物

对非水溶液混合物，表面张力可按 Macleod-Sugden 法或快速估算法计算。

① Macleod-Sugden 法：

$$\sigma_m^{1/4} = \sum [P_i](\rho_{Lm} x_i - \rho_{Gm} y_i) \tag{1-20}$$

式中 σ_m——混合液的表面张力，mN/m；

$[P_i]$——组分 i 的等张比容，$\dfrac{mN \cdot cm^3}{mol \cdot m}$；

x_i，y_i——液相、气相的摩尔分数；

ρ_{Lm}，ρ_{Gm}——混合物液相、气相的摩尔密度，mol/cm^3。

本法的误差对非极性混合物一般为 5%~10%，对极性混合物为 5%~15%。

② 快速估算法：

$$\sigma_m^{\gamma} = \sum x_i \sigma_i^{\gamma} \tag{1-21}$$

对于大多数混合物，$\gamma=1$，若为了更好地符合实际，γ 可在-3~1 之间选择。

(3) 含水溶液

有机物分子中烃基是疏水性的，有机物在表面的浓度高于主体部分的浓度，因而当少量的有机物溶于水时，足以影响水的表面张力。在有机物溶质浓度不超过 1%时，可用下式计算溶液的表面张力 σ。

$$\frac{\sigma}{\sigma_w} = 1-0.411\lg\left(1+\frac{x}{\alpha}\right) \tag{1-22}$$

式中 σ_w——纯水的表面张力，mN/m；

x——有机物溶质的摩尔分数；

α——特性常数，见表 1-24。

表 1-24 特性常数 α 值

有机物	$\alpha\times10^4$	有机物	$\alpha\times10^4$	有机物	$\alpha\times10^4$
丙酸	26	异丁醇	7	异戊酸	1.7
正丙酸	26	正丁醇	7	正戊醇	1.7
异丙酸	26	甲酸丙酯	8.5	异戊醇	1.7
醋酸甲酯	26	醋酸乙酯	8.5	丙酸丙酯	1.7
正丙胺	19	丙酸甲酯	8.5	正己酸	0.75
甲乙酮	19	二乙酮	8.5	正庚酸	0.17
正丁酸	7	丙酸乙酯	3.1	正辛酸	0.034
异丁酸	7	正戊酸	3.1	正癸酸	0.025

二元的有机物-水溶液的表面张力在宽浓度范围内用下式求取：

$$\sigma_m^{1/4} = \varphi_{sw}\sigma_w^{1/4} + \varphi_{so}\sigma_o^{1/4} \tag{1-23}$$

式中，$\varphi_{sw}=x_{sw}V_w/V_s$；$\varphi_{so}=x_{so}V_o/V_{so}$。

φ_{sw}和φ_{so}可通过下式求取：

$$\varphi_o=x_oV_o/(x_wV_w+x_oV_o) \tag{1-24}$$

$$\varphi_w=\frac{x_wV_w}{x_wV_w+x_oV_o} \tag{1-25}$$

$$B=\lg(\varphi_w^q\varphi_o) \tag{1-26}$$

$$Q=0.441\left(\frac{q}{T}\right)(\sigma_oV_o^{\frac{2}{3}}-\sigma_wV_w^{\frac{2}{3}}) \tag{1-27}$$

$$A=B+Q \tag{1-28}$$

$$\lg\left(\frac{\varphi_{sw}^q}{\varphi_{so}}\right)=A \tag{1-29}$$

$$\varphi_{sw}+\varphi_{so}=1 \tag{1-30}$$

式中，下角 w、o、s 分别指水、有机物及表面部分；x_w、x_o分别为水和有机物主体部分的摩尔分数；V_w、V_o分别为水和有机物主体部分的摩尔体积；σ_w、σ_o分别为纯水和有机物的表面张力；q 为与分子结构有关的参数，其值取决于有机物的类型与分子的大小，如表 1-25 所示。

表 1-25　某些有机物的 q 值

物　质	q	举　例
脂肪酸、醇	碳原子数	乙酸：$q=2$
酮　类	碳原子数减 1	丙酮：$q=2$
脂肪酸的卤代衍生物	$\frac{\text{碳原子数×卤代衍生物}}{\text{原脂肪酸摩尔体积}}$	氯代乙酸：$q=\frac{V_s(\text{氯代乙酸})}{V_s(\text{乙酸})}$

若用于非水溶液：q=溶质摩尔体积/溶剂摩尔体积。

本法对 14 个水系统和 2 个醇-醇系统计算统计，当 q 值小于 5 时，误差小于 10%；当 q 值大于 5 时，误差小于 20%。

1.6　常用化工设计软件

为了提高化工设计的质量和效率，在化工原理课程设计中需要掌握几款必要的化工设计软件，下面我们分类简单介绍。

1.6.1　化工绘图软件

化工绘图软件主要包括 AutoCAD、PIDCAD、Microsoft Visio 和 ChemBioDraw 等。

AutoCAD 是 Autodesk(欧特克)公司于 1982 年开发的自动计算机辅助设计软件，用于二维绘图、详细绘制、设计文档和基本三维设计，现已经成为国际上广为流行的绘图工具。AutoCAD 具有良好的用户界面，通过交互菜单或命令行方式便可以进行各种操作。它的多文档设计环境，让非计算机专业人员也能很快学会使用，在不断实践的过程中更好地掌握它的各种应用和开发技巧，从而不断提高工作效率。AutoCAD 具有广泛的适应性，可以在各种操作系统支持的微型计算机和工作站上运行。

PIDCAD 是深圳市维远泰克科技有限公司专为工程技术、设计院设计人员及大中专院校师生和管道安装施工人员设计的，用于化工工程设计、管道和仪表工艺物料流程图绘制的工具软件。PIDCAD 软件自问世以来，已在我国多项大型石化工程设计中使用。无论是在图上添加设备、仪表，绘制管线，安装阀门、管件，还是添加管线伴热、标示管线号、管内介质流向等，都非常简便快捷，功能多达 600 多项，并按行业标准，建有国家标准图幅库、设备符号库、阀门库、仪表库，是从事工程设计不可多得的助手，利用其绘制的工艺物料及管道、仪表流程图，结合其公司开发的工艺设备管理软件，可实现工厂工艺、设备信息化管理。

Microsoft Visio 是微软公司出品的一款软件，使用 Visio 中的各种图表可了解、操作和共享企业内组织系统、资源和流程的有关信息。Visio 提供了各种模板：业务流程图、网络图、工作流程图、数据库模型图和软件图，这些模板可用于各种示意图、设备工艺条件图、工艺流程图绘制。使用 Visio 做毕业设计、课程设计可以很快画出组织结构图、流程图等，复制到 Word 中可以双击对图形进行修改。

ChemBioDraw 软件是美国 PerkinElmer 公司开发的化学结构绘图软件，主要用于绘制和编辑化学分子和化合物的结构式、反应方程式，并进行化学数据的处理和分析。一般化工设计中 PFD、PID 和设备条件图由 AutoCAD 完成，当然 PID 也可以由 PIDCAD 完成，涉及的有机物质的化学结构式、方程式由 ChemBioDraw 完成。

1.6.2 化工流程模拟软件

化工流程模拟软件主要包括 Aspen Plus、PRO/Ⅱ、HYSYS、ChemCAD、DESIGN Ⅱ等，前三款被国内绝大多数化工设计院所广泛使用。Aspen 拥有庞大的物性数据库，支持用户自定义物性数据，基本上涵盖了以上各款软件的优点，用它模拟包括蒸馏、吸收、萃取、反应等多种复杂的化工过程，能提供准确的模拟结果，并且 Aspen 是全开放式的，是化工设计首选的模拟软件。PRO/Ⅱ因其数据库中有不少石油炼制方面的经验数据，用它模拟石油炼制过程有一定优势且较为准确；HYSYS 在油气工程领域有着极高的精度和准确性，且动态模拟是它的优势。因此，在化工设计中模拟通常采用 Aspen Plus，PRO/Ⅱ、HYSYS 只是在某些特定的场合才使用。

1.6.3 数据分析及处理软件

数据分析与处理软件主要有 Origin、Excel、Matlab、Python、Tableau、Spss、SAS 等。在国内，Origin、Excel 因操作简单，图形丰富等优点被广泛使用。在数据处理过程中，作迭代运算时通常推荐选用 Excel；对实验散点作数据回归和进行微积分运算时推荐选用 Origin；用数据矩阵绘制 3D 图形时推荐选用 Origin。因此，在化工设计中采用图解求理论板数中的气液平衡相图宜用 Origin，其他数据的计算可以选用 Origin 或者 Excel。

第 2 章　换热器的设计

本章符号说明

英文字母：

B——折流板间距，m；
C——系数，无量纲；
d——管径，m；
D——换热器外壳内径，m；
f——摩擦系数；
F——系数；
h——圆缺高度，m；
K——总传热系数，W/(m^2·℃)；
L——管长，m；
m——程数；
n——指数；
N——管数、管程数；
N_B——折流板数；
Nu——努塞尔特准数；
p——压力，Pa；
P——因数；
Pr——普兰特准数；
q——热通量，W/m^2；
Q——传热速率，W；
r——半径，m；
汽化潜热，kJ/kg；
R——热阻，m^2·℃/W；
因数；
Re——雷诺准数；
S——传热面积，m^2；
t——冷流体温度,℃；
管心距，m；
T——热流体温度,℃；
u——流速，m/s；
W——质量流量，kg/s。

希腊字母：

α——对流传热系数，W/(m^2·℃)；
Δ——有限差值；
λ——导热系数，W/(m·℃)；
μ——黏度，Pa·s；
ρ——密度，kg/m^3；
φ——校正系数。

下标：

c——冷流体；
h——热流体；
i——管内；
m——平均；
o——管外；
s——污垢。

在工业过程中热量传递的方法多种多样，诸如电阻加热器、热传导的换热器、煮沸器、冷凝器、辐射壁炉等都是可以实现热量传递的方法。不同的方法都由相应的设备来实现这一热量传递过程。

目前工业上比较感兴趣的管板式换热器、扩展表面设备、机械辅助传热设备、冷凝器、蒸发器、填充床反应器和再生器等是换热设计需要关注的重点。

早期的换热器主要是列管式换热器，该类换热器的设计成熟，已经有标准化的设计方法，且该换热器在化工、石油、动力、制冷、食品等行业中广泛使用，因此本章主要介绍列管式换热器的设计。换热器的设计一直在向前发展，板式换热器、翅片式换热器等都是后续出来的换热器，且换热器的发展趋势将是不断增加其紧凑性、互换性，不断降低材料消耗，提高传热效率和各种特性，提高操作和维护的便捷性。

列管式换热器发展较早，设计资料和技术数据比较完整，现在已有系列化标准产品。虽然在换热效率、紧凑性、材料消耗等方面还不及一些新型换热器，但它具有结构简单、牢固、耐用、适应性强、操作弹性较大和成本较低等优点，因而仍是工业中应用最广泛的换热设备，也是各类换热器的主要类型。本章主要针对列管式换热器采用系列标准和非系列标准设计进行了介绍。

2.1 列管式换热器的设计

列管式换热器的设计和分析包括热力设计、流动设计、结构设计和强度设计，其中以热力设计最为重要。

热力设计指的是根据客户的要求，依据传热学的知识进行热量衡算和物料衡算等，选择并确定合理的运行参数。

流动设计主要计算压降，目的在于选择所需要的辅助设备，比如泵的选择。该步骤主要是计算压降：流速过慢，传热速率不高；流速过快，传热速率会增加，但流动阻力的增加会增加动力消耗，所以对压降都是有具体的要求，而且热力计算的数据跟流体的流动状态密切相关。

结构设计是指根据传热面积来确定换热器的结构参数，例如管子的直径、长度、根数、壳体的直径、折流板的长度和数目、隔板的数目和布置以及连接管的尺寸等。

强度设计指的是在对设备强度有要求的情况下还必须进行应力计算，并校核其强度。

列管式换热器的工艺设计主要包括以下内容：

① 根据换热任务和有关要求确定设计方案；

② 初步确定换热器的结构和尺寸；

③ 核算换热器的传热面积和流体阻力；

④ 确定换热器的工艺结构；

⑤ 绘制流程图及设备图纸，写说明书。

2.1.1 设计方案的确定

2.1.1.1 确定列管式换热器的类型

(1) 固定管板式换热器

这类换热器制作简单、成本低廉。最大缺点是管外侧清扫困难，因而多用于壳侧流体清洁、不易结垢或污垢容易化学处理的场合。当管壁与壳壁温度相差较大时，由于两者的热膨胀不同，产生了很大的温差应力，以致管子扭弯或使管子从管板上松脱，甚至毁坏整个换热器，因此一般管壁与壳壁温度相差 50℃以上时，换热器应有温差补偿装置。图 2-1为具有温差补偿圈(或称膨胀节)的固定管板换热器。一般这种装置只能用在壳壁与管壁温差低于 60~70℃和壳程流体压强不高的情况。壳程压强超过 6×10^5Pa 时，由于补偿圈过厚，难以伸缩，失去温差补偿的作用，就应考虑其他结构。

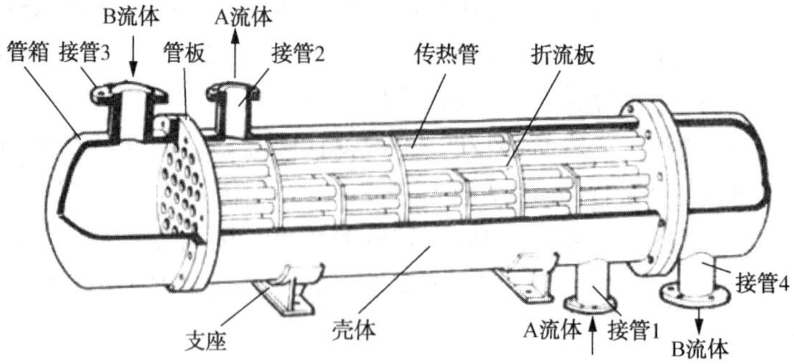

图 2-1 固定管板式换热器

（2）浮头式换热器

该类换热器如图 2-2 所示。其特点是它的一端管板与壳体用螺栓固定，而另一端管板不与壳体相连，而与另一个可以自由伸缩的封头(称浮头)相连接，当换热管束受热或受冷时可以自由伸缩，不受壳体的约束。故管、壳间不产生温差应力，管束可以从壳体内抽出，便于检修、清洗。但其结构比较复杂，造价比固定管板式约高 20%。

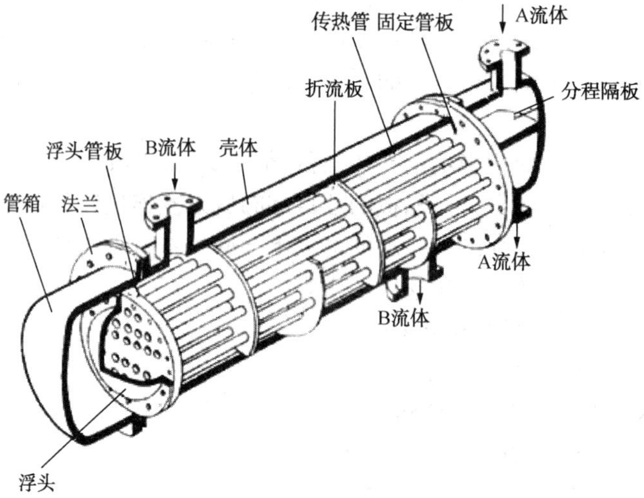

图 2-2 浮头式换热器

（3）U 形管式换热器

此类换热器如图 2-3 所示，其特点是将管子变成 U 形，管子两端固定在一管板上，管束可以自由伸缩，也可以从壳体内抽出便于清洗管间。这种结构比浮头式简单，造价比较低，但管内很难清洗，管板上排列管子少，弯管工作量大，管子更换麻烦。又因最内层管子弯曲半径不能太小，在管板中心部分布管不紧凑，所以管子数不能太多，且管束中心部分存在间隙，使壳程流体易于短路而影响壳程换热。此外，为了弥补弯管后管壁的减薄，直管部分必须用壁较厚的管子。但这影响了它的使用场合，仅宜用于管壳壁温相差较大，或壳程介质易结垢而管程介质不易结垢，高温、高压和腐蚀性强的情形。

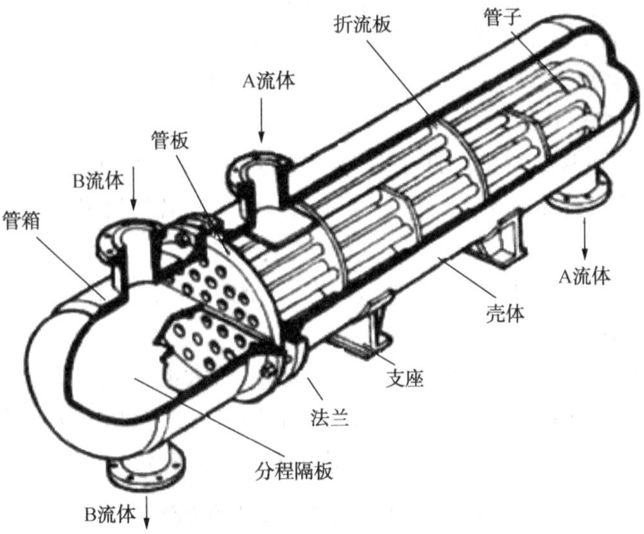

图 2-3　U 形管式换热器

2.1.1.2　换热器内流体的流经空间和流动方向的选择

在管壳式换热器的计算中，首先需要确定流经空间，即何种流体走管程，何种流体走壳程。

① 尽量提高两侧传热系数中较小的一个，可以有效地提高整体的传热系数。

② 尽量减少热量损失，以保证热流体能够有效地将热量传递给冷流体，而不是损耗到周围环境中。

③ 流经空间的选择要便于清洗除垢和维修，以保证在出现问题后可以方便处理。

④ 尽量减小热应力效应。采用顺流式、设置膨胀节等都可以有效降低热应力效应。

⑤ 对于有毒的介质或气相介质，应特别注意其密封性，要求密封不仅要可靠，而且方便安装、更换。

⑥ 尽量避免采用热传导性能较佳的贵金属，以降低成本。

以上这些原则有些有可能是互相抵触的，所以在决定哪一种流体走管程，哪一种流体走壳程时，一定要综合考虑。

（1）宜于通入管内空间的流体

① 不清洁的流体　因为不清洁流体对管壁污染，同时所含杂质容易沉淀，因此需要较高流速，在管内可获得高流速，同时管的更换清洗比壳更方便快捷。

② 体积小的流体　因为管外空间大，体积小流速慢不利于传热，因此走管内可以获得适宜流速，有利于传热系数提高。

③ 有压力的流体　因为压力大的液体容易发生泄漏，且需要壳体高的抗压强度，故走管内，密封性和强度都能得到保证。

④ 腐蚀性强的流体　因为采用耐腐蚀材料制造管比制造壳所需的材料少，所以可以降低造价。此外，在管内覆盖耐腐蚀层比较方便，且容易检查。

⑤ 与外界温差大的流体　因为走管内热量不会直接散失到周围环境中去，可以降低热损失。

(2) 宜于通入管外空间的流体

① 当两流体温度相差较大时，α 值大的流体走管外。因为管壁的温度与 α 值较大一侧的流体温度相近，因此走管外可使得管壁和壳体的温度相近，可降低热应力效应的影响。

② 若两流体给热性能相差较大时，α 值小的流体走管外。可以用翅片管来平衡传热面两侧的给热条件，使之相互接近。

③ 饱和蒸汽。饱和蒸汽洁净，且在壳内产生的水蒸气方便排出。

④ 黏度大的流体。黏度大的流体流速不会太高，否则额外的阻力损失会很大，因此走壳程比较合适。

⑤ 泄漏后危险性大的流体。壳体要做好密封，比所有管做密封要简单，维修也更方便。

2.1.1.3 流速的确定

流速对传热的影响显著，较高的流速，可以获得较大的传热系数，同时也不容易结垢；另一方面流速越快，流动阻力越大，对泵的动力消耗更大。因此要从传热效率和动力消耗的总成本综合考虑选择合适的流速。换热器常用流速的范围见表 2-1 和表 2-2。

表 2-1 换热器常用流速的范围

流速	介质						
	循环水	新鲜水	一般液体	易结垢液体	低黏度油	高黏度油	气体
管程流速/(m/s)	1.0~2.0	0.8~1.5	0.5~3	> 1.0	0.8~1.8	0.5~1.5	5~30
壳程流速/(m/s)	0.5~1.5	0.5~1.5	0.2~1.5	> 0.5	0.4~1.0	0.3~0.8	2~15

表 2-2 列管式换热器易燃、易爆液体和气体允许的安全流速

液体名称	乙醚、二硫化碳、苯	甲醇、乙醇、汽油	丙酮	氢气
安全流速/(m/s)	< 1	< 2~3	< 10	≤8

2.1.1.4 加热剂、冷却剂的选择

在换热过程中加热剂和冷却剂的选择首先要满足加热和冷却的需求，其次还应考虑来源方便、价格低廉，再次就是使用安全。在工业生产中常用的加热剂有饱和水蒸气、导热油，冷却剂有水、盐水、液氨等。

2.1.1.5 流体出口温度的确定

被处理的流体的进出口温度是由工艺要求决定的，加热剂或冷却剂的进口温度一般由其来源而定，但其出口温度是由设计者根据经济核算来选定的。比如，冷却水的初温由气候条件所定，水的出口温度则是要与被冷却流体之间维持 5~35℃ 的温差，且水出口温度一般不超过 50℃。

2.1.2 列管式换热器的结构

2.1.2.1 管程结构

换热器中流体流经列管内的通道部分称为管程。

(1) 换热管布置和排列间距

常用换热管规格有 ϕ19mm×2mm、ϕ25mm×2.5mm、ϕ38mm×2.5mm 无缝钢管和 ϕ25mm×2mm、ϕ38mm×2.5mm 不锈钢管。换热管管板上的排列方式有正方形直列、正方形错列、三

角形直列、三角形错列和同心圆排列，如图 2-4 所示。

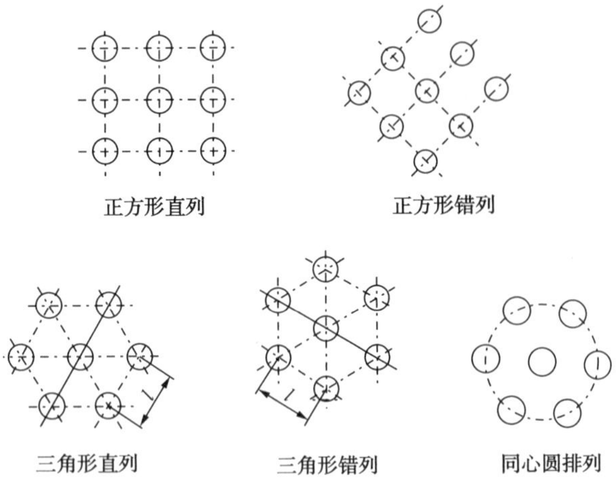

图 2-4 换热管排列方式

正三角形排列最普遍，其结构紧凑、布管多、声振小、管外流体扰动大，传热效果好，但不易清洗；三角形错列易清洗，但传热效果不如正三角形；正方形直列和错列清洗方便，但排管比三角形少；同心圆排列用于小壳径换热器，外圆管布管均匀，结构更为紧凑。

对于多管程换热器，一般采用组合排列方式。在各程内可采用正三角形排列，而在程与程之间则采用正方形排列方式，以便于安装隔板。

管间距(管中心的间距) t 与管外径 d_o 的比值，焊接时为 1.25，胀接时为 1.3~1.5，对于直径较小的管子，需要注意的是管心距最小不能小于 (d_o+6) mm，所以 t/d_o 的比值可取大一些。表 2-3 列出了常用传热管布置的管心距。

表 2-3 常用管心距

管外径/mm	管心距/mm	管外径/mm	管心距/mm
19	25	32	40
25	32	38	48

(2) 管长、管程和总管数确定

确定了管径和管内流速后，可依下式确定换热管的单程管数量：

$$n_s = \frac{V}{\frac{\pi}{4}d_i^2 u} \tag{2-1}$$

式中 n_s——单程管数目；

V——管程流体的体积流量，m^3/s；

d_i——传热管内径，m；

u——管内流体流速，m/s。

依此可求得按单程换热器计算所得的管的长度如下：

$$L = \frac{A_p}{n_s \pi d_o} \tag{2-2}$$

式中 L——按单程计算的管子长度，m；

d_o——管子外径，m；

A_p——估算的传热面积，m^2。

如果按单程计算的管子太长，则应采用多管程，此时应按设计情况选择每程的管子长度。GB/T 151—2014 推荐的标准管长为 1.5mm、2.0mm、3.0mm、4.5mm、6.0mm、9.0mm、12.0m。在选取管长时应注意合理利用材料，还要使换热器具有适宜的长径比。列管式换热器的长径比可在 4~25 范围内，一般情况下为 6~10，竖直放置的换热器，长径比为 4~6。

确定了每程管的长度之后，即可求得管程数：

$$N_p = \frac{L}{l} \tag{2-3}$$

式中 L——按单程计算的管子长度，m；

l——选取的每程管子长度，m；

N_p——管程数(必须取整数)。

换热器的总传热管数为：

$$N_T = N_p n_s \tag{2-4}$$

式中 N_T——换热器的总管数。

(3) 管板

管板，就是在圆形钢板上钻出比管子外径略大一些的孔，是换热器中起到固定管子以及密封介质作用的圆钢。管板将受热管束连接在一起，并将管程和壳程的流体分隔开来。管板与管子的连接可胀接或焊接。胀接法是利用胀管器将管子扩张，产生显著的塑性变形，靠管子与管板间的挤压力达到密封紧固的目的。在固定式管板强度校核计算中，当管板厚度确定之后，不设膨胀节时，有时管板强度不够；设膨胀节后，管板厚度可能就满足要求。此时，也可设置膨胀节以减薄管板，但要从材料消耗、制造难易、安全及经济效果等综合评估而定；焊接法则可保证接头在高温时的严密性。

(4) 封头和管箱

封头和管箱位于壳体两端，其作用是控制及分配管程流体。

① 封头。当壳体直径较小时常采用封头。封头是指用以封闭容器端部使其内外介质隔离的元件，又称端盖。圆筒形容器的封头一般都是回转壳体。按封头表面的形状可分为凸形、锥形、平板形和组合形。凸形封头是指外表面形状为凸面的封头，如半球形、椭圆形、碟形和无折边球形封头等。

② 管箱。换热器管箱就是列管式换热器两侧和管程相连接的部分，由法兰、短接及封头组成。

③ 分程隔板。当需要的换热面很大时，可采用多管程换热器。多管程可以提高管内介质流速，增强传热。但管程数过多，会导致管程流体阻力增大，动力费用增加；同时多程会使有效平均温度差下降；此外多程隔板还会使管板可利用面积减小。因此，在设计时应全面考虑。

对于多管程换热器，在管箱内应设分程隔板，将管束分为顺次串接的若干组，各组管子数目大致相等。列管式换热器标准中常用的程数有 1 程、2 程、4 程和 6 程等。其分布方法如图 2-5 所示。

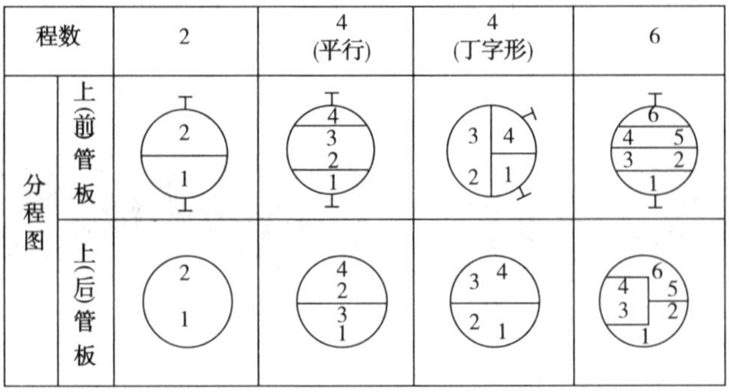

图 2-5　管程的分程布置

2.1.2.2　壳程结构

介质流经传热管外面的通道部分称为壳程。

壳程内的结构，主要是由折流板、支承板、纵向隔板、旁路挡板和缓冲板等元件组成。各元件在壳程的设置，按其作用不同可分为两类：一类是为了提高壳侧介质湍动程度，强化传热效果而设置的各种挡板，如折流板、纵向挡板和旁路挡板等；另一类是为了管束的安装和保护列管而设置的支承板、管束的导轨以及缓冲板等。

（1）壳体内径

壳体内径取决于传热管数、管心距和传热管的排列方式。对于单管程换热器，壳体内径由下式确定：

$$D=t(n_c-1)+(2\sim3)d_o \tag{2-5}$$

式中 t——管心距，mm；

d_o——换热管外径，mm；

n_c——横过管束中心线的管数，该值与管子排列方式有关。

正三角形排列：

$$n_c=1.1\sqrt{N} \tag{2-6}$$

正方形排列：

$$n_c=1.19\sqrt{N} \tag{2-7}$$

多管程换热器的壳体内径计算公式则为：

$$D=1.05t\sqrt{N/\eta} \tag{2-8}$$

式中　N——排列管子数目；

η——管板利用率。

正三角形排列，2 管程，η 取 0.7～0.85；大于 4 管程，η 取 0.6～0.8。正方形排列，2 管程，η 取 0.55～0.7；大于 4 管程，η 取 0.45～0.65。

壳体内径 D 的计算值最终应圆整到标准值。

（2）折流板

列管式换热器的折流板有横向折流板和纵向折流板两类。单壳程的换热器仅需设置横向折流板；多壳程换热器不但需要设置横向折流板，还需要设置纵向折流板，将换热器分为多壳程结构。对于多壳程换热器，纵向折流板还可减小多管程结构造成的温差损失。

横向折流板同时兼有支承传热管、防止产生振动的作用。其常用的形式有弓形折流板和环盘形折流板，如图 2-6 所示。弓形折流板结构简单、性能优良，在实际中最为常用。弓形折流板切去的圆缺高度一般是壳体内径的 10%～40%，常用值为 20%～25%。

折流板间距，在阻力允许的条件下应尽可能小，允许的折流板最小间距为壳体内径的20%或50mm，最大值取决于传热管最大无支撑跨距。

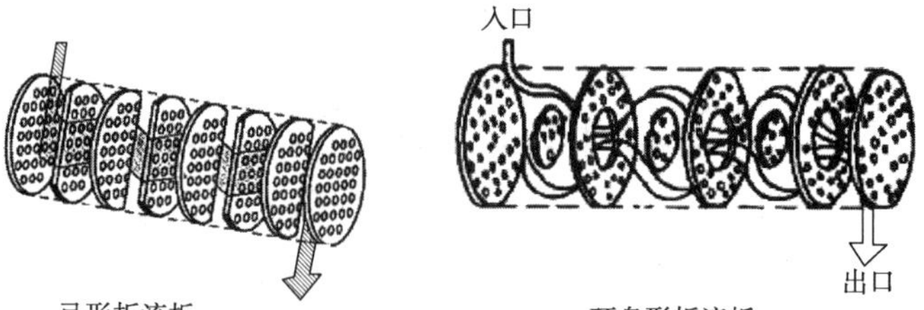

图2-6　折流板类型

（3）缓冲板

缓冲板是指在壳程进口接管处常装设的防冲挡板。其主要目的是防止进口流体直接冲击管束，进而侵蚀管子或造成管束的震动，此外缓冲板还可使流体沿管束分布更均匀。也有用导流筒替代缓冲板，不但可以起到缓冲作用，还可改善两端流体的分布，提高传热效率。

（4）其他主要附件

① 旁通挡板。如果壳体和管束之间间隙过大，流体会优先从间隙流走，为此需要设置旁通挡板，使流体在管束间流动。

② 假管。假管是两端封死的管子，对于多管程换热器，程与程之间的中间通道用假管占据，主要目的是避免出现较大间隙，使流体在管束间均匀分布。

③ 拉杆和定矩管。为保证折流板能牢固地保持在一定位置上，需要用到拉杆和定矩管。

2.2　列管式换热器的设计计算

目前，我国已制订了管壳式换热器系列标准，设计中应尽可能选用系列化的标准产品，这样可以简化设计和加工。但是实际生产条件千变万化，当系列化产品不能满足需要时，仍应根据生产的具体要求而自行设计非系列标准的换热器。此处将扼要介绍这两者的设计计算的基本步骤。

2.2.1　非标准系列换热器的一般设计步骤

① 查询换热流体的物理化学性质和腐蚀性能。

② 通过热量衡算和物料衡算，确定第二种换热流体的用量。

③ 决定换热流体各自的流通空间。

④ 根据流体的进出口温度确定定性温度，用以查阅和计算流体的物性数据。

⑤ 一般先按逆流计算有效平均温差，然后后续步骤再进行校核。

⑥ 选取管的规格和管内流体的流速。

⑦ 估算总传热系数 K 值，根据管程对流传热系数和壳程对流传热系数估算。壳程对流传热系数与换热器的结构密切相关，因此一般先假定一个壳程对流传热系数，以估算 K 值。

⑧ 初估传热面积。根据估算的 K 值、换热量得到一个估算的换热面积，常取实际传热面积是估算值的1.15~1.25倍。

⑨ 选择列管长 L。

⑩ 计算列管数 N。

⑪ 校核列管内流速，确定所需管程数。

⑫ 画出列管排管图，确定壳径 D 和壳程的挡板类型以及挡板数量等。

⑬ 校核壳程对流传热系数与估算值是否相近。

⑭ 校核有效对数平均温度差。

⑮ 校核换热面积，实际面积应超过估算换热面积的 15%～25%，如果太小或太大则需重新设计。

⑯计算流体流动阻力。阻力必须小于设计要求，如果不满足则需调整设计，直至满意。

2.2.2 标准系列换热器选用的设计步骤

① 查询换热流体的物理化学性质和腐蚀性能。

② 通过热量衡算和物料衡算，确定第二种换热流体的用量。

③ 决定换热流体各自的流通空间。

④ 根据流体的进出口温度确定定性温度，用以查阅和计算流体的物性数据。

⑤ 一般先按逆流计算有效平均温差，然后后续步骤再进行校核。

⑥ 选取经验的传热系数 K 值。

⑦ 计算传热面积。

⑧ 由系列标准选取换热器的基本参数。已形成标准系列的换热器有：固定管板式热交换器（GB/T 28712.2—2023）、热虹吸式重沸器（GB/T 28712.4—2023）、钢制固定式薄管板列管式换热器（HG 21503—1992）、浮头式热交换器（GB/T 28712.1—2023）、U 形管式热交换器（GB/T 28712.3—2023）、螺旋板式热交换器（GB/T 28712.5—2023）、列管式石墨换热器（HG/T 3112—2011）、圆块孔式不透性石墨换热器（HG/T 3113—2019）、矩形块孔式石墨换热器（HG/T 3187—2012）。

⑨ 校核传热系数，包括管程、壳程对流传热系数的计算。假如核算的 K 值与原选的经验值相差不大，就不再需要校核；如果相差较大，则需重新估算 K 值，并重复上述⑥以下步骤。

⑩ 校核有效平均温差。

⑪ 校核传热面积，使其有一定的安全系数，一般取 1.1～1.25，否则需重新设计。

⑫ 计算流体流动阻力，如超过允许范围，则重选换热器的基本参数再行计算。

2.2.3 传热计算主要公式

根据任务书所下达的换热任务，进行完整的换热过程的工艺计算。其目的是确定设备的主要工艺尺寸和参数，如换热器的传热面积，换热管管径、长度、根数，管程数和壳程数，换热管的排列和壳体直径，以及管、壳程流体的压强降等，为结构设计提供依据，整个传热计算涉及的主要公式如下。

（1）传热速率（热负荷）Q

① 传热的冷热流体均没有相变化，且忽略热损失，则

$$Q=W_{\mathrm{h}}c_{ph}(T_1-T_2)=W_{\mathrm{c}}c_{pc}(t_2-t_1) \tag{2-9}$$

式中 W——流体的质量流量，kg/s 或 kg/h；

c_p——流体的平均比定压热容，kJ/(kg·℃)；

T——热流体的温度，℃；

t——冷流体的温度，℃。

② 流体有相变化，如饱和蒸汽冷凝，且冷凝液在饱和温度下排出，则

$$Q=W_h r=W_c c_{pc}(t_2-t_1) \tag{2-10}$$

式中 W——饱和蒸汽的冷凝速率，kg/s 或 kg/h；

r——饱和蒸汽的汽化热，kJ/kg。

（2）平均温度差 Δt_m

① 恒温传热时的平均温度差：

$$\Delta t_m=T-t \tag{2-11}$$

② 变温传热时的平均温度差：

逆流和并流：

$$\frac{\Delta t_1}{\Delta t_2}>2\text{ 时，}\Delta t_m=\frac{\Delta t_2-\Delta t_1}{\ln\dfrac{\Delta t_2}{\Delta t_1}} \tag{2-12}$$

$$\frac{\Delta t_1}{\Delta t_2}\leqslant 2\text{ 时，则有 }\Delta t_m=\frac{\Delta t_2-\Delta t_1}{2} \tag{2-13}$$

式中 Δt_1，Δt_2——换热器两端热、冷流体的温差，℃。

错流和折流：

$$\Delta t_m=\varphi_{\Delta t}\Delta t'_m \tag{2-14}$$

式中 $\Delta t'_m$——按逆流计算的平均温差，℃；

$\varphi_{\Delta t}$——温差校正系数，无量纲。

$$\varphi_{\Delta t}=f(P,\ R) \tag{2-15}$$

$$P=\frac{t_2-t_1}{T_1-t_1}=\frac{\text{冷流体的温升}}{\text{两流体的最初温差}} \tag{2-16a}$$

$$R=\frac{T_1-T_2}{t_2-t_1}=\frac{\text{热流体的温降}}{\text{冷流体的温升}} \tag{2-16b}$$

温差校正系数 $\varphi_{\Delta t}$ 可根据比值 P 和 R，利用图 2-7 查出。该值实际上表示特定流动形式在给定工况下接近逆流的程度。在设计中，除非出于必要降低壁温的目的，否则总要求 $\varphi_{\Delta t}\geqslant 0.8$，如果达不到上述要求，则应改选其他流动形式。

（3）总传热系数 K（以外表面积为基准）

$$K=\frac{1}{\dfrac{d_o}{\alpha_i d_i}+R_{si}\dfrac{d_o}{d_i}+\dfrac{bd_o}{\lambda d_m}+R_{so}+\dfrac{1}{\alpha_o}} \tag{2-17}$$

式中 K——总传热系数，W/(m^2·℃)；

α_i，α_o——传热管内、外侧流体的对流传热系数，W/(m^2·℃)；

R_{si}，R_{so}——传热管内、外侧表面上的污垢热阻，m^2·℃/W；

d_i，d_o，d_m——传热管内径、外径和平均直径，m；

λ——传热管壁导热系数，W/(m·℃)；

b——传热管壁厚，m。

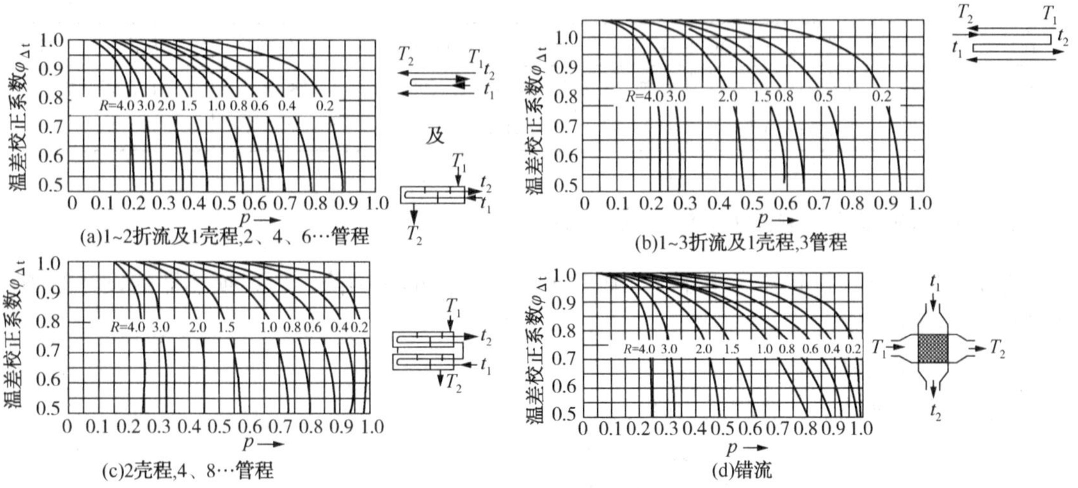

图 2-7　对数平均温差校正系数 $\varphi_{\Delta t}$

（4）对流传热系数

流体的不同流动状态下的对流传热系数的关联式，具体形式可参考夏清主编、天津大学出版社出版的教材《化工原理》(第 2 版)上册第 4 章 4.5 节的内容。

（5）污垢热阻

在设计换热器时，必须采用正确的污垢系数，否则换热器的设计误差很大。因此污垢系数是换热器设计中非常重要的参数。

污垢热阻因流体的种类、操作温度和流速的不同而异。常见流体的污垢热阻参见表 2-4 和表 2-5。

表 2-4　不同类别水的污垢热阻

加热流体温度/K	小于 388		388~478	
水的温度/K	小于 298		大于 298	
水的流速/(m/s)	小于 1.0	大于 1.0	小于 1.0	大于 1.0
污垢热阻/(m^2·℃/W)				
海水	0.8598×10^{-4}		1.7197×10^{-4}	
自来水、井水、锅炉软水	1.7197×10^{-4}		3.4394×10^{-4}	
蒸馏水	0.8598×10^{-4}		0.8598×10^{-4}	
硬水	5.1590×10^{-4}		8.5980×10^{-4}	
河水	5.1590×10^{-4}	3.4394×10^{-4}	6.8788×10^{-4}	5.1590×10^{-4}

表 2-5　一些常见流体的污垢热阻

流体名称	污垢热阻/(m^2·℃/W)	流体名称	污垢热阻/(m^2·℃/W)	流体名称	污垢热阻/(m^2·℃/W)
有机化合物蒸气	0.8598×10^{-4}	有机化合物	1.7197×10^{-4}	石脑油	1.7197×10^{-4}
溶剂蒸气	1.7197×10^{-4}	盐水	1.7197×10^{-4}	煤油	1.7197×10^{-4}
天然气	1.7197×10^{-4}	熔盐	0.8598×10^{-4}	汽油	1.7197×10^{-4}
焦炉气	1.7197×10^{-4}	植物油	5.1590×10^{-4}	重油	8.5980×10^{-4}

续表

流体名称	污垢热阻/($m^2\cdot$℃/W)	流体名称	污垢热阻/($m^2\cdot$℃/W)	流体名称	污垢热阻/($m^2\cdot$℃/W)
水蒸气	0.8598×10^{-4}	原油	$3.4394\sim12.098\times10^{-4}$	沥青油	1.7197×10^{-4}
空气	3.4394×10^{-4}	柴油	$3.4394\sim5.1590\times10^{-4}$		

2.2.4 流体流动阻力计算主要公式

流体流经列管式换热器时由于流动阻力而产生一定的压力降，所以换热器的设计必须满足工艺要求的压力降。

（1）管程压力降

多管程列管换热器，管程压力降 $\Sigma\Delta p_i$：

$$\Sigma\Delta p_i=(\Delta p_1+\Delta p_2)F_tN_sN_p \tag{2-18}$$

式中 Δp_1——直管中因摩擦阻力引起的压力降，Pa；

Δp_2——回弯管中因摩擦阻力引起的压力降，Pa，可由经验公式 $\Delta p_2=3\times\left(\frac{\rho u^2}{2}\right)$ 估算；

F_t——结垢校正系数，无因次，ϕ25mm×2.5mm 换热管取 1.4，ϕ19mm×2mm 换热管取 1.5；

N_s——串联的壳程数；

N_p——管程数。

（2）壳程压力降

① 壳程无折流挡板壳程压力降按流体沿直管流动的压力降计算，以壳程的当量直径 d_e 代替直管内径 d_i。

② 壳程有折流挡板计算方法有 Bell 法、Kern 法、Esso 法等。Bell 法计算结果与实际数据一致性较好，但计算比较麻烦，而且对换热器的结构尺寸要求较详细。工程计算中常采用 Esso 法，该法计算公式如下：

$$\Sigma\Delta p_i=(\Delta p'_1+\Delta p'_2)F_tN_s \tag{2-19}$$

式中 $\Delta p'_1$——流体横过管束的压力降，Pa；

$\Delta p'_2$——流体流过折流挡板缺口的压力降，Pa；

F_t——结垢校正系数，无因次，对液体 $F_t=1.15$；对气体 $F_t=1.0$；

$$\Delta p'_1=Ff_on_c(N_s+1)\frac{\rho u_o^2}{2} \tag{2-20}$$

$$\Delta p'_2=N_B\left(3.5-\frac{2B}{D}\right)\frac{\rho u_o^2}{2} \tag{2-21}$$

式中 F——管子排列方式对压力降的校正系数，三角形排列 $F=0.5$，正方形直列 $F=0.3$，正方形错列 $F=0.4$；

f_o——壳程流体的摩擦系数，$f_o=5.0\times Re_o^{-0.228}(Re>500)$；

n_c——横过管束中心线的管数，可按式(2-6)及式(2-7)计算；

B——折流板间距，m；

D——壳体直径，m；

N_B——折流板数目；

u_o——按壳程流通截面积 S_o［$S_o=h(D-n_c d_o)$］计算的流速，m/s。

2.3 非标准系列列管式换热器设计示例

【设计示例】某生产过程中，需将 5000kg/h 的油品从 120℃ 冷却至 40℃，压力为 0.3MPa；冷却介质采用循环水，且循环水的压力为 0.4MPa，循环水入口温度为 30℃，出口温度为 40℃。允许的压降不超过 1×10^4Pa。试设计一台列管式换热器，完成该生产任务。

2.3.1 设计方案的确定

（1）选择换热器的类型

两流体温度变化情况：热流体进口温度 120℃，出口温度 40℃；冷流体（循环水）进口温度 30℃，出口温度 40℃。该换热器用循环冷却水冷却，冬季操作时进口温度会降低，考虑到这一因素，估计换热器的管壁温和壳体壁温之差较大，因此初步确定选用带膨胀节的固定管板式换热器。

（2）流动空间及流速的确定

由于循环冷却水较易结垢，为便于水垢清洗，应使循环水走管程，油品走壳程。选用 ϕ25mm×2.5mm 的碳钢管，管内流速取 $u_i=0.5$m/s。

2.3.2 物性数据的确定

定性温度：可取流体进出口温度的平均值。

壳程油的定性温度为：$T=\dfrac{120+40}{2}=80℃$

管程流体的定性温度为：$t=\dfrac{30+40}{2}=35℃$

根据定性温度，分别查取壳程和管程流体的有关物性数据。

油在 80℃ 下的有关物性数据如下：

密度	$\rho_o=870\ \mathrm{kg/m^3}$
比定压热容	$c_{po}=2.052\mathrm{kJ/(kg\cdot ℃)}$
导热系数	$\lambda_o=0.1232\mathrm{W/(m\cdot ℃)}$
黏度	$\mu_o=0.0008\mathrm{Pa\cdot s}$

循环冷却水在 35℃ 下的物性数据：

密度	$\rho_i=994\ \mathrm{kg/m^3}$
比定压热容	$c_{pi}=4.08\mathrm{kJ/(kg\cdot ℃)}$
导热系数	$\lambda_i=0.626\mathrm{W/(m\cdot ℃)}$
黏度	$\mu_i=0.000725\mathrm{Pa\cdot s}$

2.3.3 计算总传热系数

（1）热流量

$$Q_o=m_o c_{po}\Delta t_o=5000\times2.052\times(120-40)=8.208\times10^5\mathrm{kJ/h}=228\mathrm{kW}$$

(2) 平均传热温差

$$\Delta t_{m}'=\frac{\Delta t_1-\Delta t_2}{\ln\dfrac{\Delta t_1}{\Delta t_2}}=\frac{(120-40)-(40-30)}{\ln\dfrac{120-40}{40-30}}=33.66℃$$

(3) 冷却水用量

$$w_i=\frac{Q_o}{c_{pi}\Delta t_i}=\frac{8.208\times10^5}{4.08\times(40-30)}=20117.6\text{kg/h}$$

(4) 总传热系数 K

① 管程传热系数

$$Re=\frac{d_i u_i \rho_i}{\mu_i}=\frac{0.02\times0.5\times994}{0.000725}=13710$$

$$\alpha_i=0.023\frac{\lambda_i}{d_i}\left(\frac{d_i u_i\rho_i}{\mu_i}\right)^{0.8}\left(\frac{c_p u_i}{\lambda_i}\right)^{0.4}$$

$$=0.023\frac{0.626}{0.020}(13710)^{0.8}\left(\frac{4.08\times10^3\times0.000725}{0.626}\right)^{0.4}$$

$$=2733.2\text{W/(m}^2\cdot℃)$$

② 壳程传热系数

假设壳程的传热系数 $\alpha_o=290\ \text{W/(m}^2\cdot℃)$;

污垢热阻 $R_{si}=0.000344\text{m}^2\cdot℃/\text{W}$; $R_{so}=0.000172\text{m}^2\cdot℃/\text{W}$

管壁的导热系数 $\lambda=45\text{W/(m}\cdot℃)$

$$K=\frac{1}{\dfrac{d_o}{\alpha_i d_i}+R_{si}\dfrac{d_o}{d_i}+\dfrac{bd_o}{\lambda d_i}+R_{so}+\dfrac{1}{\alpha_o}}$$

$$=\frac{1}{\dfrac{0.025}{2731\times0.020}+0.000344\times\dfrac{0.025}{0.020}+\dfrac{0.0025\times0.025}{45\times0.0225}+0.000172+\dfrac{1}{290}}$$

$$=219.5\text{W/(m}^2\cdot℃)$$

2.3.4 计算传热面积

$$S'=\frac{Q}{K\Delta t_m}=\frac{228\times10^3}{219.5\times33.66}=30.86\text{m}^2$$

考虑 15%的面积裕度, $S=1.15\times S'=1.15\times30.86=35.5\text{m}^2$。

2.3.5 工艺结构尺寸

(1) 管径和管内流速

选用 ϕ25mm×2.5mm 传热管(碳钢), 取管内流速 $u_i=0.5\text{m/s}$。

（2）管程数和传热管数

依据传热管内径和流速确定单程传热管根数：

$$n_s=\frac{V}{\frac{\pi}{4}d_i^2u}=\frac{20117.6/(994\times3600)}{0.785\times0.02^2\times0.5}=35.8\approx36\text{ 根}$$

按单程管计算，所需的传热管长度为：$L=\frac{S}{\pi d_o n_s}=\frac{35.5}{3.14\times0.025\times36}=12.6\text{m}$

按单程管设计，传热管过长，宜采用多管程结构。现取传热管长 $L=6\text{m}$，则该换热器管程数为：$N_p=\frac{L}{l}=\frac{12.6}{6}\approx2$ 管程。

传热管总根数 $N=36\times2=72$ 根。

（3）平均传热温差校正及壳程数

平均传热温差校正系数为：

$$R=\frac{120-40}{40-30}=8$$

$$P=\frac{40-30}{120-30}=0.111$$

按单壳程，双管程结构，温差校正系数应查有关图表，可得 $\varphi_{\Delta t}=0.91$

平均传热温差为：$\Delta t_m=\varphi_{\Delta t}\Delta t'_m=0.91\times33.66=30.6℃$

（4）传热管排列和分程方法

采用组合排列法，即每程内均按正三角形排列，隔板两侧采用正方形排列。

取管心距 $t=1.25d_o$，则：

$$t=1.25\times25=31.25\approx32\text{mm}$$

横过管束中心线的管数：$n_c=1.19\sqrt{N}=1.19\sqrt{72}=11$ 根

（5）壳体内径

采用多管程结构，取管板利用率 $\eta=0.7$，则壳体内径为：

$$D=1.05t\sqrt{N/\eta}=1.05\times32\sqrt{72/0.7}=340.8\text{mm}$$

圆整可取 $D=400\text{mm}$。

（6）折流板

采用弓形折流板，取弓形折流板圆缺高度为壳体内径的25%，则切去的圆缺高度为 $h=0.25\times400=100\text{mm}$，故取整为 $h=100\text{mm}$。

取折流板间距 $B=0.3D$，则：$B=0.3\times400=120\text{mm}$，可取 B 为 120mm。

折流板数：$N_B=\frac{\text{传热管长}}{\text{折流板间距}}-1=\frac{9000}{150}-1=59$ 块

折流板圆缺面水平装配。

（7）接管

壳程流体进出口接管：取接管内油品流速为 $u=1.0\text{m/s}$，则接管内径为：

$$d=\sqrt{\frac{4V}{\pi u}}=\sqrt{\frac{4\times5000/(3600\times870)}{3.14\times1.0}}=0.0451\text{m}$$

取标准管径为 50mm。

管程流体进出口接管：取接管循环水流速 $u=1.5\text{m/s}$，则接管内径为：

$$d=\sqrt{\frac{4\times20117.6/(3600\times994)}{3.14\times1.5}}=0.069\text{m}$$

取标准管径为 70mm。

2.3.6 换热器核算

2.3.6.1 热量核算

（1）壳程对流传热系数

对圆缺形折流板，可采用克恩公式：

$$\alpha_o=0.36\frac{\lambda_o}{d_e}Re_o^{0.55}\,Pr^{1/3}\left(\frac{\mu_o}{\mu_w}\right)^{0.14}$$

当量直径，由正三角形排列得：

$$d_e=\frac{4\left(\frac{\sqrt{3}}{2}t^2-\frac{\pi}{4}d_o^2\right)}{\pi d_o}=\frac{4\left(\frac{\sqrt{3}}{2}\times0.032^2-0.785\times0.025^2\right)}{3.14\times0.025}=0.020\text{m}$$

壳程流通截面积为：

$$S_o=BD\left(1-\frac{d_o}{t}\right)=0.12\times0.4\left(1-\frac{0.025}{0.032}\right)=0.0105\text{m}$$

壳程流体流速及其雷诺数分别为：

$$u_o=\frac{5000/(3600\times870)}{0.0105}=0.152\text{m/s}$$

$$Re_o=\frac{0.020\times0.152\times870}{0.0008}=3306$$

普兰特准数为：$Pr=\dfrac{2.052\times10^3\times800\times10^{-6}}{0.1232}=13.32$

黏度校正 $\left(\dfrac{\mu}{\mu_w}\right)^{0.14}\approx1$。

$$\alpha_o=0.36\times\frac{0.1232}{0.02}\times3306^{0.55}\times13.32^{1/3}\times1=453.2\text{W/(m}^2\cdot℃)$$

（2）管程对流传热系数

$$\alpha_i=0.023\frac{\lambda_i}{d_i}Re^{0.8}Pr^{0.4}$$

管程流通截面积为：$S_i=0.785\times0.02^2\dfrac{72}{2}=0.0113\text{m}^2$

管程流体流速及其雷诺数分别为：

$$u_i=\frac{20117.6/(3600\times994)}{0.0113}=0.497\text{m/s}$$

$$Re=\frac{0.02\times0.497\times994}{0.000725}=13628$$

普兰特准数为：$Pr=\dfrac{4.08\times10^3\times0.000725}{0.626}=4.73$

$$\alpha_i=0.023\,\frac{0.626}{0.02}\times13628^{0.8}\times4.73^{0.4}=2721\text{W}/(\text{m}^2\cdot{}^\circ\text{C})$$

（3）传热系数 K

$$K=\frac{1}{\dfrac{d_o}{\alpha_i d_i}+R_{si}\dfrac{d_o}{d_i}+\dfrac{bd_o}{\lambda d_i}+R_{so}+\dfrac{1}{\alpha_o}}$$

$$=\frac{1}{\dfrac{0.025}{2721\times0.020}+0.000344\times\dfrac{0.025}{0.020}+\dfrac{0.0025\times0.025}{45\times0.0225}+0.000172+\dfrac{1}{453.2}}$$

$$=300.3\text{W}/(\text{m}^2\cdot{}^\circ\text{C})$$

（4）传热面积 S

$$S=\frac{Q}{K\Delta t_m}=\frac{228\times10^3}{300.3\times30.6}=24.8\text{m}^2$$

该换热器的实际传热面积为：

$$S_P=\pi d_o L(N-n_c)=3.14\times0.025\times(6-0.1)\times(72-11)=28.2\text{m}^2$$

该换热器的面积裕度为：

$$H=\frac{S_P-S}{S}\times100\%=\frac{28.2-24.8}{24.8}\times100\%=14\%$$

传热面积裕度合适，该换热器能够完成生产任务。

2.3.6.2 换热器内流体的流动阻力

（1）管程流动阻力

$$\sum\Delta p_i=(\Delta p_1+\Delta p_2)F_tN_sN_p$$

$$N_s=1,\ N_p=2,\ F_t=1.5,\ \Delta p_1=\lambda_i\frac{l}{d}\frac{\rho u^2}{2},\ \Delta p_2=\zeta\frac{\rho u^2}{2}$$

由 $Re=13628$，传热管相对粗糙度$\dfrac{0.01}{20}=0.005$，查莫狄图得 $\lambda_i=0.037\text{W}/(\text{m}\cdot{}^\circ\text{C})$，流速 $u_i=0.497\text{m/s}$，$\rho=994\ \text{kg/m}^3$，所以：

$$\Delta p_1=0.037\times\frac{6}{0.02}\times\frac{0.497^2\times994}{2}=1362.7\text{Pa}$$

$$\Delta p_2=\zeta\frac{\rho u^2}{2}=3\times\frac{994\times0.497^2}{2}=368.3\text{Pa}$$

$$\sum\Delta p_i=(1362.7+368.3)\times1.5\times2=1731\text{Pa}<10\text{kPa}$$

管程流动阻力在允许范围内。

（2）壳程阻力

$$\sum\Delta p_o=(\Delta p'_1+\Delta p'_2)F_tN_s$$

$$N_s=1,\ F_t=1$$

① 流体流经管束的阻力：

$$\Delta p'_1 = F f_o n_c (N_B+1)\frac{\rho u_o^2}{2}$$

$$F=0.5,\ f_o=5\times3306^{-0.228}=0.7881,\ n_c=11,\ N_B=59,\ u_o=0.152$$

$$\Delta p'_1=0.5\times0.7881\times11\times(59+1)\times\frac{870\times0.152^2}{2}=2613.8\text{Pa}$$

② 流体流过折流板缺口的阻力：

$$\Delta p'_2 = N_B\left(3.5-\frac{2B}{D}\right)\frac{\rho u_o^2}{2}$$

$$B=0.12\text{m},\ D=0.4\text{m}$$

$$\Delta p'_2=29\times\left(3.5-\frac{2\times0.12}{0.4}\right)\times\frac{870\times0.152^2}{2}=845.2\text{Pa}$$

③ 总阻力：

$$\sum \Delta p_o = 2613.8 + 845.2 = 3459 < 10\text{kPa}$$

壳程流动阻力也比较适宜。

(3) 换热器主要结构尺寸和计算结果

换热器主要结构尺寸和计算结果见表 2-6。

表 2-6 换热器主要结构尺寸和计算结果

换热器型式：非标准系列固定管板式		
换热面积：28.2m²		
工艺参数		
设备名称	管程	壳程
物料名称	循环水	油
操作压力/MPa	0.4	0.3
操作温度/℃	30/40	120/40
流量/(kg/h)	20117.6	5000
密度/(kg/m³)	994	870
流速/(m/s)	0.497	0.152
传热量/kW	228	
总传热系数/[W/(m²·℃)]	300.3	
对流传热系数/[W/(m²·℃)]	2721	453.2
污垢热阻/(m²·℃/W)	0.000344	0.000172
阻力降/Pa	1731	3459
程数	2	1
推荐使用材料	碳钢	碳钢

管子规格	ϕ25mm×2.5mm	管数 72 根	管长 6m
管间距/mm	32	排列方式	正三角形
折流板型式	上下	间距：120mm	切口 25%
壳体内径/mm	400	保温层厚度	无须保温
接管表			
序号	尺寸	用途	连接型式
1	*DN*200	循环水入口	平面
2	*DN*200	循环水出口	平面
3	*DN*100	煤油入口	凹凸面
4	*DN*100	煤油出口	凹凸面
5	*DN*20	排气口	凹凸面
6	*DN*50	放净口	凹凸面
附图(略)			

2.4 标准系列列管式换热器的设计示例

【设计示例】欲用井水将 15000kg/h 的煤油从 140℃冷却到 40℃，冷水进、出口温度分别为 30℃和 40℃。若要求换热器的管程和壳程压力降不大于 30kPa，试选择合适型号的管壳式换热器。假设管壁热阻和热损失可以忽略。

定性温度下流体物性列于表 2-7 中。

表 2-7 流体物性

流体	密度/(kg/m^3)	比热容/[kJ/(kg·℃)]	黏度/(Pa·s)	导热系数/[W/(m·℃)]
煤油	810	2.3	0.91×10^{-3}	0.13
水	994	4.187	0.727×10^{-3}	0.626

2.4.1 设计方案的确定

(1) 选择换热器的类型

因为标准系列的换热器的各项参数都是标准化的，所以先要根据处理物料的流量和温度决定选用什么样的换热器型号。

(2) 流动空间的选择

因为本例为两流体均不发生相变的传热过程，因水的对流传热系数一般较大，且易结垢，故选择冷却水走换热器的管程，煤油走壳程。

2.4.2 物性数据的确定

本题中定性温度下的参数已经给出，如表 2-7 所示。

2.4.3 传热量和平均温差计算

(1) 计算热负荷和冷却水流量

$$Q_o = m_o c_{po} \Delta t_o = 15000\times2.3\times10^3\times(140-40)/3600 = 958.3\text{kW}$$

$$w_i = \frac{Q_o}{c_{pi}\Delta t_i} = \frac{958.3\times10^3\times3600}{4.187\times10^3\times(40-30)} = 82400\text{kg/h}$$

(2) 计算两流体的平均温度差

暂按单壳程、多管程计算。逆流时平均温度差为：

$$\Delta t'_m = \frac{\Delta t_1 - \Delta t_2}{\ln\dfrac{\Delta t_1}{\Delta t_2}} = \frac{(140-40)-(40-30)}{\ln\dfrac{140-40}{40-30}} = 39.1℃$$

而 $P = \dfrac{t_2-t_1}{T_1-t_1} = \dfrac{40-30}{140-30} = 0.09$，$R = \dfrac{T_1-T_2}{t_2-t_1} = \dfrac{140-40}{40-30} = 10$

按单壳程、多管程结构，温差校正系数应查图 2-7(a)。但 $R=10$ 的点在图上难以读出，因而相应以 $1/R$ 代替 R，PR 代替 P，查同一图线，可得 $\varphi_{\Delta t}=0.85$。所以

$$\Delta t_m = \varphi_{\Delta t}\Delta t'_m = 0.85\times39.1 = 33.24℃$$

2.4.4 初选换热器规格

根据两流体的情况，假设 $K=300\text{W}/(\text{m}^2\cdot℃)$，故

$$S = \frac{Q}{K\Delta t_m} = \frac{958.3\times10^3}{300\times33.24} = 96\text{m}^2$$

由于 $T_m-t_m=\frac{140+40}{2}-\frac{40+30}{2}=55℃>50℃$，因此需考虑热补偿。据此，由换热器系列标准中选定 F600Ⅱ-2.5-92 型换热器，有关参数如表 2-8 所示。

表 2-8　F600Ⅱ-2.5-92 型换热器有关参数

项　目	数　值	项　目	数　值
壳径/mm	600	管子尺寸/mm	$\phi 25\times 2.5$
公称压力/MPa	2.5	管长/m	6
公称面积/m^2	92	管子总数	198
管程数	2	管子排列方法	正方形斜转 45°

实际传热面积 $S_o=n\pi dL=198\times 3.14\times 0.025\times(6-0.1)=91.7m^2$

若选择该型号的换热器，则要求过程的总传热系数为：

$$K_o=\frac{\theta}{S_o\Delta t_m}=\frac{958.3\times 10^3}{91.7\times 33.24}=314W/(m^2\cdot ℃)$$

2.4.5　换热器核算

2.4.5.1　核算压力降

(1) 管程压力降

$$\sum\Delta p_i=(\Delta p_1+\Delta p_2)F_tN_p$$

其中，$F_t=1.4$，$N_p=2$。

管程流通面积：$A_i=\frac{\pi}{4}d_i^2\cdot\frac{n}{N_p}=\frac{\pi}{4}\times 0.02^2\times\frac{198}{2}=0.0311m^2$

$$u_i=\frac{V_s}{A_i}=\frac{82400}{3600\times 994\times 0.0311}=0.74m/s$$

$$Re_i=\frac{d_iu_i\rho}{\mu}=\frac{0.02\times 0.74\times 994}{0.727\times 10^{-3}}=20240\text{，属于湍流}$$

设管壁粗糙度 $\varepsilon=0.1mm$，$\frac{\varepsilon}{d_i}=\frac{0.1}{20}=0.005$，由 $\lambda-Re$ 关系图可以查得：$\lambda=0.034$，所以：

$$\Delta p_1=\lambda\frac{L}{d}\frac{\rho u^2}{2}=0.034\times\frac{6}{0.02}\times\frac{994\times 0.74^2}{2}=2780Pa$$

$$\Delta p_2=3\frac{\rho u^2}{2}=3\times\frac{994\times 0.74^2}{2}=820Pa$$

$$\sum\Delta p_i=(2780+820)\times 1.4\times 2=10080Pa$$

(2) 壳程压力降

$$\sum\Delta p_o=(\Delta p'_1+\Delta p'_2)F_sN_s$$

其中，$F_s=1.15$，$N_s=1$，$\Delta p'_1=Ff_on_c(N_B+1)\frac{\rho u_o^2}{2}$。

管子为正方形斜转 45°排列，$F=0.4$

$$n_c=1.19\sqrt{n}=1.19\sqrt{198}\approx 17$$

取折流挡板间距 $h=0.15\text{m}$，$N_B=\dfrac{L}{h}-1=\dfrac{6}{0.15}-1=39$

壳程流通面积 $A_o=h(D-n_cd_o)=0.15\times(0.6-17\times0.025)=0.0263\text{m}^2$

$$u_o=\frac{15000}{3600\times810\times0.0263}=0.2\text{m/s}$$

$$Re_o=\frac{d_ou_o\rho}{\mu}=\frac{0.025\times0.2\times810}{0.91\times10^{-3}}=4450>500$$

$$f_o=5.0\times Re_o^{-0.228}=5.0\times4450^{-0.228}=0.74$$

所以，$\Delta p_1'=0.4\times0.74\times17\times(39+1)\times\dfrac{810\times0.2^2}{2}=3260\text{Pa}$

$$\Delta p_2'=N_B\left(3.5-\frac{2h}{D}\right)\frac{\rho u_o^2}{2}=39\times\left(3.5-\frac{2\times0.15}{0.6}\right)\times\frac{810\times0.2^2}{2}=1900\text{Pa}$$

$$\sum\Delta p_o=(3260+1900)\times1.15=5930\text{Pa}$$

计算表明，管程和壳程压力降都能满足题设要求。

2.4.5.2 核算总传热系数

(1)管程对流传热系数 α_i

$$Re_i=20240$$

$$Pr_i=\frac{c_p\mu}{\lambda}=\frac{4.187\times10^3\times0.727\times10^{-3}}{0.626}=4.86$$

$$\alpha_i=0.023\frac{\lambda}{d_i}Re_i^{0.8}Pr_i^{0.4}=0.023\times\frac{0.626}{0.02}\times20240^{0.8}\times4.86^{0.8}=3775\text{W/(m}^2\cdot℃)$$

(2) 壳程对流传热系数 α_o

$$\alpha_o=0.36\frac{\lambda}{d_o}\left(\frac{d_ou_o\rho}{\mu}\right)^{0.55}\left(\frac{c_p\mu}{\lambda}\right)^{\frac{1}{3}}\left(\frac{\mu}{\mu_w}\right)^{0.14}$$

取换热器列管之中心距 $t=32\text{mm}$。则流体通过管间最大截面积为：

$$A=hD\left(1-\frac{d_o}{t}\right)=0.15\times0.6\times\left(1-\frac{0.025}{0.032}\right)=0.0197\text{m}^2$$

$$u_o=\frac{V_s}{A}=\frac{15000}{3600\times810\times0.0197}=0.26\text{m/s}$$

$$d_e=\frac{4\left(t^2-\dfrac{\pi}{4}d_o^2\right)}{\pi d_o}=\frac{4\left(0.032^2-\dfrac{\pi}{4}\times0.025^2\right)}{\pi\times0.025}=0.027\text{m}$$

$$Re_o=\frac{d_eu_o\rho}{\mu}=\frac{0.027\times0.26\times810}{0.91\times10^{-3}}=6250$$

$$Pr_o=\frac{c_p\mu}{\lambda}=\frac{2.3\times10^3\times0.91\times10^{-3}}{0.13}=16.1$$

壳程中煤油被冷却，取$\left(\dfrac{\mu}{\mu_w}\right)^{0.14}=0.95$，所以

$$\alpha_o=0.36\times\frac{0.13}{0.027}\times6250^{0.55}\times16.1^{\frac{1}{3}}\times0.95=510\mathrm{W/(m^2\cdot ℃)}$$

（3）污垢热阻

参考附录，管内、外侧污垢热阻分别取：$R_{si}=0.0002\mathrm{m^2\cdot ℃/W}$，$R_{so}=0.00017\mathrm{m^2\cdot ℃/W}$。

（4）总传热系数 K_o

管壁热阻可忽略时，总传热系数为：

$$K_o=\frac{1}{\dfrac{1}{\alpha_o}+R_{so}+R_{si}\dfrac{d_o}{d_i}+\dfrac{d_o}{\alpha_i d_i}}=\frac{1}{\dfrac{1}{510}+0.00017+0.0002\times\dfrac{25}{20}+\dfrac{25}{3775\times20}}$$

$$=369\mathrm{W/(m^2\cdot ℃)}$$

由前面的计算可知，选用该型号换热器时要求过程的总传热系数为314W/(m²·℃)，在规定流动条件下，计算出的 K_o 为369W/(m²·℃)，故所选择的换热器是合适的。安全系数为$\dfrac{369-314}{314}\times100\%\approx17.5\%$。

符合设计要求，故换热器为F600Ⅱ-2.5-92型换热器，参数列在表2-9中。

表2-9 换热器主要结构参数

换热器型式：非标准系列固定管板式		
换热面积：91.7m²		
工艺参数		
设备名称	管程	壳程
物料名称	循环水	油
操作压力/MPa	0.4	0.3
操作温度/℃	30/40	140/40
流量/(kg/h)	82400	15000
密度/(kg/m³)	994	810
流速/(m/s)	0.74	0.20
传热量/kW	958.3	
总传热系数/[W/(m²·℃)]	369	
对流传热系数/[W/(m²·℃)]	3775	510
污垢热阻/(m²·℃/W)	0.0002	0.00017
阻力降/Pa	10080	5930
程数	2	1
推荐使用材料	碳钢	碳钢

管子规格	ϕ25mm×2.5mm	管数198根	管长6m
管距/mm	32	排列方式	正三角形
折流板型式	上下	间距：150mm	切口25%
壳体内径	600mm	保温层厚度	无须保温
接管表			
序号	尺寸	用途	连接型式
1	*DN*200	循环水入口	平面
2	*DN*200	循环水出口	平面
3	*DN*100	煤油入口	凹凸面
4	*DN*100	煤油出口	凹凸面
5	*DN*20	排气口	凹凸面
6	*DN*50	放净口	凹凸面
附图（略）			

2.5 换热器设计任务书示例

【示例1】

（时间：一周）

一、设计题目：列管式换热器设计

二、设计任务及操作条件

某生产过程中，需用循环冷却水将有机料液从102℃冷却至40℃。已知有机料液的流量为(2.5−0.01×学号末尾两位)×10^4kg/h，循环冷却水入口温度为30℃，出口温度为40℃，并要求管程压降与壳程压降均不大于60kPa，试设计一台列管换热器，完成该生产任务。

三、设计要求

提交设计结果，完成设计说明书。

设计说明书包括：封面、目录、设计任务书、设计计算书、设计结果汇总表、参考文献及设计自评表、换热器装配图等。

四、定性温度下流体物性数据

流　体	密度/(kg/m^3)	黏度/(Pa·s)	比热容 c_p/[kJ/(kg·℃)]	导热系数/[W/(m·℃)]
有机料液	986	0.54×10^{-3}	4.19	0.662
水	994	0.728×10^{-3}	4.174	0.626

注：若采用错流或折流流程，其平均传热温度差校正系数应大于0.8。

五、参考书目

1. 夏清．化工原理：上册．第2版．天津：天津大学出版社，2005.

2. 贾绍义，柴诚敬．化工原理课程设计．第1版．天津：天津大学出版社，2013.

3. 王瑶，匡国柱．化工单元过程及设备课程设计．第1版．北京：化学工业出版社，2002.

4. 李功祥．常用化工单元设备设计．第1版．广州：华南理工大学出版社，2013.

【示例2】

（时间：一周）

一、设计题目：列管式换热器设计

二、设计任务及操作条件

某炼油厂用柴油将原油预热。柴油和原油的有关参数见下面流体物性数据表，两侧的污垢热阻均可取1.72×$10^{-4}$$m^2$·K/W，要求两侧的阻力损失均不超过0.5×$10^5$Pa，试选用一台适当型号的列管式换热器。

三、设计要求

提交设计结果，完成设计说明书。

设计说明书包括：封面、目录、设计任务书、设计计算书、设计结果汇总表、参考文献及结论、换热器装配图等。(设计说明书及图纸均需手工完成)

四、定性温度下流体物性数据

物料	温度/℃		质量流量/(kg/h)	比热容/[kJ/(kg·℃)]	密度/(kg/m^3)	导热系数/[W/(m·℃)]	黏度/(Pa·s)
	入口	出口					
柴油	175	T_2	34000+10x	2.48	715	0.133	0.64×10^{-3}
原油	70	110	44000+15x	2.20	815	0.128	3.0×10^{-3}

注：(1) 若采用错流或折流流程，其平均传热温度差校正系数应大于0.8。

(2) 推荐总K=45~280 W/(m·℃)。

(3) x表示学号末尾两位。

五、参考书目

1. 夏清. 化工原理：上册. 第2版. 天津：天津大学出版社，2005.
2. 贾绍义，柴诚敬. 化工原理课程设计. 第1版. 天津：天津大学出版社，2013.
3. 王瑶，匡国柱. 化工单元过程及设备课程设计. 第1版. 北京：化学工业出版社，2002.
4. 李功祥. 常用化工单元设备设计. 第1版. 广州：华南理工大学出版社，2013.

【示例3】

(时间：一周)

一、设计题目：列管式换热器设计

二、设计任务及操作条件

项　目	流量/(kg/h)	进口温度/℃	出口温度/℃
甲　苯	(5.0+0.1×学号末尾两位)×10^4	35	100
饱和蒸气		120	120
管程压降	不大于65kPa		
壳程压降	210kPa		

三、设计要求

提交设计结果，完成设计说明书。

设计说明书包括：封面、目录、设计任务书、设计计算书、设计结果汇总表、参考文献及结论、换热器装配图等。(设计说明书及图纸均需手工完成)

四、定性温度下流体物性数据

流　体	密度/(kg/m^3)	黏度/(Pa·s)	比热容 c_p/[kJ/(kg·℃)]	导热系数/[W/(m·℃)]	r/(kJ/kg)
甲　苯	830	0.4×10^{-3}	1.82	0.127	
饱和蒸气					2205

五、参考书目

1. 夏清. 化工原理：上册. 第2版. 天津：天津大学出版社，2005.
2. 贾绍义，柴诚敬. 化工原理课程设计. 第1版. 天津：天津大学出版社，2013.
3. 王瑶，匡国柱. 化工单元过程及设备课程设计. 第1版. 北京：化学工业出版社，2002.
4. 李功祥 . 常用化工单元设备设计 . 第 1 版 . 广州：华南理工大学出版社，2013.

【示例 4】

（时间：一周）

一、设计题目：列管式换热器设计

二、设计任务及操作条件

设计条件：将 1700+(学号末尾两位×5.0) kg/h 的煤油从 190℃冷却至 60℃，压力为 0.3MPa，循环冷却水压力为 0.4MPa，循环水入口温度为 20℃，出口温度为 45℃。煤油定性温度下的物性数据如下：

$\rho_c=825\text{kg/m}^3$；$\mu_c=7.15\times10^{-4}\text{Pa}\cdot\text{s}$；$c_{pc}=2.22\text{kJ/(kg}\cdot℃)$；$\lambda_c=0.14\text{W/(m}\cdot℃)$

要求两侧的阻力损失均不超过 0.5×10^5Pa。

三、设计要求

提交设计结果，完成设计说明书。

设计说明书包括：封面、目录、设计任务书、设计计算书、设计结果汇总表、参考文献及结论、换热器装配图等。

四、参考书目

1. 夏清 . 化工原理：上册 . 第 2 版 . 天津：天津大学出版社，2005.
2. 贾绍义，柴诚敬 . 化工原理课程设计 . 第 1 版 . 天津：天津大学出版社，2013.
3. 王瑶，匡国柱 . 化工单元过程及设备课程设计 . 第 1 版 . 北京：化学工业出版社，2002.
4. 李功祥 . 常用化工单元设备设计 . 第 1 版 . 广州：华南理工大学出版社，2013.

【示例 5】

（时间：一周）

一、设计题目：列管式换热器设计

二、设计任务及操作条件

乙醇-水精馏塔顶冷凝器，产品 95%乙醇，流量为$(2.5+0.01\times$学号末尾两位$)\times10^4$ kg/h；冷却水压力为 0.3MPa，入口温度为 30℃，出口温度为 45℃。要求两侧的阻力损失均不超过 0.5×10^5Pa。

三、设计要求

提交设计结果，完成设计说明书。

设计说明书包括：封面、目录、设计任务书、设计计算书、设计结果汇总表、参考文献及结论、换热器装配图等。

四、参考书目

1. 夏清 . 化工原理：上册 . 第 2 版 . 天津：天津大学出版社，2005.
2. 贾绍义，柴诚敬 . 化工原理课程设计 . 第 1 版 . 天津：天津大学出版社，2013.
3. 王瑶，匡国柱 . 化工单元过程及设备课程设计 . 第 1 版 . 北京：化学工业出版社，2002.
4. 李功祥 . 常用化工单元设备设计 . 第 1 版 . 广州：华南理工大学出版社，2013.

第 3 章　板式塔设计

本章符号说明

英文字母：

A_a——塔板开孔区面积，m^2；
A_f——降液管截面积，m^2；
A_0——筛孔总面积，m^2；
A_T——塔截面积，m^2；
c_0——流量系数，无因次；
C——计算 u_{max} 时的负荷系数，m/s；
C_s——气相负荷因子，m/s；
d_0——筛孔直径，m；
D——塔径，m；
e_v——雾沫夹带量，kg(液)/kg(气)；
E——液体收缩系数，无因次；
E_T——总板效率，无因次；
F——气相动能因子，$kg^{1/2}/(s \cdot m^{1/2})$；
F_a——筛孔气相动能因子，$kg^{1/2}/(s \cdot m^{1/2})$；
h_1——进口堰与降液管间的水平距离，m；
h_c——与干板压降相当的液柱高度，m 液柱；
h_d——与液体流过降液管的压降相当的液柱高度，m；
h_f——塔板上鼓泡层高度，m；
h_l——与板上液层阻力相当的液柱高度，m；
h_L——板上清液层高度，m；
h_0——降液管底间隙高度，m；
h_{ow}——堰上液层高度，m；
h_w——出口堰高度，m；
h'_w——进口堰高度，m；
h_σ——与克服表面张力的压降相当的液柱高度，m；
H——板式塔高度，m；
H_d——降液管内清液层高度，m；
H_D——塔顶空间高度，m；
H_F——进料板处塔板间距，m；
H_P——人孔处塔板间距，m；
H_T——塔板间距，m；
H_W——塔底空间高度，m；
H_1——封头高度，m；
H_2——裙座高度，m；
K——稳定系数，无因次；
l_w——堰长，m；
L_h——液体体积流量，m^3/h；
L_s——液体体积流量，m^3/s；
n——筛孔数目；
N_T——理论板层数；
p——操作压力，Pa；
Δp——压力降，Pa；
Δp_p——气体通过每层筛板的压降，Pa；
q——进料热状态参数，无因次；
r——鼓泡区半径，m；
t——筛孔的中心距，m；
u——空塔气速，m/s；
u_F——泛点气速，m/s；
u_0——气体通过筛孔的速度，m/s；
$u_{0,min}$——漏液点气速，m/s；
u'_0——液体通过降液管底隙的速度，m/s；
V_h——气体体积流量，m^3/h；
V_s——气体体积流量，m^3/s；
w_L——液体质量流量，kg/s；
w_V——气体质量流量，kg/s；
W_c——边缘无效区宽度，m；
W_d——弓形降液管宽度，m；

W_s——破沫区宽度，m；

W_s'——溢流堰前安定区宽度，m；

Z——板式塔的有效高度，m。

希腊字母：

ε_0——充气系数，无因次；

δ——筛板厚度，m；

μ——黏度，Pa · s；

ρ——密度，kg/m^3；

σ——表面张力，N/m；

τ——液体在降液管内停留时间，s；

ϕ——开孔率或孔流系数，无因次；

ψ——液体密度校正系数，无因次。

下标：

max——最大的；

min——最小的；

L——液相的；

V——气相的。

3.1 概　　述

3.1.1 塔设备的类型

塔设备是炼油、化工、石油化工、生物化工、精细化工、制药等生产领域中广泛使用的气、液传质设备，它可使气、液两相间进行紧密接触，以达到相际传质和传热的目的。它可在塔设备内完成的主要单元操作有蒸馏、吸收、解吸、萃取和干燥等。塔设备经过长期发展，形成了形式多样的塔设备，以满足不同的需求。根据塔设备不同类型进行分类：按功能可分为精馏塔、吸收塔、解吸塔、萃取塔、干燥塔和鼓泡塔等；按操作压力可分为常压塔、加压塔和减压塔；但长期以来，最常用的分类是按塔内气、液接触部件的结构形式，又可分为板式塔和填料塔两大类。板式塔和填料塔的特点见表 3-1。

表 3-1　塔的主要类型及特点

类　型	板　式　塔	填　料　塔
结构特点	塔内设置有多层塔板； 每层板上装配有不同类型的气液接触元件，如泡罩、浮阀等	塔内设置有多层整砌或乱堆的填料，如拉西环、鲍尔环、鞍形填料等； 填料为气液接触的基本元件
操作特点	气液逆流逐级接触	微分式接触，可采用逆流操作，也可采用并流操作
设备性能	空塔速度(亦即生产能力)高； 效率稳定； 压力降大； 液气比的适应范围大； 持液量大	空塔速度(亦即生产能力)低； 小塔径、小的填料塔效率高，直径大效率低； 压力降小； 要求液相喷淋量较大； 持液量小
制造与维修	直径在 600mm 以下的塔安装困难； 检修清理容易； 金属材料耗量大	造价比板式塔便宜； 检修清理困难； 可采用非金属材料制造
适用场合	处理量大； 操作弹性大； 带有污垢的物料	处理强腐蚀性物料； 液气比大； 真空操作要求压力降小

3.1.2 塔设备的结构

无论是板式塔还是填料塔，它们都由塔体、塔内件、塔附件及塔支座组成，其基本结构如图 3-1 和图 3-2 所示。

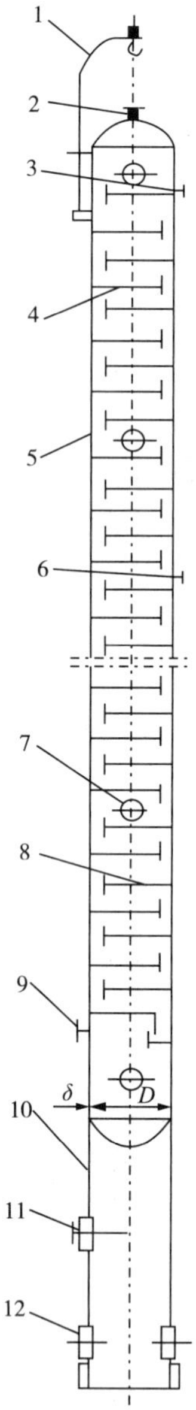

图 3-1 板式塔

1—吊柱；2—排气口；3—回流液入口；4—精馏段塔盘；5—壳体；6—进料口；7—人孔；8—提馏段塔盘；9—进气口；10—裙座；11—排液口；12—裙座人孔

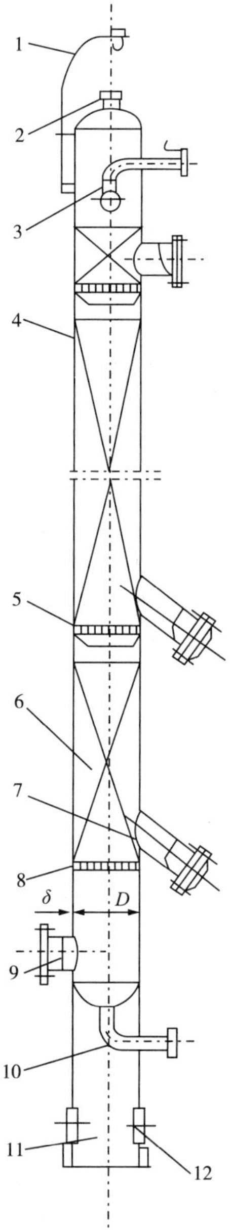

图 3-2 填料塔

1—吊柱；2—排气口；3—液体分布器；4—壳体；5—液体再分布器；6—填实；7—卸料孔；8—填料支撑板；9—进气口；10—排液口；11—裙座；12—裙座人孔

塔体是典型的高大直立容器，多由筒节、封头组成。当塔体直径大于800mm时，各塔节焊接成一个整体；直径小的塔多分段制造，然后再用法兰连接起来。

塔内件是物料进行工艺过程的地方，板式塔主要由塔盘、降液管、溢流堰、支承件等组成；填料塔以填料、填料支承、压紧装置、液体及气体分布装置、液体收集与液体再分布装置等组成。

塔附件由各种工艺接管、裙座、除沫器、视镜、温度计和压力计接口、液面计、人孔和手孔、吊柱爬梯、防护圈、扶梯平台、安全护栏等构件组成。

塔支座是塔体与基础的连接结构。因为塔设备较高、重量较大，为保证其足够的强度及刚度，通常采用裙式支座(简称“裙座”)。裙座分为圆筒形和圆锥形两种。

3.1.3 板式塔和填料塔的性能比较

工业上对塔设备的主要要求有以下几个方面：①生产能力大；②分离效率高；③塔压降小；④操作弹性大，适应性强；⑤结构简单，造价低；⑥安装及检修方便；⑦不堵塞，抗腐蚀。

板式塔与填料塔的性能比较见表3-2。

表3-2 板式塔与填料塔性能比较

项目	板式塔	填料塔
生产能力	塔板的开孔面积一般占塔截面积的7%~13%；单位塔截面积上的生产能力低	塔内件的开孔率通常在50%以上，而填料层的空隙率则超过90%，一般液泛点较高，单位塔截面积上的生产能力高
分离效率	一般情况下，常用板式塔每米理论级最多不超过2级。在减压、常压和低压(压力小于0.3MPa)操作下，效率明显不及填料塔；在高压操作下，板式塔的分离效率略优于填料塔	一般情况下，工业上常用填料塔每米理论级为2~8级。在减压、常压和低压(压力小于0.3MPa)操作下，填料塔的分离效率明显优于板式塔；在高压操作下，板式塔的分离效率略优于填料塔
塔压降	一般情况下，板式塔的每个理论级压降约为0.4~1.1kPa，板式塔的压降高于填料塔5倍左右	填料塔由于空隙率高，每个理论级压降约为0.01~0.3kPa，远远小于板式塔。通常，压降低不仅能降低操作费用，节约能耗，对于精馏过程，可使塔釜温度降低，有利于热敏性物料的分离
操作弹性	板式塔因受到塔板液泛和液漏的限制而有一定的操作弹性，但设计良好的板式塔其操作弹性比填料塔要大得多	填料塔的操作弹性取决于填料的润湿性能和塔内件的设计，当液相负荷较小时，即便液体分布器的设计很合理，也难以确保填料表面得到充分的润湿，故填料塔的操作弹性比板式塔要小
结构与制造	结构比填料塔复杂，制造相对不便	结构比板式塔简单，制造相对容易
安装、维修与清洗	较方便	较不便
造价	直径大于ϕ800mm时一般比填料塔造价低	直径小于ϕ800mm时一般比板式塔便宜，直径增大造价显著增加

3.1.4 塔设备的选型

类型选择时需要考虑多方面的因素，要依据主次综合考虑。对于真空精馏和常压精馏，通常填料塔塔效率优于板式塔，应优先考虑选用填料塔，其原因在于填料充分利用了塔内空间，提供的传质面积很大，使得气液两相能够充分接触传质。而对于加压精馏，若没有特殊情况，一般不采用填料塔。这是因为填料塔的投资大、耐波动能力差。具体来讲，应着重考虑以下几个方面：

（1）与物性有关的因素

① 易起泡的物系，如处理量不大时，以选用填料塔为宜。因为填料能使泡沫破裂，在板式塔中则易引起液泛。

② 具有腐蚀性的介质，可选用填料塔。如必须用板式塔，宜选用结构简单、造价便宜的筛板塔盘、穿流式塔盘或舌形塔盘，以便及时更换。

③ 具有热敏性的物料须减压操作，以防过热引起分解或聚合，故应选用压力降较小的塔型。

④ 黏性较大的物系，可以选用大尺寸填料。板式塔的传质效率太差。

⑤ 含有悬浮物的物料，应选择液流通道大的塔型，以板式塔为宜。

⑥ 操作过程中有热效应的系统，用板式塔为宜。

（2）与操作条件有关的因素

① 若气相传质阻力大，宜采用填料塔。

② 大的液体负荷，可选用填料塔。

③ 液气比波动的适应性，板式塔优于填料塔。

④ 操作弹性，板式塔较填料塔大，其中以浮阀塔最大，泡罩塔次之。

（3）其他因素

对于多数情况，塔径大于 800mm，宜用板式塔，小于 800mm 时，则可用填料塔。但也有例外，鲍尔环及某些新型规整填料在大塔中的使用效果也可优于板式塔。一般填料塔比板式塔重，大塔是板式塔造价更低廉。

3.2 板式精馏塔设计

3.2.1 精馏塔设计步骤

板式塔的种类很多，但其设计原则基本相同，大致步骤如下：

① 根据设计任务和工艺要求确定设计方案；

② 根据设计任务和工艺要求选择塔板类型；

③ 确定塔径、塔高等工艺尺寸；

④ 进行塔板的设计，包括溢流装置的设计、塔板的布置、升气道（泡罩、筛孔或浮阀等）的设计及排列；

⑤ 进行塔体流体力学验算；

⑥ 绘制塔板的负荷性能图；

⑦ 根据负荷性能图，对设计进行分析，若设计不够理想，可对某些参数进行调整，重复上述设计步骤，一直到满意为止；

⑧ 完成塔附件和辅助设备的设计与选型。

3.2.2 设计方案的确定

3.2.2.1 装置流程的确定

精馏装置包括精馏塔、原料预热器、蒸馏釜（再沸器）、冷凝器、釜液冷却器和产品冷却器等设备。热量自塔釜输入，物料在塔内经多次部分汽化与部分冷凝进行精馏分离，由冷凝器和冷却器中的冷却介质将余热带走。在此过程中，热能利用率很低，为此，在确定装置流程时应考虑余热的利用，注意节能。

另外，为保持塔的操作稳定性，流程中除用泵直接送入塔原料外，也可采用高位槽送料，以免受泵操作波动的影响。

3.2.2.2 操作压力的选择

精馏过程按操作压力可分为常压、减压和加压，在常压或者稍高于常压的条件下操作较好。操作压强一般取决于冷凝温度。通常情况下，除热敏性物料，凡通过常压蒸馏能够实现分离要求，并能用江河水或循环水将馏出物冷凝下来的系统，都应采用常压蒸馏；对热敏性物料或混合液泡点过高的系统可采用减压蒸馏；对常压下馏出物的冷凝温度过低的系统，则需提高塔压或采用深井水、冷冻盐水作为冷却剂；对常压下呈气态的物料则必须采用加压蒸馏。例如苯乙烯常压沸点为145.2℃，而将其加热到102℃以上就会发生聚合，故苯乙烯应采用减压蒸馏；脱丙烷丙烯塔操作压强提高1765kPa时，冷凝温度约为50℃，则可采用江河水或循环水进行冷却，有利于减少运转费用；石油气常压呈气态，必须采用加压蒸馏。

3.2.2.3 进料热状态的选择

进料热状态用进料热状态参数 q 如下式表示：

$$q=\frac{\text{使每摩尔进料变成饱和蒸气所需热量}}{\text{每摩尔进料的气化潜热}} \tag{3-1}$$

精馏操作有五种进料热状态：$q>1$，为低于泡点温度的冷液进料；$q=1$，为泡点下的饱和液体；$0<q<1$，为介于泡点与露点间的气液混合物；$q=0$，为露点下的饱和蒸气；$q<0$，为高于露点的过热气进料。

原则上，当供热量一定，应使热量尽可能由塔底输入，使产生的气相回流在全塔发挥作用，即宜冷进料。但为使塔的操作稳定，免受季节气温影响，精馏、提馏段采用相同塔径以便于制造，工业上多采用泡点进料方式，这时需要增设原料预热器。如果工艺要求减少塔釜加热量避免釜温过高、料液产生聚合或结焦的现象，则适宜采用气态进料。

3.2.2.4 加热方式的选择

蒸馏通常采用间接蒸汽加热，设置再沸器的加热方式，有时也采用直接蒸汽。例如蒸馏釜残液中的主要组分是水，且在低浓度下轻组分的相对挥发度较大时(如酒精与水的混合液)适宜采用直接蒸汽加热，其优点是可以利用压强较低的加热蒸汽以节省操作费用并省掉间接加热设备。但由于直接蒸汽的加入，对釜内溶液起一定稀释作用，在进料条件和产品纯度、轻组分收率一定的前提下，釜液浓度相应降低，故需在提馏段增加塔板以达到生产要求。

3.2.2.5 回流比的确定

回流比一般需要根据设备费用和操作费用总和最低的原则进行确定，一般经验值为：

$$R=(1.1\sim2.0)R_{\min} \tag{3-2}$$

式中 R——操作回流比；

$R_{\min}$——最小回流比。

为了节能，R 取较小值。对特殊物系与场合，则应根据实际需要选定回流比。在进行课程设计时，也可参考同类生产的 R 经验值选定。必要时可选若干个 R 值，利用吉利兰图(简捷法)求出对应理论板数 N，作出 $N-R$ 曲线，从中找出适宜操作回流比 R。也可作出 R 对精馏操作费用的关系线，从中确定适宜回流比 R。

3.2.2.6　塔顶冷凝器与冷却介质的选择

塔顶冷凝装置可根据生产情况采用分凝器或全凝器。在工业上主要采用全凝器，以便于准确控制回流比。分凝器对上升蒸汽有一定的增浓作用，若后续装置使用气态物料，则宜采用分凝器。

在塔顶冷凝温度不要求低于 30℃时，工业上冷却介质多用水冷，冷却水可以是江水、河水及湖水，若用自来水则需要考虑用循环水。如果要求冷却到低于 30℃时，则需采用冷冻盐水或其他冷冻剂。

3.2.3　塔板的类型与选择

板式塔的主要构件是塔板，分为错流式塔板和逆流式塔板两种，工业生产以错流式塔板为主，常用的错流式塔板主要有以下几种。

3.2.3.1　泡罩塔板

工业上应用最早的塔板是泡罩塔塔板，其主要元件为升气管及泡罩，见图 3-3。泡罩安装在升气管的顶部，分圆形和条形两种，圆形泡罩（图 3-4）在国内应用较广泛。泡罩尺寸分为 ϕ80mm、ϕ100mm、ϕ150mm 三种，可根据塔径的大小选择。通常，塔径小于 1000mm 时选用 ϕ80mm 的泡罩；塔径大于 2000mm 时选用 ϕ150mm 的泡罩。

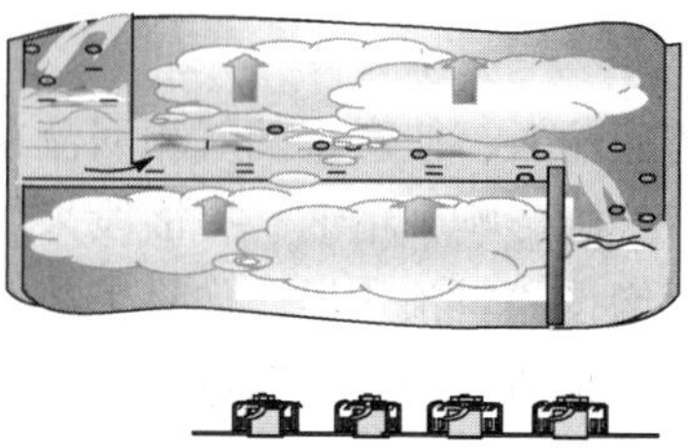

图 3-3　泡罩塔塔板

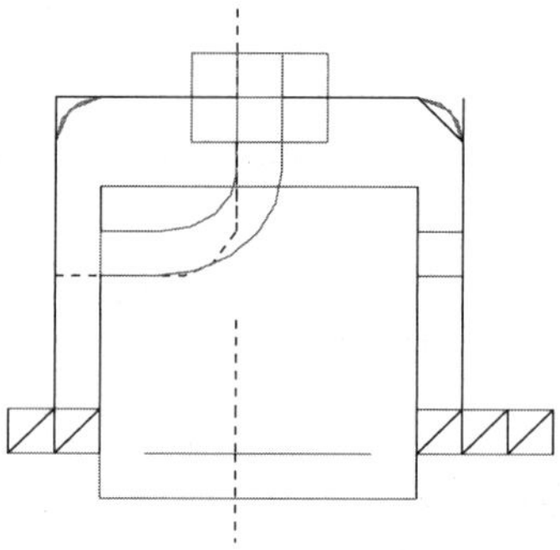

图 3-4　圆形泡罩

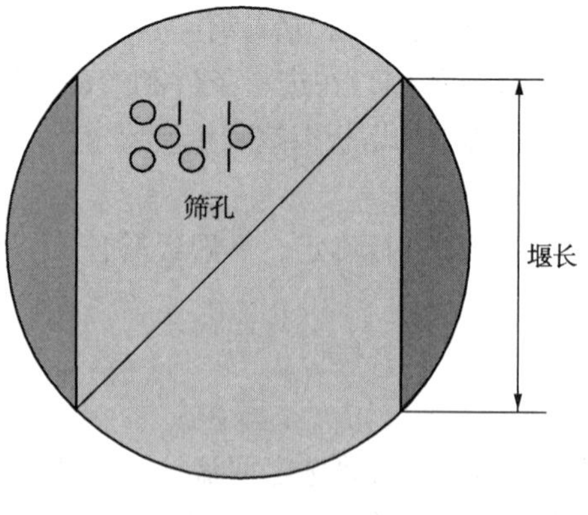

图 3-5　筛孔塔板

泡罩塔板的主要优点是操作弹性较大、液气比范围大、不易堵塞，适于处理各种物料，操作稳定可靠；缺点是板结构复杂、造价高；板上液层厚，塔板压降大，生产能力及板效率较低。近年来，泡罩塔板已逐渐被筛板、浮阀塔板和其他新型塔板所取代。在设计中除特殊需要（如分离黏度大、易结焦等物系）外一般不宜选用。

3.2.3.2　筛孔塔板

筛孔塔板简称筛板，塔板上开有许多均匀的小孔，如图 3-5 所示。根据孔径的大小，分为小孔径筛板（孔径 3～8mm）和大孔径筛板（孔径 10～25mm）。工业应用中以小孔径筛板为主，某些特殊场合(如分离黏度大、易结焦的物系)则采用大孔径筛板。

筛板相对于泡罩塔来说结构较简单、造价低、投资成本少；板上液面落差小，气体压降低(降低30%左右)，生产能力较大(提高20%左右)；气体分散均匀，传质效率较高(提高15%左右)。其缺点是筛孔易堵塞，不宜处理易结焦、黏度大的物料。应予指出，尽管筛板传质效率高，但若设计和操作不当，易产生漏液，使得操作弹性减小，传质效率下降，设计和操作精度要求较高，故过去工业上应用较为谨慎。近年来，由于设计和控制水平的不断提高，可使筛板的操作非常精确，弥补了上述不足，故应用日趋广泛。

3.2.3.3 浮阀塔板

浮阀塔板是在泡罩塔板和筛孔塔板的基础上发展起来的，它结合了这两种塔板的优点。其结构特点是在塔板上开有若干个阀孔，每个阀孔装有一个可以上、下浮动的阀片。气流从浮阀周边水平地进入塔板上液层，浮阀可根据气流流量的大小而上下浮动，自动调节。

浮阀塔板有许多优点：①结构简单、制造成本低(约为泡罩塔的0.6~0.8倍，筛板塔的1.2~1.3倍)；②塔板开孔率大，生产能力大(比泡罩塔大20%~40%，但略小于筛板塔)；③阀片可随气量变化自由升降，操作弹性大；④因上升气流水平吹入液层，气液接触时间较长，故塔板效率较高。

亦有其缺点：①在处理易结焦、高黏度的物料时，阀片易与塔板黏结；②在操作过程中有时会发生阀片脱落或卡死等现象，从而使塔板效率和操作弹性下降。

浮阀有很多类型：国内常用的有F1型、V-4型及T型等，应用最普遍的是F1型浮阀(见图3-6)。浮阀塔板的上述优点使得有关浮阀塔板的研究开发远较其他形式的塔板广泛，是目前新型塔板研究开发的主要方向。近年来研究开发出的一系列新型浮阀有船形浮阀、管形浮阀、梯形浮阀、双层浮阀、V-V浮阀、混合浮阀等，它们共同的特点是加强了流体的导向作用和气体的分散作用，使气液两相的流动更趋于合理，进一步提高操作弹性和塔板效率。但是在工业应用中，由于F1型浮阀相比于采用新型浮阀，已有系列化标准，各种设计数据完善，便于设计和对比，故目前大多采用F1型浮阀，但是随着新型浮阀性能的不断改善及工业应用的增加，其设计数据会越来越完善，在有较完善的性能数据下，设计中可选用新型浮阀。

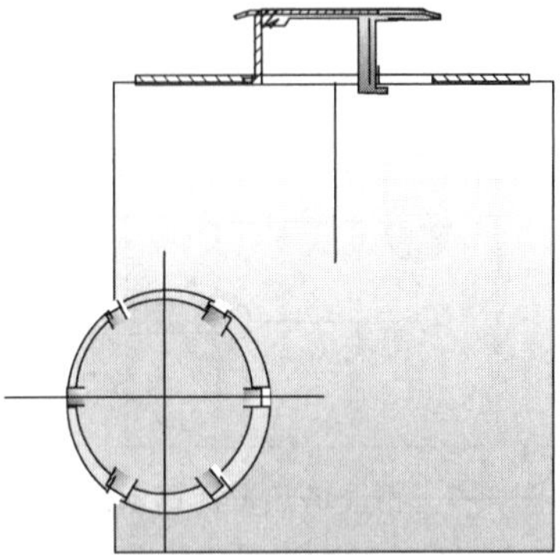
图3-6 F1型浮阀

3.2.4 精馏塔的塔体工艺尺寸计算

3.2.4.1 塔高

(1) 基本计算公式

塔的有效高度按照下式计算：

$$Z=\left(\frac{N_T}{E_T}-1\right)H_T \tag{3-3}$$

式中 Z——板式塔的有效高度，m；

N_T——塔内所需的理论板层数；

E_T——总板效率；

H_T——塔板间距，m。

(2) 精馏塔的物料和热量衡算

精馏按蒸汽加热方式可分为间接蒸汽加热和直接蒸汽加热，两种方式的物料和热量衡算的原理和思路基本相同，但又有所不同，现对间接蒸汽加热的精馏塔物料和热量衡算进行讨论。

① 精馏塔的物料衡算。

设 F、D 和 W 分别为进料、馏出液和釜液的摩尔流量；x_F、x_D 和 x_W 分别为进料、塔顶馏出液和釜液中易挥发组分的摩尔分数；V 和 V' 分别为精馏段和提馏段上升蒸气的摩尔流量；L 和 L' 分别为精馏段和提馏段下降液体的摩尔流量。

对于精馏装置的设计，F、x_F、x_D、x_W 和 q 为给定或选取的原始数据，物料衡算式如下：

总物料：

$$F=D+W \tag{3-4}$$

易挥发组分：

$$Fx_F=Dx_D+Wx_W \tag{3-5}$$

由以上物料衡算式可计算馏出液和釜液的摩尔分数。

应予指出，在后面设备尺寸计算中，物流的流量常采用质量流量，多数情况下，要进行必要的换算。

② 精馏塔的热量衡算。

应用热量衡算可以确定加热蒸汽和冷却水的用量，对图 3-7 中虚线表示的范围作热量衡算，热量均以 0℃ 的液体为起点作计算。

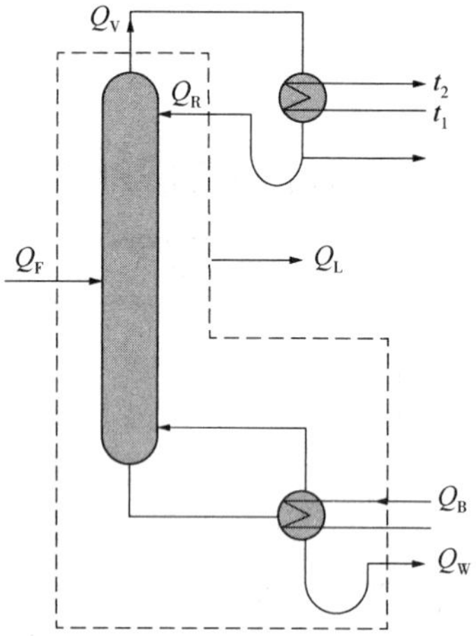

图 3-7 精馏塔热量衡算示意图

Ⅰ. 进入系统的热量：

a. 加热蒸汽带入的热量 Q_B：

$$Q_B=G_B\gamma_w \tag{3-6}$$

式中 G_B——加热蒸汽的用量，kg/h；

γ_W——加热蒸汽的汽化潜热，kJ/kg。

b. 进料带入的热量 Q_F：

$$Q_F=Fc_{pF}t_F \tag{3-7}$$

式中 F——进料流量，kg/h；

c_{pF}——进料的比热容，kJ/(kg · K)；

t_F——进料温度，K。

c. 回流带入的热量 Q_R：

$$Q_R=RDc_{pR}t_R \tag{3-8}$$

式中 D——馏出液流量，kg/h；

R——回流比；

c_{pR}——回流液比热容，kJ/(kg · K)；

t_R——回流温度，K。

Ⅱ. 离开系统的热量：

a. 塔顶蒸气带出的热量 Q_V：

$$Q_V = D(R+1)(c_{pD} t_D + \gamma_D) \tag{3-9}$$

式中 c_{pD}——塔顶饱和液比热容，kJ/(kg·K)；

t_D——塔顶蒸气露点温度，K；

γ_D——塔顶蒸气冷凝潜热，kJ/kg。

b. 残液带出的热量 Q_W：

$$Q_W = W c_{pW} t_W \tag{3-10}$$

式中 W——残液流量，kg/h；

c_{pW}——残液比热容，kJ/(kg·K)；

t_W——塔底泡点温度，K。

c. 散于周围的热量 Q_L，一般情况下取：

$$Q_L = (0.5\% \sim 10\%) \times Q_B \tag{3-11}$$

Ⅲ. 热量衡算式：

$$Q_B + Q_F + Q_R = Q_V + Q_W + Q_L \tag{3-12}$$

或

$$Q_B = Q_V + Q_W + Q_L - Q_F - Q_R$$

如果塔顶冷凝器为全凝器，则冷却水用量可用下式计算：

$$G_c = \frac{Q_V}{c_p(t_2 - t_1)} \tag{3-13}$$

式中 G_c——冷却水用量，kg/h；

t_1，t_2——冷却水进口、出口温度，K；

c_p——冷却水的比热容，一般可取 4.187kJ/(kg·K)。

在配置这些附属设备时，应当注意，一方面消耗着大量的加热蒸汽供给热量；另一方面又用大量冷却剂移出热量。因此，在可能的情况下，应考虑有效地回收一部分热量，以节约能源。

（3）理论板层数与总板效率计算

板式精馏塔设计的一个主要内容是确定其所需的塔板数。由于塔板上两相的传质情况十分复杂，塔板数的计算常采用分解的方法，即先根据分离要求计算所需的理论塔板数，然后引入总板效率（又称全塔效率）进行校正，从而求得实际塔板数。

精馏塔理论塔板数的计算，可采用解析法、图解法或简捷法。不管采用哪种方法，首先应查得设计物系的气液平衡数据，其次选定适宜的回流比，并根据给定的进料热状况参数，求出两条操作线方程。现对恒摩尔流假设下的双组分连续精馏，分别对平衡关系、操作线方程、q 线方程等基本关系式及上述三种计算理论塔板数方法进行简单介绍。

① 平衡关系。

平衡关系是指气液两相达到平衡时组成之间的关系，理论板就满足这种关系。

Ⅰ. 对双组分理想溶液，常以下面相平衡方程表示：

$$y = \frac{\alpha x}{1 + (\alpha - 1)x} \tag{3-14}$$

或

$$x = \frac{y}{\alpha - (\alpha - 1)y} \tag{3-15}$$

式中 y——气相中易挥发组分的摩尔分数；

x——与气相平衡的液相中易挥发组分的摩尔分数；

α——易挥发组分对难挥发组分的相对挥发度，简称相对挥发度，α 可根据操作温度下该两纯组分的饱和蒸气压数据求得。

Ⅱ. 双组分非理想溶液：

对非理想溶液，平衡关系常根据实验测得的有限组数的平衡数据，在图中以曲线表示，该曲线称为平衡(曲)线，常见物系的平衡关系可从有关手册或资料中查得。

② q 线方程及操作方程。

Ⅰ. q 线方程：

q 线方程代表两个操作线的交点轨迹，联立两操作方程并进行适当简化，可推导得出描述 q 线的解析式如下：

$$y=\frac{q}{q-1}x-\frac{x_F}{q-1} \tag{3-16}$$

在给定的条件下，通常与前述的平衡线方程联立求解方程，可求出交点坐标(x_q，y_q)

Ⅱ. 操作方程：

最小回流比计算式如下：

$$R_{min}=\frac{x_D-y_q}{y_q-x_q} \tag{3-17}$$

式中，x_q，y_q为前述 q 线与平衡线交点坐标，表示组分的摩尔分数。

求出最小回流比，再根据式(3-2)或实际需要确定适宜的回流比 R。

a. 精馏段操作线方程：

经过前述物料衡算，R 和 x_D已算出或已知，可计算出精馏段操作线方程：

$$y_{n+1}=\frac{R}{R+1}x_n+\frac{x_D}{R+1} \tag{3-18}$$

式中　y，x——气、液相中易挥发组分的摩尔分数；

下标 n——由塔顶往下计数时精馏段理论塔板的序号。

b. 提馏段操作线方程：

经过前述物料衡算，F、W、R、x_W已算出或已知，q 选定或给定，对恒摩尔流进行假设：

精馏段下降液体量：　$L=RD$

提馏段下降液体量：　$L'=L+qF$

可计算出提馏段操作线方程：

$$y_{m+1}=\frac{L'}{L'-W}x_m-\frac{W}{L'-W}x_W \tag{3-19}$$

式中　下标 m——由塔顶往下计数时提馏段理论塔板的序号。

式(3-19)在 $x-y$ 图中亦为一直线，称为提馏段操作线。

③ 理论塔板数的计算。

Ⅰ. 解析法：

基于理论塔板的概念和物料衡算关系，从塔顶或塔底出发，交替利用相平衡方程和操作方程，从塔顶往下或从塔底往上逐板计算各理论塔板的气、液相组成，直至达到规定的分离要求为止。此种方法概念清晰、结果准确，特别是对于相对挥发度较小的难以分离的物系，在采用图解法而产生较大误差的情况下，更适合采用解析法。解析法的缺点是计算过程比较繁杂，手算时工作量很大，适合采用计算机 Matlab 等软件进行迭代计算。

Ⅱ. 图解法：

为避免解析法计算之繁锁，常采用图解法。此法是在直角坐标上，分别作出相平衡曲线和操作线或 q 线，然后在两线之间画梯级即可求得所需的理论塔板数和适宜的进料位置，实质上，它就是用图解代替解析计算的逐板计算法。尽管图解时会带来一定的误差，但图解法直观形象，又比较简便，因而仍得到广泛应用。当分离要求较高或物系较难分离，其所需的理论塔板数较多时，为得到较准确的结果，宜采用适当比例将有关部分放大后再进行图解。图解法可以借助数据处理软件 Origin 出图，力求结果准确些。

Ⅲ. 简捷法：

双组分情况此法是利用最小回流比 R_{min}、实际回流比 R、最小塔板数 N_{min}(包括蒸馏釜)之间的经验关系来求取理论塔板数 N_T(包括蒸馏釜)。这一经验关系可用吉利兰图(图 3-8)或其近似式来表示。

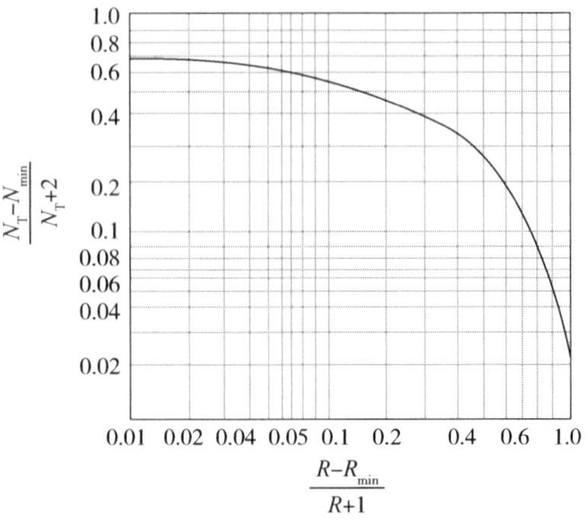

图 3-8 吉利兰图

吉利兰图中的曲线可近似用回归方程代替：

$$\begin{cases} y=0.75(1-x^{0.5668}) \\ y=(N_T-N_{min})/(N_T+2) \\ x=(R-R_{min})/(R+1) \end{cases} \tag{3-20}$$

最小回流比和最少理论塔板数可按以下公式计算：

$$R_{min}=\frac{x_D-y_q}{y_q-x_q}$$

$$N_{min}+1=\frac{\lg\left[\left(\frac{x_D}{1-x_D}\right)/\left(\frac{x_W}{1-x_W}\right)\right]}{\lg\alpha_m} \tag{3-21}$$

式中 y_q，x_q——q 线与平衡线交点的纵坐标值和横坐标值；

α_m——物系的平均相对挥发度。

$$\alpha_m=\sqrt{\alpha_D\alpha_W} \tag{3-22}$$

根据计算所得 R_{min} 和 N_{min} 以及选取的回流比 R，利用吉利兰图或其近似方程式即可求得理论塔板数 N_T。

对于泡点液体进料，若近似认为精馏段也满足吉利兰图的经验关系，类似地，可确定进料位置。

简捷法求 N_T，计算简单但结果比较粗略，适于作方案的比较。此法只能用于理想溶液或相对挥发度变化不大的物系。

④ 塔效率的估算。

上述计算出理论板层数后，为了计算实际所需塔板数，仍需解决塔效率问题。塔效率E_T为在指定分离要求与回流比下所需理论塔板数N_T与实际塔板数N_P的比值，即

$$E_T = N_T/N_P \tag{3-23}$$

塔效率与系统的特性、塔板结构及操作条件等都有密切的关系。由于影响因素多且复杂，目前尚无精确的计算方法，工业上测定值通常在0.3~0.7之间。

塔板效率一般由下列估算方法确定：

a. 参考生产现场同类型的塔板，采用物系性质相同(或相近)的塔板效率的经验数据；

b. 在生产现场对同类型塔板，类似物系进行实际查定，得出可靠的塔板效率数据；

c. 采用精馏塔全塔效率关联图(图3-9)，此图是对工业生产中几十个泡罩塔和筛板塔实测的结果，实验证明此图可用于浮阀塔的效率估计。

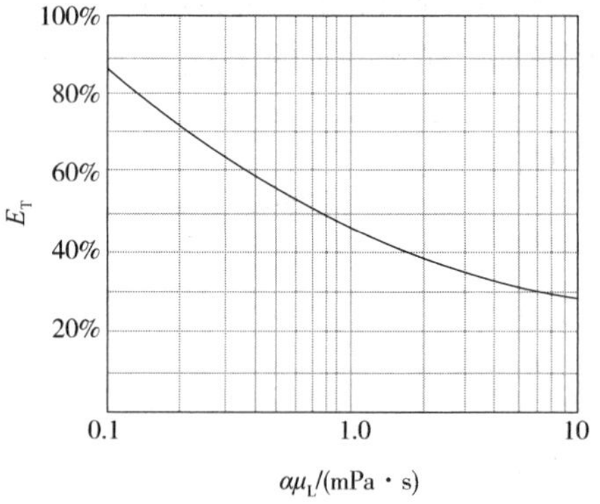

图3-9　精馏塔全塔效率关联图

下面介绍几个应用较广的关联方法。

Ⅰ. Drickamer 和 Brabford 法：

图3-9中曲线可以用下式关联：

$$E_T = 0.17 - 0.616\lg\mu_L \tag{3-24}$$

式中　μ_L——进料液在塔顶与塔底平均温度下的黏度，mPa · s。

上式适用于液体黏度为0.07~0.14mPa · s的烃类物系。

进料混合物的黏度值可以从相关手册中查得，如手册中缺乏时也可按下式计算：

$$\mu_L = \sum_{i=1}^{n} x_{Fi}\mu_{Li} \tag{3-25}$$

式中　x_{Fi}——进料中i组分摩尔分数；

μ_{Li}——进料中i组分在塔内平均温度下的液相黏度，mPa · s。

Ⅱ. O'connell 法：

图3-9中曲线也可以用下式关联：

$$E_T = 0.49\times(\alpha\mu_L)^{-0.245} \tag{3-26}$$

式中　α——塔顶与塔底平均温度下的相对挥发度。

上式适用于$\alpha\mu_L$为0.1~7.5，且板上液流长度≤1.0m的一般工业板式塔。

Ⅲ. Eduljee 法：

图3-9中曲线亦可以用下式关联：

$$E_T = 51 - 32.51\lg(\alpha\mu_L) \tag{3-27}$$

上述几种方法只涉及物系的性质(相对挥发度α和液相黏度μ_L)对塔效率的影响，并未考虑塔板结构参数和操作条件的影响。

Ⅳ. 朱汝瑾法：

朱汝瑾在O'connell方法的基础上，进一步考虑了塔板上液层高度及液气比对塔板效率的影响，提出了下列计算式：

$$\lg E_T = 1.67+0.30\lg\left(\frac{L}{V}\right)-0.25\lg(\alpha\mu_L)+0.301h_L \tag{3-28}$$

式中 L，V——液相、气相流量，kmol/h；

h_L——有效液层高度（对筛板塔，$h_L=h_w+h_{ow}$），m；

h_w——堰高，m；

h_{ow}——堰上方液层高度，m。

（4）塔板间距的选择

塔板间距 H_T 的选定很重要，它与塔高（直接影响塔的有效高度）、塔径、物系性质、分离效率、塔的操作弹性，以及塔的安装、检修等都有关，可参照表 3-3 所列经验值选取。

表 3-3 板间距与塔径的关系

塔径 D/m	0.3~0.5	0.5~0.8	0.8~1.6	1.6~2.0	2.0~2.4	>2.4
板间距 H_T/mm	200~300	300~350	350~450	450~600	500~800	≥800

设计时，应当考虑实际情况，例如塔板层数较多时，选用较小的板间距，则塔径增大以降低塔的高度；塔内各段负荷差别较大时，可采用不同的板间距以保持塔径一致；对易起泡沫的物系，板间距应取大些，以保证塔的分离效果；对生产负荷波动较大的场合，也需加大板间距以保持一定的操作弹性。在设计中，有时需反复调整，选定合适的板间距。

此外，还需考虑安装检修的需要，在塔体人孔处的板间距不应小于 600~700mm，以便有足够的工作空间；而对只需开手孔的小型塔来说，开手孔处的板间距取 450mm 以下即可。

化工生产应用中常用的板间距有：300mm、350mm、400mm、450mm、500mm、600mm、700mm、800mm。

3.2.4.2 塔径

根据流量公式计算塔径，即

$$D=\sqrt{\frac{4V_s}{\pi u}} \tag{3-29}$$

式中 D——塔径，m；

V_s——塔内气相体积流量，m^3/s；

u——空塔气速，m/s。

由上式可知，计算塔径的关键是计算空塔气速 u，计算空塔气速时，通常是先求最大空塔气速 u_{max}（或称泛点气速），然后乘以安全系数。安全系数的选择与分离物系的发泡程度有关，对不易发泡物系，可取较高的安全系数为 0.6~0.8，即：

$$u=(0.6\sim0.8)u_{max} \tag{3-30}$$

对易起泡物系，取较低的安全系数 0.5~0.6，即：

$$u=(0.5\sim0.6)u_{max} \tag{3-31}$$

最大气速 u_{max} 可依据悬浮液滴沉降原理推出。

$$u_{max}=C\sqrt{\frac{\rho_L-\rho_V}{\rho_V}} \tag{3-32}$$

式中 u_{max}——最大空塔气速，m/s；

ρ_L——液相密度，kg/m^3；

ρ_V——气相密度，kg/m^3；

C——负荷系数。

负荷系数 C 值可由史密斯关联图求得，如图 3-10 所示。图 3-10 中负荷系数是以表面张力 $\sigma=20mN/m$ 的物系绘制的，若处理的物系表面张力为其他值的，则需要根据下式校正查出负荷系数，即：

$$C=C_{20}\left(\frac{\sigma_L}{20}\right)^{0.2} \tag{3-33}$$

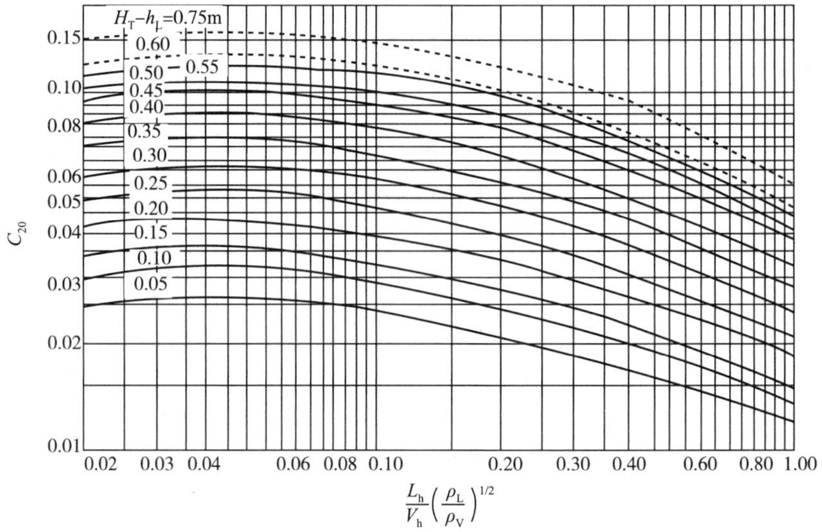

图 3-10 史密斯关联图

V_h，L_h—塔内气、液两相的体积流量，m^3/h；ρ_V，ρ_L—塔内气、液两相的密度，kg/m^3；
H_T—板间距，m，一般根据表 3-3 经验值选取；h_L—板上液体层的高度，m，
对于常压塔通常取 50~80mm，对于减压塔可降至 25~30mm

依上述方法计算的塔径还应按塔径系列标准进行圆整。常用的标准塔径(mm)有：400、500、600、700、800、1000、1200、1400、1600、2000、2200 等。

应当指出，需要复核前面所选板间距 H_T 是否与所选的塔径 D 相当，否则，重新选取 H_T，并重新进行塔径计算。实际上，以上算出的塔径只是初估值，还要根据流体力学校核加以调整和修正。另外，对于精馏过程，因精馏段和提馏段的气、液相负荷及物性数据的不同，必然导致两段的塔径有差异。若计算得出两段的塔径相差不大，应采用较大的数值作为塔径；若二者相差悬殊，应采用变径塔。

3.2.5 精馏塔的塔板工艺尺寸计算

3.2.5.1 溢流方式的选择与设计计算

板式塔溢流装置包括溢流堰、降液管和受液盘等几部分，其结构和尺寸极大地影响着塔的性能。

（1）降液管类型与溢流方式

液体自上层塔板溢流至下层塔板的流动方式极大地影响着塔板上气液相接触的传质过程，而溢流堰及降液管的结构决定溢流方式。

① 降液管类型。

降液管是塔板间液体下降的通道，同时也是下降液体中所夹杂的气体得以分离的场所。一般，降液管有圆形和弓形两种结构，圆形降液管制造方便，但是流通截面积较小，通常只适用于塔径较小的情况；而弓形降液管的流通截面积较大，适用于塔径较大的情况。降液管的类型见图 3-11。

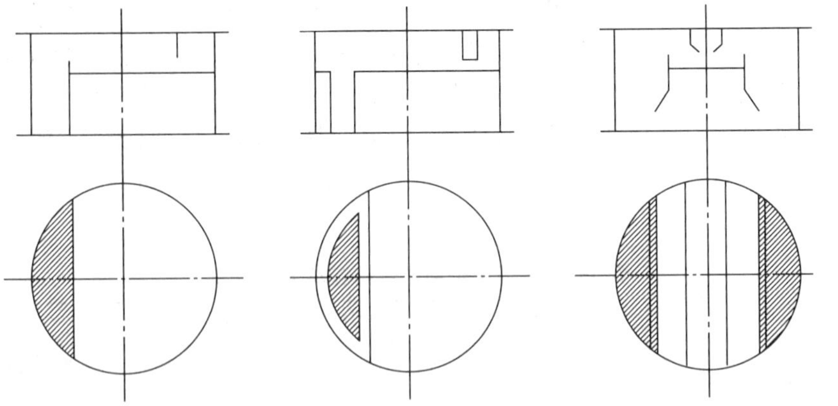

（a）弓形降液管　（b）内弓形降液管　（c）双流弓形降液管

图 3-11　降液管的类型

其中图 3-11(a)是将堰与塔壁之间的全部截面均作为降液管，降液管的截面积相对较大，多用于塔径较大的塔中；当塔径较小时，上述结构制作不便，可采用图 3-11(b)的类型，即将弓形降液管固定在塔板上；图 3-11(c)所示为双流型的弓形降液管，其下部倾斜是为了增加塔板上气液两相接触区的面积。

② 溢流方式。

塔板上液体的流动形态取决于降液管的布置形式。常用的降液管布置形式主要有单溢流型、双溢流型、阶梯双溢流型以及 U 形溢流等，如图 3-12 所示。

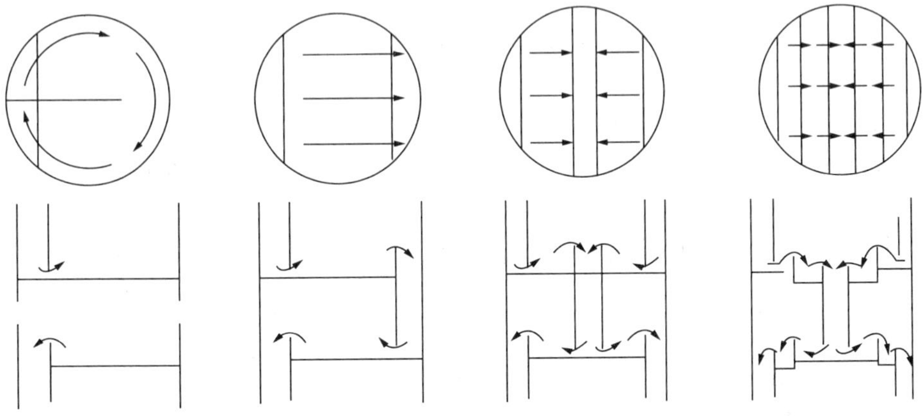

(a)U形溢流　(b)单溢流　(c)双溢流　(d)阶梯式双溢流

图 3-12　塔板溢流类型

U 形溢流[图 3-12(a)]结构塔板是将弓形降液管隔成两半，一半作为受液盘，另一半作为降液管，迫使流经塔板的液体做 U 形流动。此种流型液体流径较长，塔板利用率较高，但液面落差较大，适用于小塔径或液体流量较小的场合。

单溢流型[图 3-12(b)]是最为常见的一种流动形态，液体自受液盘横向流过整个塔板至溢流堰。液体流径长，塔板效率高，塔板结构简单，广泛使用于塔径小于 2.2m 以下的精馏塔。

双溢流型[图 3-12(c)]一般用于塔径大于 2m 的精馏塔中，上层塔板的液体分别经左右两侧的降液管流至塔板，然后横向流过半个塔板进入中部降液管。这种溢流形式可有效降低液面落差，但是塔板利用率较低、结构复杂。

阶梯双溢流型[图 3-12(d)]塔板目的在于降低液面落差而不缩短液体流径，在每个阶梯均设有溢流堰，这种塔板结构最为复杂，适用于塔径很大、液流量很大的特殊场合。

液体在塔板上的流径越长，气液相接触传质进行得越充分，但液面落差加大，容易造成气体分布不均的状况，从而使塔板效率降低。在选择塔板上的液体溢流形态时，应综合考虑塔径大小、液体流量等各种因素。表 3-4 列出了溢流类型与液体负荷及塔径的经验关系，可供设计时参考。

表 3-4　溢流类型与液体流量及塔径的关系

塔径(D)/mm	流体流量(L_h)/(m^3/h)			
	U 形溢流	单溢流	双溢流	阶梯式双溢流
600	<5	5~25		
800	<7	7~50		
1000	<7	<45		
1400	<9	<70		
2000	<11	<90	90~160	
3000	<11	<110	110~200	200~300
4000	<11	<110	110~230	230~350
5000	<11	<110	110~250	250~400
6000	<11	<110	110~250	250~450
应用场合	用于较低液气比	一般场合	用于高液气比或大型塔板	用于极高液气比或超大型塔板

(2) 溢流装置的设计计算

为了维持板上有一定高度的流动液层，必须设计溢流装置。溢流装置的设计包括溢流堰的堰长 l_w、堰高 h_w，弓形降液管的宽度 W_d、截面积 A_f，降液管底隙高度 h_0，进口堰的高度 h'_w 及与降液管的水平距离 h_1 等，如图 3-13 所示。

① 溢流堰。

溢流堰又称出口堰，其作用是维持塔板上有一定的液层，并使液体能较均匀地横过塔板流动，其主要参数为堰长 l_w 和堰高 h_w。

a. 堰长。弓形降液管的弦长称为堰长，用 l_w 表示，一般根据经验确定，对于常用的两种弓形降液管：

单溢流堰长取值：

$$l_w=(0.6\sim0.8)D \tag{3-34}$$

双溢流堰长取值：

$$l_w=(0.5\sim0.6)D \tag{3-35}$$

式中　D——塔内径，m。

堰长一旦确定，降液管宽度和面积即可确定。

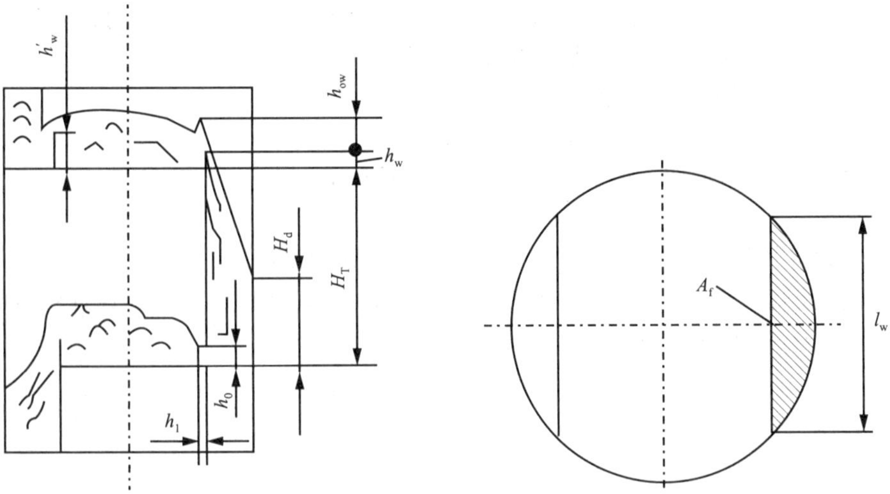

图 3-13 弓形降液管溢流装置

b. 堰高。降液管端面高出塔板板面的距离称为堰高，用 h_w 来表示，堰高与板上清液层高度(h_L)、堰上液层高度(h_{ow})的关系为：

$$h_L = h_w + h_{ow} \tag{3-36}$$

设计时，一般应保持塔板上清液层高度在 50~100mm，于是堰高 h_w 可由板上清液层高度及堰上液层高度而定。堰上液层高度对塔板的操作性能有很大的影响，堰上液层高度太小，会造成液体在堰上分布不均，影响传质效果，设计时应使堰上液层高度大于 6mm，若小于此值宜采用齿形堰；堰上液层高度太大，会增大塔板压降及液沫夹带量。设计时，通常 h_{ow} 不宜大于 60~70mm，超过此值时需采用双溢流形式。

对于平直堰，堰上液层高度 h_{ow} 可用弗兰西斯(Francis)公式计算，即：

$$h_{ow} = 2.84\times10^{-3} E\left(\frac{L_h}{l_w}\right)^{2/3} \tag{3-37}$$

式中 L_h——塔内液体流量，m^3/h；

E——液体收缩系数，由图 3-14 查出。

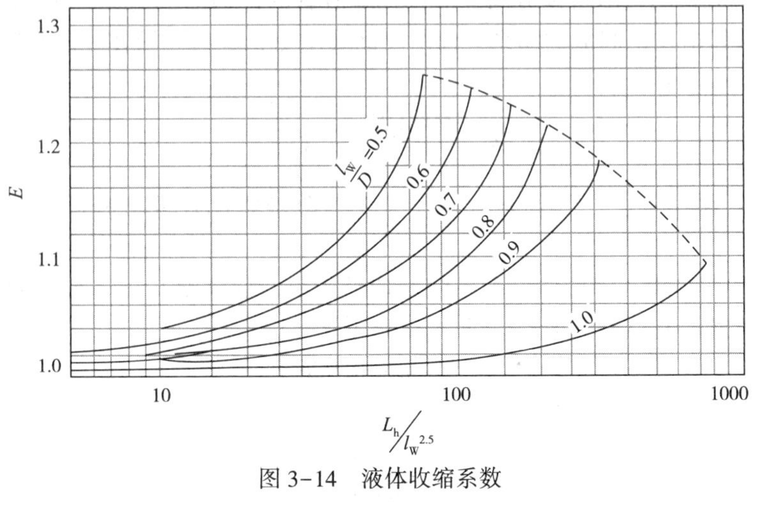

图 3-14 液体收缩系数

一般情况下，取 $E=1$，对结果影响不大。当 $E=1$ 时，由式(3-37)可以看出，h_{ow}仅与 L_h及 l_w有关，于是也可由图 3-15 所示的列线图求出 h_{ow}。

求出 h_{ow}以后，即可按下式范围确定堰高 h_w：

$$0.05-h_{ow} \leqslant h_w \leqslant 0.1-h_{ow} \tag{3-38}$$

对于其他类型的齿形堰，堰上液层高度 h_{ow}本书不作介绍。

② 降液管。

工业上以弓形降液管为主，这里仅介绍弓形降液管的设计。

a. 弓形降液管的宽度及截面积。弓形降液管的宽度 W_d及截面积 A_f，设计中可根据堰长与塔径之比 l_w/D 由图 3-16 查得。

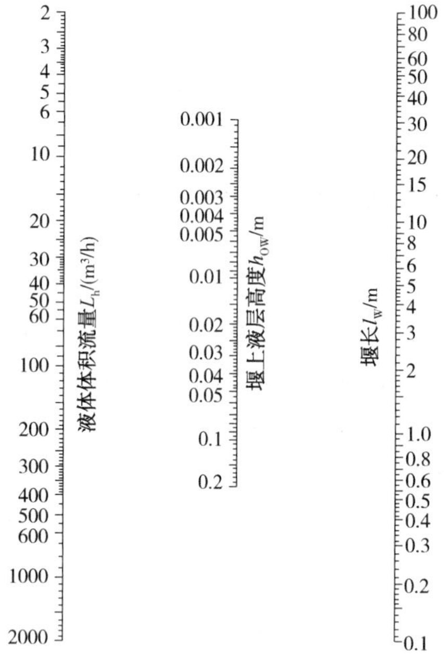

图 3-15 求 h_{ow}的列线图

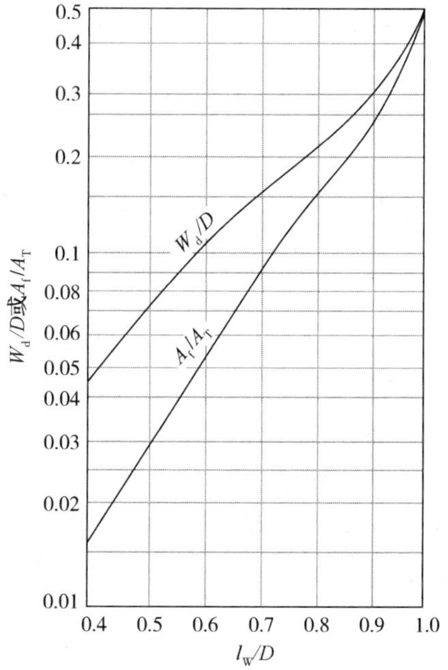

图 3-16 弓形降液管的参数

为使液体中夹带的气泡得以分离，液体在降液管的停留时间有一定要求，须不小于 3~5s，对于高压操作塔及易起泡的物系，停留时间要求更长一些。液体在降液管内的停留时间可按下式计算与验证：

$$\theta=\frac{3600A_fH_T}{L_h} \geqslant (3\sim5) \tag{3-39}$$

若停留时间不能满足式(3-39)要求，应调整降液管的尺寸或板间距，直到满足要求为止。

b. 降液管底隙高度。降液管底隙高度 h_0应低于出口堰高度 h_w，一般应低 6mm 以上，这样可保证降液管底端有良好的液封，即：

$$h_0=h_w-0.006 \tag{3-40}$$

底隙高度 h_0也可按下式计算：

$$h_0=\frac{L_h}{3600l_wu'_0} \tag{3-41}$$

式中 u'_0——液体流过底隙时的流速，一般取 0.07~0.25m/s。

值得一提的是，为了减小液体流动阻力，并考虑液体夹带悬浮颗粒通过底隙时不引起堵塞，底隙高度 h_0 一般不宜小于 20~25mm。但底隙高度 h_0 又不宜过大，过大不易形成液封。

③ 受液盘。

受液盘是指塔板上接受上层塔板流下液体的区域。受液盘有平型受液盘和凹型受液盘两种类型，如图 3-17 所示。前者结构简单，最为常用。

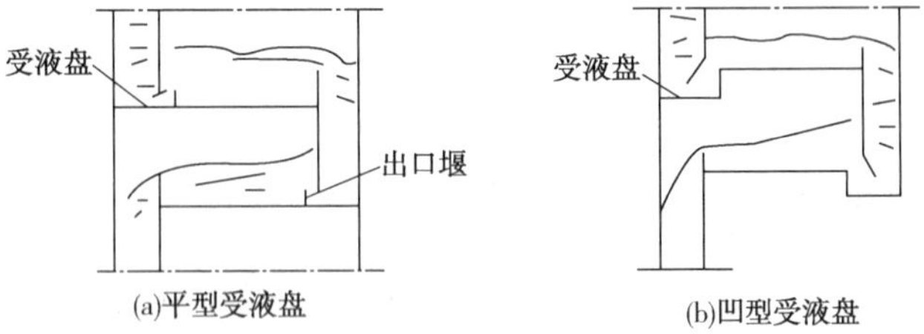

图 3-17 受液盘示意图

塔盘采用平型受液盘时，需在液流进口端设置进口堰，以保证降液管的液封，同时使液体均匀流入下层塔盘。进口堰高度 h'_w 可按下述原则考虑，通常情况下，当出口堰高度 h_w 大于降液管底隙高度 h_0 时，取 $h'_w=h_w$；对于个别情况 $h_w<h_0$，应取 $h'_w>h_0$。为了保证液体从降液管流出时不致受到太大的阻力，进口堰与降液管间的水平距离 h_1 不应小于 h_0。

采用凹型受液盘时，可以不设置进口堰。凹型受液盘既可在低液量时形成良好的液封，又有改变液体流向的缓冲作用，并便于液体从侧线抽出。对于直径 600mm 以上的塔，多采用凹型受液盘。凹型受液盘的深度一般在 50mm 以上，有侧线抽出时宜设置深些。凹型受液盘不适于易聚合及有悬浮固体的情况，否则易形成死角而堵塞。

3.2.5.2 塔板设计

塔板有不同的类型，不同类型塔板的设计原则基本相同，但又有所不同，这里对筛板塔和浮阀塔的设计方法分别进行介绍。

(1) 塔板布置

塔板分为分块式和整块式两种。对于直径小于 0.8~0.9m 的塔，采用整块式塔板适宜；对于直径较大的塔，尤其是当直径大于 1.2m 时，为了满足刚性要求，采用分块式塔板比较合适。

塔板的厚度设计，首先需要考虑塔板的刚性及介质的腐蚀情况，其次再考虑经济性。对于碳钢材料，通常取塔板厚度为 3~4mm；对于耐腐蚀材料如不锈钢等，则可适当减小塔板厚度。

塔板面积，依据所起的作用不同，通常分为四个区域，如图 3-18 所示。

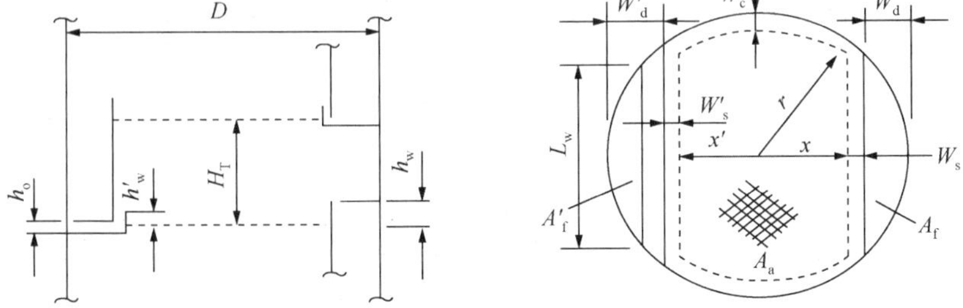

图 3-18 塔板的结构参数

① 开孔区：亦称鼓泡区，为图 3-18 中虚线以内的区域，是塔板上的开孔区域，用来布置筛板、浮阀等部件的有效传质区域。开孔区面积以 A_a 表示，对于单溢流型塔板，开孔区的面积可用下式计算：

$$A_a = 2\left(x\sqrt{r^2-x^2}+\frac{\pi r^2}{180}\sin^{-1}\frac{x}{r}\right) \tag{3-42}$$

式中 $x=\frac{D}{2}-(W_d+W_s)$，m；

$r=\frac{D}{2}-W_c$，m；

$\sin^{-1}\frac{x}{r}$——以角度表示的反正弦函数。

② 溢流区：溢流区为受液盘和降液管所占的区域，其中降液管所占的面积用 A_f 表示，受液盘所占面积用 A'_f 表示。

③ 安定区：开孔鼓泡区与溢流区之间的不开孔区称为安定区，亦称破沫区，可分为入口安定区和出口安定区。其中，在进口堰后液体进入塔板处，有一宽度为 W_s 的狭长不开孔区域称为入口安定区，其作用是防止气体进入降液管及减少因降液管流出液流的冲击而漏液；而在溢流堰前有一宽度为 W'_s 的一狭长不开孔区域称为出口安定区，其作用是液体在进入降液管前有一段不鼓泡的安全地带，避免液体大量夹带泡沫进入降液管。入口安定区的宽度可按下述范围选取：塔径小于 1.5m 时，W_s 取 60～75mm；塔径大于 1.5m 时，W_s 取 80～110mm。出口安定区的宽度 W'_s 可取 50～100mm，但对于直径小于 1m 的塔，塔板截面积小，W'_s 可适当减小。

④ 无效区（边缘区）：塔板上靠近塔壁的部分，留出一圈边缘区，供塔板安装使用，称为无效区。其宽度 W_c 视需要而定，通常情况下，小塔（$D \leqslant 800$mm）W_c 为 30～50mm，大塔（$D \geqslant 1200$mm）W_c 为 50～75mm。为防止液体经边缘区域流过而影响气液传质，可在塔板上沿塔壁设置旁流挡板。

（2）筛孔的计算及排列

① 筛孔直径。筛孔直径 d_0 的选取与塔的操作性能要求、物系性质、塔板厚度、加工要求等有关，是影响气相分散及气液相接触的重要工艺尺寸。按设计经验，表面张力为正系统的物系，可采用 d_0 为 3～8mm（4～6mm 占多数）的小孔径筛板；表面张力为负系统的物系或易堵塞的物系，可采用 d_0 为 10～25mm 的大孔径筛板。随着设计水平的提高和操作经验的积累，大孔径筛板因加工简单、造价低，且不易堵塞等优点而被广泛采用。

② 筛板厚度。筛孔的加工一般采用冲压法，故确定筛板厚度应根据筛孔直径的大小，考虑加工的可能性。

对于碳钢塔板，板厚 δ 为 3～4mm，孔径 d_0 应不小于 δ；对于不锈钢塔板，δ 为 2～2.5mm，孔径 d_0 应不小于（1.5～2）δ。

③ 孔心距。相邻两筛孔中心的距离称为孔心距，用 t 表示。孔心距对塔板效率的影响要大于孔径对塔板效率的影响。通常情况下，采用大小（2.5～5）d_0 的孔心距。若孔心距过小，上升的气体则相互干扰，影响塔板效率；反之，易造成发泡不均影响分离效果。设计孔心距时可按所需要的开孔面积来计算孔心距。筛孔的设计推荐值为 $t/d_0=3\sim4$。

④ 筛孔的排列与开孔率。筛孔设计一般按正三角形排列，如图 3-19 所示，筛孔的数目 n 可按下式计算：

$$n=\frac{1.155A_a}{t^2} \tag{3-43}$$

式中 A_a——开孔区面积，m^2；

t——孔心距，m。

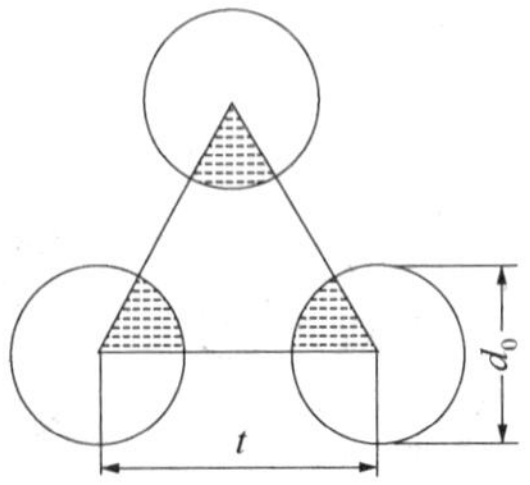

图 3-19 筛孔的正三角形排列

⑤ 开孔率。开孔率为筛孔总面积与开孔区面积之比。若开孔率过大，易漏液，操作弹性减小；若开孔率过小，塔板阻力加大，则雾沫夹带增加，易发生液泛。通常情况下，开孔率取值为 5%~15%。在确定开孔率时，往往需要多次试算孔径及孔心距。筛孔按正三角形排列时，开孔率可按下式计算：

$$\phi=\frac{A_0}{A_a}=\frac{0.907}{\left(\frac{t}{d_0}\right)^2} \tag{3-44}$$

式中 A_0——筛孔面积，m^2；

d_0——筛孔直径，m。

应当指出，通过上述方法求得筛孔直径、筛孔数目、孔心距以及开孔率等参数后，往往还需要进行流体力学验算，检验是否合理，以便再做适当调整。

（3）浮阀的设计计算与排列

① 浮阀形式。浮阀的形式很多，目前应用最广的是 F1 型(相当国外的 V-1 型)，这种形式的浮阀结构简单、制造方便、性能好、省材料，JB/T 1118—2001《F1 型浮阀》对其品种规格、技术要求等做了规定。F1 型浮阀分轻阀(代号 Q)和重阀(代号 Z)两种，轻阀采用厚度为 1.5mm 的薄钢板冲制，质量约 25g；重阀采用厚度为 2mm 的薄钢板冲制，质量约 33g。浮阀质量的大小直接影响塔内气体的压降，轻阀阻力较小，但稳定性较差，一般用于减压塔；重阀稳定性好，最为常用。两种类型浮阀孔的孔径 d_0 均为 39mm；浮阀的最小开度为 2.5mm，最大开度为 8.5mm。

② 浮阀数目。浮阀数 n 取决于操作时阀孔气速 u_0，而 u_0 又由阀孔动能因数 F_0 决定，它们的关系为：

$$u_0=\frac{F_0}{\sqrt{\rho_V}} \tag{3-45}$$

式中 F_0——气体通过时的阀孔动能因数；

u_0——气体通过时的阀孔气速，m/s；

ρ_V——气相密度，kg/m^3。

根据工业生产装置的数据，对 F1 型浮阀(重阀)而言，当板上所有浮阀刚刚全开时，F_0 的数值常在 9~12 之间，所以，设计时可在此范围内选择合适的 F_0 值计算。

浮阀数目 n 可由下式计算出：

$$n=\frac{V_s}{\frac{\pi}{4}d_0^2u_0} \tag{3-46}$$

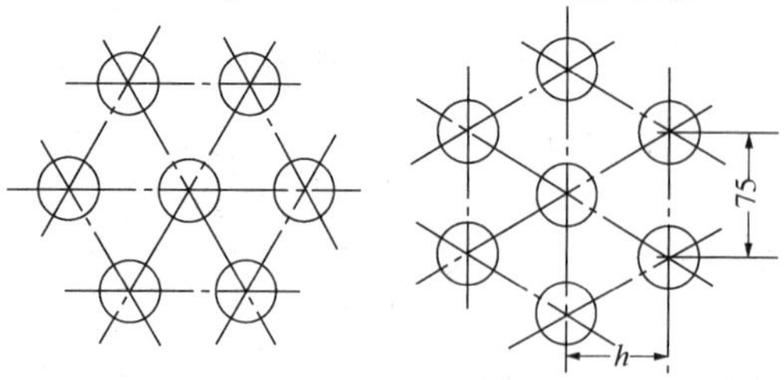

图 3-20　浮阀塔盘阀孔排列方式

式中　V_s——上升蒸气的体积流量，kg/m^3；

d_0——浮阀孔径，m。

③ 阀孔排列。阀孔的排列方式有正三角形排列和等腰三角形排列。正三角形排列又有顺排和叉排两种方式（见图 3-20）。采用叉排方式时，相邻两阀吹出的气流搅动液层的作用比顺排明显，而且相邻两阀容易被吹开，液面梯度较小，鼓泡均匀，所以设计中更多采用叉排。

在整块式塔板中，阀孔多采用正三角形叉排排列，其孔心距 t 有 75mm、100mm、125mm、150mm 等几种。在分块式塔板中，多采用等腰三角形叉排排列，三角形的底边 t' 固定为 75mm，三角形高 h 有 65mm、70mm、80mm、90mm、100mm、110mm 等几种，必要时还可以调整。塔板上阀孔的开孔率一般为 4%~15%，最好为 6%~9%。

阀孔按正三角形排列时：

$$t=d_0\sqrt{\frac{0.907A_a}{A_0}} \tag{3-47}$$

阀孔按等腰三角形排列时：

$$h=\frac{A_a/n}{t'}=\frac{A_a/n}{0.75} \tag{3-48}$$

式中　t——正三角形的孔心距，m；

A_a——开孔鼓泡区面积，m^2；

A_0——阀孔总面积，m^2；

h——等腰三角形的高，m；

n——浮阀数；

t'——等腰三角形的底边长，一般取为 0.075m。

3.2.6　塔体流体力学验算

塔板流体力学验算的目的是为检验上述初步算出的塔径及各项工艺尺寸的计算是否合理，塔板是否能正常操作，内容包括以下几部分。

3.2.6.1　塔板压降

气体通过筛板的压降 Δp_p 以相当的液柱高度表示时可由下式计算：

$$\Delta p_p=h_p\rho_L g$$
$$h_p=h_c+h_1+h_\sigma \tag{3-49}$$

式中　h_p——气体通过每层塔板压降相当的液柱高度，m；

h_c——气体通过筛板的干板压降相当的液柱高度，m；

h_1——气体通过板上液层的压降相当的液柱高度，m；

h_σ——克服液体表面张力的压降相当的液柱高度，m。

(1) 干板阻力 h_c

干板阻力 h_c 可按下式计算，即：

$$h_c = 0.051\times\left(\frac{u_0}{c_0}\right)^2\left(\frac{\rho_v}{\rho_L}\right)\left[1-\left(\frac{A_0}{A_a}\right)^2\right] \tag{3-50}$$

筛板的开孔率 $\phi \leqslant 15\%$时，上式可简化为：

$$h_c = 0.051\times\left(\frac{u_0}{c_0}\right)^2\left(\frac{\rho_v}{\rho_L}\right)$$

式中 u_0——筛孔气速，m/s；

c_0——流量系数，其值对干板的影响较大，求取 c_0的方法有多种，一般推荐由图 3-21 查得。

若孔径 $d_0 \geqslant 10$mm 时，查得的 c_0应乘以修正系数β，即：

$$h_c = 0.051\times\left(\frac{u_0}{\beta c_0}\right)^2\left(\frac{\rho_v}{\rho_L}\right) \tag{3-51}$$

式中 β——干筛孔流量系数的修正系数，一般取值为 1.15。

(2) 气体通过液层的阻力 h_1

$$h_1 = \varepsilon_0 h_L = \varepsilon_0(h_w + h_{ow}) \tag{3-52}$$

式中 ε_0——充气系数，反映板上液层的充气程度；

h_w——堰高，m；

h_{ow}——堰上液层高度，m。

充气系数 ε_0可由图 3-22 查取，一般可近似取 0.5~0.6。图中 F_a为气相动能因子，按照下式计算：

$$F_a = u_a\sqrt{\rho V} \tag{3-53}$$

式中 u_a——按有效流通面积计算的气速，m/s。对单流型塔板，可按照下式计算：

$$u_a = \frac{V_s}{A_T - A_f}$$

式中 A_T，A_f——全塔截面积和降液管截面积，m^2。

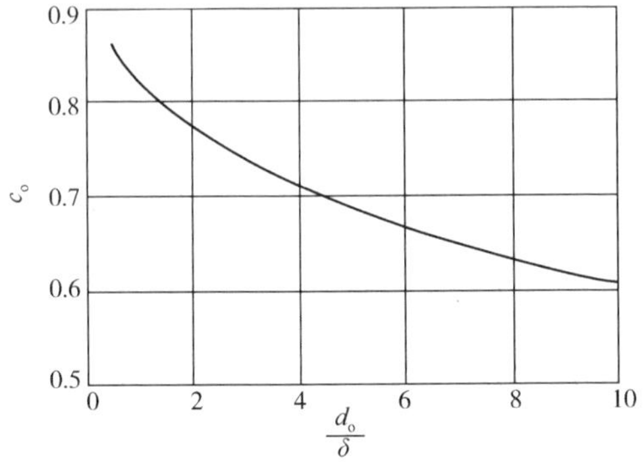

图 3-21 干筛孔的流量系数

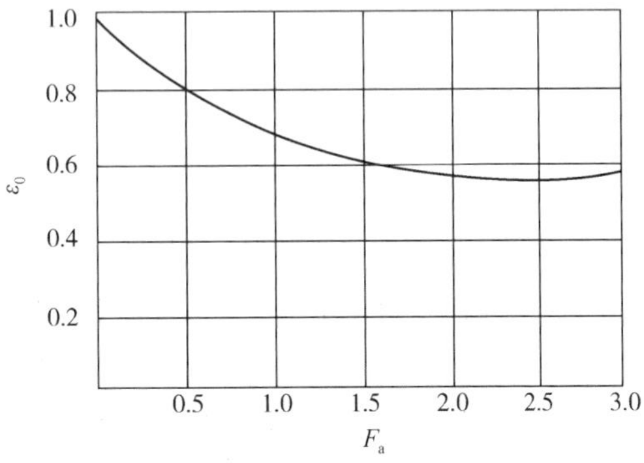

图 3-22 充气系数 ε_0和动能因子 F_a间的关系

（3）液体表面张力的阻力 h_σ

$$h_\sigma=\frac{4\sigma_L}{\rho_L g d_0} \quad (3-54)$$

式中 σ_L——液体的表面张力，N/m。

气体通过筛板的压降计算值 $\Delta p_p=h_p\rho_L g$，应低于设计允许值。

3.2.6.2 雾沫夹带

雾沫夹带指气流穿过板上液层时夹带雾滴进入上层塔板的现象，它影响塔板分离效率，为保持塔板的一定效率，应控制雾沫夹带量 $e_v<0.1$kg 液体/kg 气体。

（1）筛板的雾沫夹带量

计算雾沫夹带量的方法很多，通常采用亨特的雾沫夹带关联图，如图 3-23 所示，图中直线部分可回归成下式：

$$e_v=\frac{5.7\times10^{-6}}{\sigma_L}\left(\frac{u_a}{H_T-h_f}\right)^{3.2} \quad (3-55)$$

式中 h_f——塔板上鼓泡层高度，m，一般取$h_f=2.5h_L$；

H_T——板间距，m；

σ_L——液体表面张力，N/m；

u_a——实际气速，m/s。

$$u_a=\frac{V_s}{A_T-A_f} \quad (3-56)$$

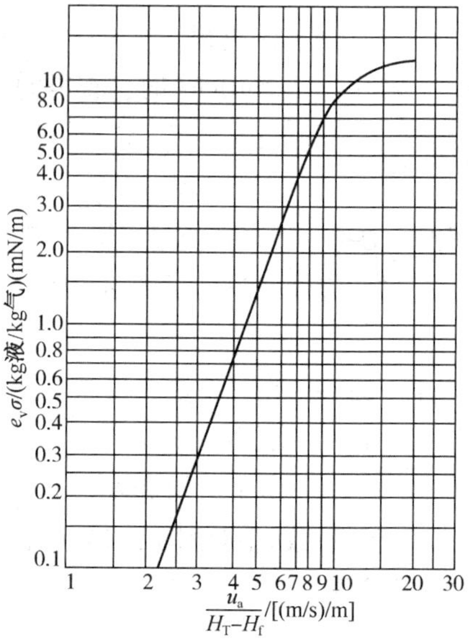

图 3-23 雾沫夹带关联图

（2）浮阀塔的雾沫夹带量

一般用泛点百分率 F 作为间接衡量雾沫夹带量的指标。对于塔径大于 900mm 的塔，$F<80\%$；对于塔径小于 900mm 的塔，$F<70\%$；对于减压操作的塔，$F<75\%$，这样便可保证雾沫夹带量 $e_v<10\%$。

泛点百分率 F 可按下面的经验公式计算：

$$F=\frac{100V_s\sqrt{\frac{\rho_V}{\rho_L-\rho_V}}+136L_sZ}{A_aC_FK}$$

式中 V_s——气相流量，m^3/s；

ρ_V——气相密度，kg/m^3；

ρ_L——液相密度，kg/m^3；

L_s——液相流量，m^3/s；

Z——板上液流长度，对单流型塔板 $Z=D-2W_d$，m；

A_a——塔板开孔区面积，对单流型塔板，$A_a=A_T-2A_f$，m^2；

C_F——泛点负荷系数，由图 3-24 查取；

K——系统因数，由表 3-5 查取。

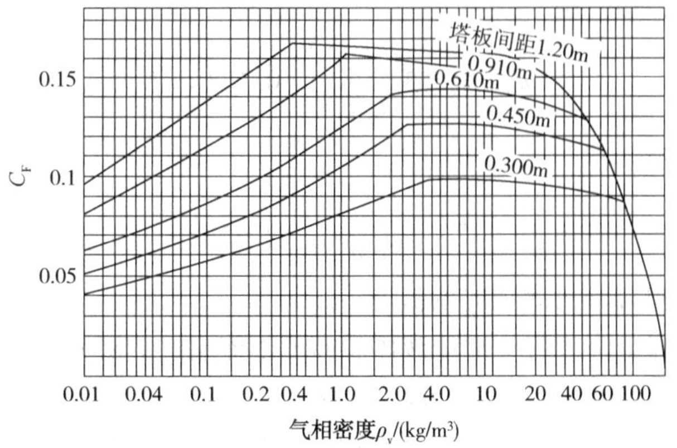

图 3-24 泛点负荷系数

表 3-5 系统因数 *K*

系 统	*K* 值	系 统	*K* 值
无泡沫正常系统	1.00	多泡沫系统(如胺及乙二醇吸收塔)	0.73
氟化物(如 BF_3、氟里昂)	0.90	严重泡沫系统(如甲乙酮装置)	0.60
中等起泡沫系统(如油吸收塔、胺及乙二醇再生塔)	0.85	形成稳定的泡沫系统(如碱再生塔)	0.15

3.2.6.3 漏液点气速

当气速逐渐减小至某值时，塔板发生明显的漏液现象时，则该气速被称为漏液点气速 $u_{0,\min}$，若气速继续降低，更严重的漏液将使筛板不能积液而影响正常使用，故漏液点为筛板的下限气速。漏液点气速按照下式计算：

$$u_{0,\min}=4.4c_0\sqrt{(0.0056+0.13h_L-h_\sigma)\rho_L/\rho_V} \tag{3-57}$$

当 h_L<30mm 或筛孔孔径 d_0<3mm 时，用下式计算较适宜：

$$u_{0,\min}=4.4c_0\sqrt{(0.01+0.13h_L-h_\sigma)\rho_L/\rho_V} \tag{3-58}$$

为使筛板具有足够的操作弹性，操作稳定，稳定性系数 *K* 应保持在一定范围内，*K* 值定义如下式：

$$K=\frac{u_0}{u_{0,\min}} \tag{3-59}$$

K 值的适宜范围为 1.5~2，若稳定性系数偏低，可适当减小塔板开孔率 ϕ(影响较大)或降低堰高 h_w。

3.2.6.4 液泛(淹塔)

液泛分为降液管和液沫夹带液泛，在筛板的流体力学验算中一般只对降液管液泛进行验算。

降液管内的清液层高度 H_d 用于克服塔板阻力、板上液层的阻力和液体流过降液管的阻力等。若忽略塔板的液面落差，H_d 可用下式计算：

$$H_d=h_p+h_L+h_d \tag{3-60}$$

式中 h_d——与液体流过降液管的压降相当的液柱高度，m。

若塔板上不设进口堰，则

$$h_d=0.153\left(\frac{L_s}{l_w h_0}\right)^2=0.153\times u_0'^2 \tag{3-61}$$

若塔板上设进口堰，则

$$h_d=0.2\left(\frac{L_s}{l_w h_0}\right)^2=0.2\times u_0'^2 \tag{3-62}$$

式中　u'_0——液体通过降液管底隙时的流速，m/s。

为防止液泛，应保证降液管中泡沫液体总高度不能超过上层塔板的出口堰，即

$$H_d\leqslant\varphi(H_T+h_w) \tag{3-63}$$

式中　φ——考虑降液管内充气及操作安全的校正系数，对一般物系 φ 取 0.5，对易起泡物系 φ 取 0.3~0.4，对不易发泡物系 φ 取 0.6~0.7。

塔板经以上各项流体力学验算合格后，还需绘出塔板的负荷性能图。

3.2.7　塔板负荷性能图

对各项结构参数已定的筛板，须将气液负荷限制在一定范围内，以维持塔板的正常操作。可用气液相负荷关系线(即 V_s-L_s 线)表达允许的气液负荷波动范围，这种关系线即为塔板负荷性能图。

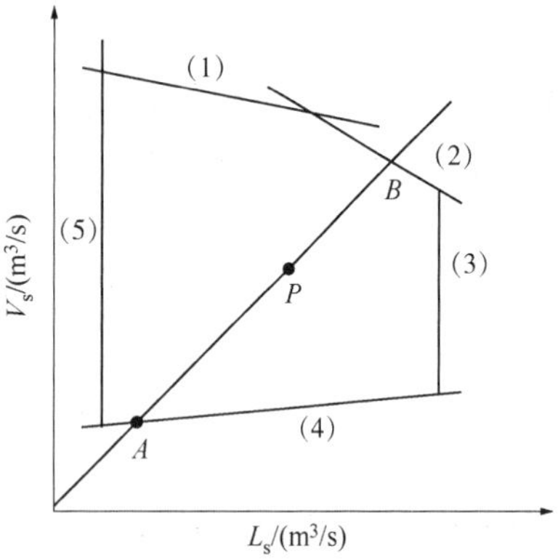

图 3-25　塔板负荷性能图

对有溢流的塔板，可用下列界限曲线表达负荷性能图，如图 3-25 所示。

① 雾沫夹带线如图 3-25 中线(1)。取极限值 e_v = 0.1kg 液体/kg 气体，由式(3-55)作出此 V_s-L_s 线。

② 液泛线如图 3-25 中线(2)。根据降液管内液层最高允许高度，联立式(3-49)、式(3-60)、式(3-61)、式(3-63)作出此线。

③ 液相上限线如图 3-25 中线(3)。取液相在降液管内停留时间最低允许值(3~5s)，计算出最大液相负荷 $L_{s,max}$(为常数)，作出此线，即：

$$L_{s,max}=\frac{A_f H_T}{(3\sim5)}$$

④ 漏液线如图 3-25 中线(4)。由式(3-57)或式(3-58)标绘对应的 V_s-L_s 作出。

⑤ 液相负荷下限线如图 3-25 中线(5)。取堰上液层高度最小允许值(h_{ow}=0.006m)，对于平直堰可由下式计算：

$$h_{ow}=2.84\times10^{-3}E\left(\frac{3600L_{s,min}}{l_w}\right)^{\frac{2}{3}}=0.006$$

由此求得最小液相负荷 $L_{s,min}$ 为常数，作出此线。

⑥ 塔的操作弹性在塔的操作液气比下，如图 3-25 所示，操作线 OAB 与界限曲线交点的气相最大负荷 $V_{s,max}$ 与气相允许最低负荷 $V_{s,min}$ 之比，称为操作弹性，即：

$$操作弹性=\frac{V_{s,max}}{V_{s,min}}$$

设计塔板时，由负荷性能图，被曲线包围的区域是设计的塔板分离给定物系的适宜操作范围，只要设计点在适宜操作范围内，塔板即可正常运行。但为了提高塔的操作弹性，需使操作点 P 在图中处于适中位置。

3.2.8 精馏塔的附属设备

精馏装置的主要附属设备包括蒸气冷凝器、产品冷凝器、塔底再沸器(蒸馏釜)、原料预热器、除沫器、直接蒸汽鼓管、原料加热器、各种物料输送管及泵等。前四种设备本质上属换热器，并多采用列管式换热器，管线和泵属输送装置。下面简要介绍它们的类型特点。

3.2.8.1 回流冷凝器

按冷凝器与塔的相对位置分为：整体式、自流式和强制循环式。

(1) 整体式

整体式冷凝器如图 3-26(a)和(b)所示，将冷凝器与精馏塔做成一体。其优点是上升蒸汽压降较小，蒸汽分布均匀；缺点是塔顶结构复杂，不便维修，当需用阀门、流量计来调节时，需较大位差，需增大塔顶板与冷凝器间距离，导致塔体过高。

该类型冷凝器常用于：①冷凝液难以用汞输送或用汞输送有危险的情况；②减压精馏；③传热面较小($50m^2$以下)场合。

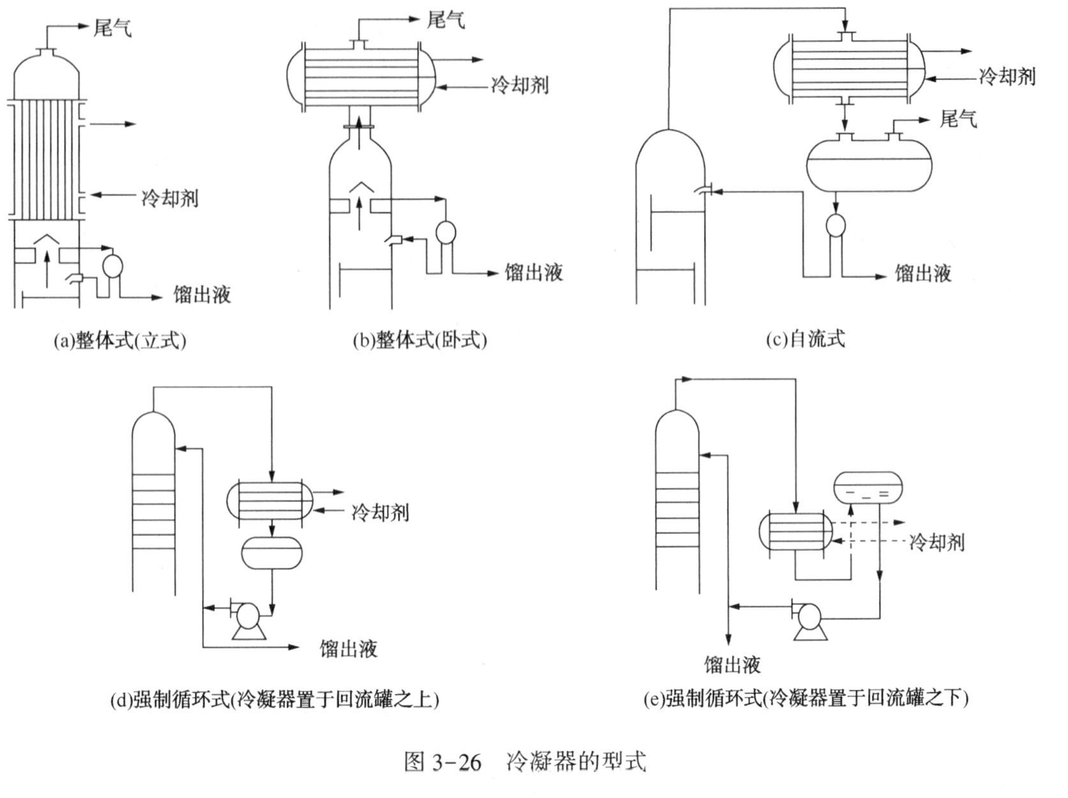

图 3-26 冷凝器的型式

(2) 自流式

如图 3-26(c)所示，自流式冷凝器装在塔顶附近的台架上，靠改变台架的高度来获得回流和采出所需的位差。

(3) 强制循环式

当冷凝器换热面过大时，将冷凝器装在塔顶附近对造价和安装维修都是不利的，故将其装在离塔顶较远的低处，用泵向塔提供回流液，如图 3-26(d)、(e)所示。

一般情况下，由于卧式的冷凝液膜较薄，对流传热系数较大，且更易于安装和维修，故冷凝器采用卧式较适宜，塔高设计 175m，为方便安装和维修，采用强制循环式。

3.2.8.2 回流冷凝器的工艺计算

回流冷凝器的工艺计算内容包括：

① 按工艺要求决定冷凝器的热负荷 Q_R，选择冷却剂、冷却剂进出口温度并计算冷却剂用量。

② 初估设备尺寸，由平均温度 Δt_m 和总传热系数 K 的经验数据，计算所需的传热面积 A，并由此选择标准型号的冷凝器，或自行设计。

③ 复核传热面积，对已选型号或自行设计的设备，核算实际上的总传热系数 K 和实际所需的传热面积。

④ 决定安装尺寸，估计各管线长度及阻力损失，以决定冷凝器底部与回流液入口之间的高度差 H_R。

需要注意的是，由于冷凝器常用于精馏过程，考虑到精馏塔操作常需要调整回流比，同时还可能兼有调节塔压的作用，故应适当加大其传热面积的裕度。根据经验，其面积裕度应在 30%左右。

3.2.8.3 再沸器

精馏塔底的再沸器可分为：内置式再沸器(蒸馏釜)、釜式(罐式)再沸器、热虹吸式再沸器及强制循环再沸器。

(1) 内置式再沸器(蒸馏釜)

此加热装置直接设置于塔的底部，如图 3-27(a)所示。加热装置可用夹套、蛇管或列管式加热器等不同形式，其装料系数依物系起泡倾向取为 60%~80%。内置式再沸器的优点是安装方便、占地面积少，常用于直径小于 600mm 的蒸馏塔中。

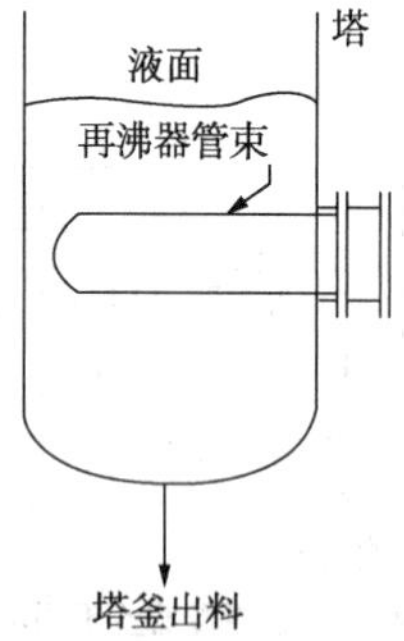

(a)内置管式再沸器

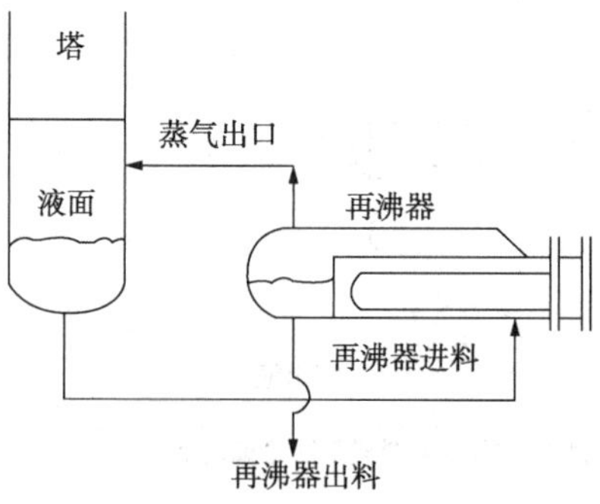

(b)釜式再沸器

图 3-27 内置管式和釜式再沸器

(2) 釜式(罐式)再沸器

如图3-27(b)所示，一般将其置于塔外。卧式再沸器壳程为釜液沸腾，管内可以加热蒸气。塔底液体进入底液池中，再进入再沸器的管际空间被加热而部分汽化。蒸气引到塔底最下一块塔板的下面，部分液体则通过再沸器内的垂直挡板，作为塔底产物被引出。液体的采出口与垂直塔板之间的空间至少停留8~10min，以分离液体中的气泡。为减少雾沫夹带，再沸器上方应有一分离空间，对于小设备，管束上方至少有300mm高的分离空间。对于大设备，取再沸器壳径为管束直径的1.3~1.6倍。

(3) 热虹吸式再沸器

如图3-28所示，根据热虹吸原理，再沸器依靠釜内部分汽化所产生的气、液混合物密度小于塔底液体密度，由密度差产生静压差使液体自动从塔底流入再沸器，因此该种再沸器又称自然循环再沸器。这种形式再沸器汽化率不大于40%，否则传热不良。

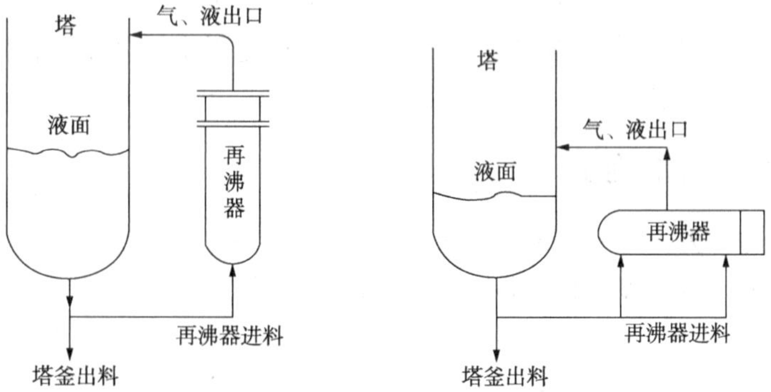

图3-28 热虹吸式再沸器

(4) 强制循环再沸器

如图3-29所示，强制循环式再沸器适用于高黏度液体和热敏性气体，此再沸器流速大，停留时间短，便于控制和调节液体循环量。原料预热器和产品冷却器的形式不像塔顶冷凝器和塔底再沸器的制约条件那么多，可按传热原理计算。

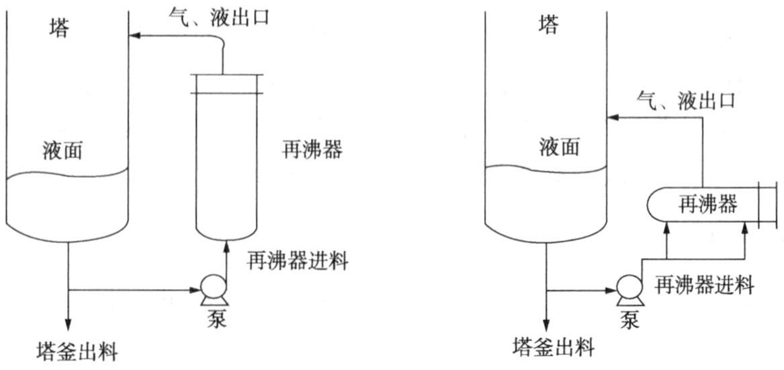

(a)立式强制循环式再沸器　(b)卧式强制循环式再沸器

图3-29 强制循环式再沸器

3.3 浮阀塔设计示例

3.3.1 设计任务及要求

原料：乙醇-水溶液，年产量 50000t；

乙醇含量 30%(质量分数)，原料液温度 45℃。

设计要求：塔顶的乙醇含量不小于 95%(质量分数)；

塔底的乙醇含量不大于 4%(质量分数)。

3.3.2 塔型选择

根据生产任务，若按年工作日 300d，每天开动设备 24h 计算，产品流量约为 7000kg/h，由于产品黏度较小，流量较大，为减少造价，降低生产过程中压降和塔板液面落差的影响，提高生产效率，选用浮阀塔。

3.3.3 操作条件的确定

3.3.3.1 操作压力

由于乙醇-水体系对温度的依赖性不强，常压下为液态，为降低塔的操作费用，操作压力选为常压。

其中，塔顶压力为 1.01325×10^5Pa；塔底压力为 $1.01325\times10^5+700\times40=1.29325\times10^5$Pa。

3.3.3.2 进料状态

虽然进料方式有多种，但是饱和液体进料时进料温度不受季节、气温变化和前段工序波动的影响，塔的操作比较容易控制；此外，饱和液体进料时精馏段和提馏段的塔径相同，无论是设计计算还是实际加工制造这样的精馏塔都比较容易，为此，本次设计中采取泡点液体进料。

3.3.3.3 加热方式

精馏塔的设计中多在塔底加一个再沸器以采用间接蒸汽加热来保证塔内有足够的热量供应；由于乙醇-水体系中，乙醇是轻组分，水由塔底排出，且水的比热容较大，故可采用直接水蒸气加热，这时只需在塔底安装一个鼓泡管，于是可省去一个再沸器，并且可以利用压力较低的蒸汽进行加热，无论是设备费用还是操作费用都可以降低。

3.3.4 有关工艺计算

由于精馏过程的计算均以摩尔分数为准，需先把设计要求中的质量分数转换为摩尔分数。

原料乙醇摩尔组成：$x_F=\dfrac{30/46.07}{30/46.07+70/18.01}=14.3\%$

塔顶乙醇摩尔组成：$x_D=\dfrac{95/46.07}{95/46.07+5/18.01}=88.1\%$

塔底乙醇摩尔组成：$x_W=\dfrac{4/46.07}{4/46.07+96/18.01}=1.6\%$

原料液的平均摩尔质量：$M_F=14.3\%\times46.07+(1-14.3\%)\times18.01=22.022\text{g/mol}$

同理可求得：$M_D=88.1\%\times46.07+(1-88.1\%)\times18.01=42.73\text{g/mol}$

$M_W=1.6\%\times46.07+(1-1.6\%)\times18.01=18.45\text{g/mol}$

45℃的条件下，原料液中水和乙醇的密度：$\rho_{水}=971.1\text{kg/m}^3$，$\rho_{乙醇}=735\text{kg/m}^3$。

乙醇-水溶液常压下气液平衡组成与温度的关系见表3-6。

表3-6 乙醇-水溶液气液平衡组成与温度的关系

温度/℃	液相中乙醇（摩尔分数）/%	气相中乙醇（摩尔分数）/%	温度/℃	液相中乙醇（摩尔分数）/%	气相中乙醇（摩尔分数）/%
100	0	0	86.2	10.5	44.6
99.3	0.2	2.5	86.0	11.0	45.4
98.8	0.4	4.2	85.7	11.5	46.1
97.7	0.8	8.8	85.4	12.1	46.9
96.7	1.2	12.8	85.2	12.6	47.5
95.8	1.6	16.3	85.0	13.2	48.1
95.0	2.0	18.7	84.8	13.8	48.7
94.2	2.4	21.4	84.7	14.4	49.3
93.4	2.9	24.0	84.5	15.0	49.8
92.6	3.3	26.2	83.3	20.0	53.1
91.9	3.7	28.1	82.4	25.0	55.5
91.3	4.2	29.9	81.6	30.6	57.7
90.8	4.6	31.6	81.2	35.1	59.6
90.5	5.1	33.1	80.8	40.0	61.4
89.7	5.5	34.5	80.4	45.4	63.4
89.2	6.0	35.8	80.0	50.2	65.4
89.0	6.5	37.0	79.8	54.0	66.9
88.3	6.9	38.1	79.6	59.6	69.6
87.9	7.4	39.2	79.3	64.1	71.9
87.7	7.9	40.2	78.8	70.6	75.8
87.4	8.4	41.3	78.6	76.0	79.3
87.0	8.9	42.1	78.4	79.8	81.8
86.7	9.4	42.9	78.2	86.0	86.4
86.4	9.9	43.8	78.15	89.4	89.4
86.2	10.5	44.6			

由表3-6中数据，用内插法计算得泡点温度：

$$t_F:\ \frac{84.8-84.7}{13.8-14.4}=\frac{84.8-t_F}{13.8-14.3}\Rightarrow t_F=84.72℃$$

$$t_D:\ \frac{78.15-78.2}{89.4-86.0}=\frac{t_D-78.2}{88.1-86.0}\Rightarrow t_D=78.17℃$$

$$t_W=95.8℃$$

汇总以上计算结果，见表3-7。

表3-7　原料液、馏出液与釜残液的流量与温度

名　称	原料液	馏出液	釜残液
乙醇含量/%(质量)	30	95	4
乙醇摩尔分数/%	14.3	88.1	1.6
摩尔质量/(g/mol)	21.91	42.73	18.45
沸点温度/℃	84.72	78.17	95.8

3.3.4.1　最小回流比及操作回流比的确定

如图3-30，由于是泡点液体进料，$x_q=x_F=0.143$，过点(0.143，0.143)作垂直线 $x=0.143$ 交平衡线于点 d，由点 d 可读得 $y_q=0.485$，因此：

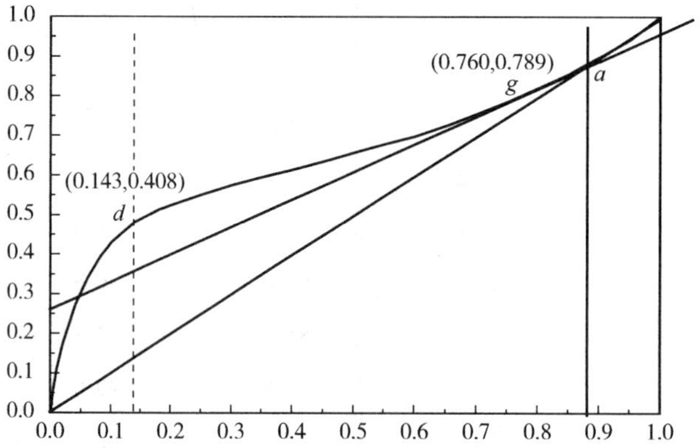

图3-30　图解法求最小回流比

$$R_{min(1)}=(x_D-y_q)/(y_q-x_q)=(0.881-0.485)/(0.485-0.143)=1.158$$

连接 a，d 两点成直线，发现该直线已经在平衡线外边，故要通过切点来求最小回流比。又过点 a(0.881，0.881)作平衡线的切线，切点为 g，读得其坐标为 $x_q'=0.760$，$y_q'=0.789$，因此：

$$R_{min(2)}=(x_D-y_q')/(y_q'-x_q')=(0.881-0.789)/(0.789-0.760)=3.172$$

所以，$R_{min}=R_{min(2)}=3.172$。可取操作回流比 $R=1.26R_{min}=3.172\times1.26=4$。

3.3.4.2　塔顶产品产量、釜残液量及加热蒸汽量的计算

以年工作日为300d，每天开工24h计算，进料量为：

$$F=50000000/(22.022\times300\times24)=315.34\text{kmol/h}$$

由全塔的物料衡算方程可写出：

$$\begin{cases} V_0+F=D+W \quad y_0=0(\text{已知蒸汽}),\ D=69.1\text{kmol/h} \\ V_0y_0+Fx_F=Dx_D+Wx_W \\ W=L'=L+qF=RD+qF \qquad q=1(\text{泡点}) \end{cases}$$

解出：$D=42.38\text{kmol/h}$，$W=484.86\text{kmol/h}$，$V_0=211.9\text{kmol/h}$

3.3.4.3 全凝器冷凝介质的消耗量

塔顶全凝器的热负荷：$Q_C=(R+1)D'(I_{VD}-I_{LD})=(R+1)DM_D(I_{VD}-I_{LD})$

$$I_{VD}-I_{LD}=x_D\Delta H_{V乙醇}+(1-x_D)\Delta H_{V水}$$

式中 I_{VD}——塔顶上升蒸气的焓；

I_{LD}——塔顶馏出液的焓；

$\Delta H_{V乙醇}$——乙醇的蒸发潜热；

$\Delta H_{V水}$——水的蒸发潜热。

蒸发潜热的计算：

蒸发潜热与温度的关系：$\Delta H_{V2}=\Delta H_{V1}\left(\dfrac{1-T_{r2}}{1-T_{r1}}\right)^{0.38}$

式中 T_r——对比温度。

沸点下蒸发潜热列表如下：

物　质	沸点/℃	蒸发潜热 ΔH_V/(kJ/kg)	T_C/K
乙醇	78.3	846	516.15
水	100	2257	648.15

当 $t_F=84.72℃$时，乙醇：$T_{r2}=\dfrac{T_2}{T_C}=\dfrac{273.15+84.72}{516.15}=0.693$

当 $t_D=78.17℃$时，乙醇：$T_{r1}=\dfrac{T_1}{T_C}=\dfrac{273.15+78.17}{516.15}=0.681$

乙醇的蒸发潜热：$\Delta H_{V乙醇}=846\times\left(\dfrac{1-0.693}{1-0.681}\right)^{0.38}=833.76(\text{kJ/kg})$

同理，对于水：$T_{r2}=\dfrac{T_2}{T_C}=\dfrac{273.15+84.72}{648.15}=0.552$

$$T_{r1}=\frac{T_1}{T_C}=\frac{273.15+100}{648.15}=0.576$$

$$\Delta H_{V水}=2257\times\left(\frac{1-0.552}{1-0.576}\right)^{0.38}=2304.72(\text{kJ/kg})$$

所以，$I_{VD}-I_{LD}=x_D\Delta H_{V乙醇}+(1-x_D)\Delta H_{V水}=0.881\times883.76+(1-0.881)\times2304.72=1052.85$ (kJ/kg)

因此，$Q_c=(R+1)DM_D(I_{VD}-I_{LD})=(1+4)\times42.38\times42.73\times1052.85=9.533\times10^6(\text{kJ/h})$

取水为冷凝介质，其进出冷凝器的温度分别为 25℃和 35℃，平均温度下的比热容 $c_{pc}=4.17\text{kJ/(kg}\cdot℃)$，于是可求冷凝水用量：

$$W_c=\frac{Q_c}{c_{pc}(t_2-t_1)}=\frac{9.533\times10^6}{4.174\times(35-25)}=228390.0(\text{kg/h})$$

3.3.4.4 理论塔板层数的确定

精馏段操作线方程：$y_{n+1}=\frac{R}{R+1}x_n+\frac{x_D}{R+1}=0.2x_n+0.1762$

提馏段操作线方程：$y_{m+1}=\frac{W}{V_0}x_m-\frac{Wx_W}{V_0}=2.288x_m-0.0366$

q 线方程：$x=x_F=0.143$

在 $y-x$ 相图中分别画出上述直线，即为操作线。由点(0.881，0.881)起在平衡线与操作线间画阶梯，过精馏段操作线与 q 线交点，直到阶梯与平衡线交点小于 0.016 为止。

利用此图解法可以求出 $N_t=26$ 块(含塔釜)，其中，精馏段 23 块，提馏段 3 块。

3.3.4.5 全塔效率的估算

用奥康奈尔法(O′conenell)对全塔效率进行估算。

由相平衡方程式 $y=\frac{\alpha x}{1+(\alpha-1)x}$，可得 $\alpha=\frac{y(x-1)}{x(y-1)}$。

根据乙醇-水体系的相平衡数据可以查得：

塔顶第一块板：$y_1=x_D=0.881$，$x_1=0.884$

进料板：$x_F=0.143$，$y_F=0.408$，

塔釜：$x_W=0.016$，$y_W=0.1477$

因此可以求得：$\alpha_1=0$，971，$\alpha_F=4.13$，$\alpha_W=10.66$

全塔的相对平均挥发度：

$$\alpha_m=\sqrt[3]{\alpha_1\alpha_F\alpha_W}=\sqrt[3]{0.971\times4.13\times10.66}=3.50$$

全塔的平均温度：

$$t_m=\frac{t_D+t_F+t_W}{3}=\frac{78.17+84.72+95.8}{3}=86.23℃$$

在温度 t_m 下查得：$\mu_{水}=0.329\text{mPa·s}$，$\mu_{乙醇}=0.385\text{mPa·s}$

因为 $\mu_L=\sum x_i\mu_{Li}$，所以 $\mu_{LF}=0.143\times0.385+(1-0.143)\times0.329=0.337\text{mPa·s}$。

同理：$\mu_{LD}=0.378\text{mPa·s}$，$\mu_{LW}=0.330\text{mPa·s}$。

全塔液体的平均黏度：

$$\mu_{Lm}=(\mu_{LF}+\mu_{LD}+\mu_{LW})/3=(0.337+0.378+0.330)/3=0.348\text{mPa·s}$$

全塔效率：$E_T=0.49\times(\alpha\cdot\mu_L)^{-0.245}=0.49\times\frac{1}{(3.50\times0.348)^{0.245}}\approx46.7\%$

3.3.4.6 实际塔板数

$$N_P=N_T/E_T=26/0.467=56\text{ 块(含塔釜)}$$

其中，精馏段的塔板数为：23/0.467=50 块。

3.3.5 精馏塔主要尺寸的计算

3.3.5.1 精馏段与提馏段的体积流量

(1) 精馏段

整理精馏段的已知数据列于表3-8，由表中数据可知：

液相平均摩尔质量：$M=\dfrac{M_{LF}+M_{L1}}{2}=\dfrac{25.87+42.81}{2}=34.34\text{g/mol}$

液相平均温度：$t_m=\dfrac{t_F+t_D}{2}=\dfrac{84.72+78.17}{2}=81.45℃$

表3-8 精馏段的已知数据

位　置	进 料 板	塔顶(第一块板)
质量分数	$x_F'=0.3$ $y_F'=0.89$	$y_1'=x_D'=0.95$ $x_1'=0.88$
摩尔分数	$x_F=0.143$ $y_F=0.369$	$y_1=x_D=0.881$ $x_1=0.884$
摩尔质量/(g/mol)	$M_{LF}=25.87$ $M_{VF}=28.33$	$M_{L1}=42.81$ $M_{V1}=42.67$
温度/℃	84.72	78.17

在平均温度下查得 $\rho_水=971.8\text{kg/m}^3$，$\rho_{乙醇}=738\text{kg/m}^3$，液相平均密度为：

$$\frac{1}{\rho_{Lm}}=\frac{x'_{Lm}}{\rho_{乙醇}}+\frac{1-x'_{Lm}}{\rho_水}$$

其中，平均质量分数 $x'_{Lm}=\dfrac{0.3+0.88}{2}=0.59$，所以，$\rho_{Lm}=818.8\text{kg/m}^3$。

精馏段的液相负荷 $L=RD=4\times42.38=169.52\text{kmol/h}$

$$L_h=\frac{LM_{LV}}{\rho_{Lm}}=\frac{169.52\times34.34}{818.8}=7.11\text{m}^3/\text{h}$$

同理，可计算出精馏段的气相负荷，精馏段的负荷列于表3-9。

表3-9 精馏段的气液相负荷

项　目	液　相	气　相
平均摩尔质量/(g/mol)	34.34	36.845
平均密度/(kg/m³)	818.8	1.274
体积流量/(m³/h)	7.11(0.00197m³/s)	3862.7(1.073m³/s)

(2) 提馏段

整理提馏段的已知数据列于表3-10，采用与精馏段相同的计算方法可以得到提馏段的负荷，结果列于表3-11。

表 3-10 提馏段的已知数据

项　　目	塔　　釜	进料板
质量分数	$x'_W=0.005$ $y'_W=0.065$	$x'_F=0.3$ $y'_F=0.89$
摩尔分数	$x_W=0.016$ $y_W=0.054$	$x_F=0.2812$ $y_F=0.567$
摩尔质量/(g/mol)	$M_{LW}=18.1$ $M_{VW}=18.7$	$M_{LF}=25.87$ $M_{VF}=33.88$
温度/℃	99.38	83.83

表 3-11 提馏段的气液相负荷

项　　目	液　　相	气　　相
平均摩尔质量/(g/mol)	21.98	26.9
平均密度/(kg/m^3)	889.2	0.878
体积流量/(m^3/h)	3.13(0.000869m^3/s)	3999.2(1.1m^3/s)

3.3.5.2 塔径的计算

由于精馏段和提馏段的上升蒸气量相差不大，为便于制造，我们取两段的塔径相等。由以上的计算结果可以知道：

塔的平均蒸气流量：$V_s=\dfrac{V_{sJ}+V_{sT}}{2}=\dfrac{1.073+1.1}{2}=1.09m^3/s$

塔的平均液相流量：$L_s=\dfrac{L_{sJ}+L_{sT}}{2}=\dfrac{0.00197+0.000869}{2}=0.001419m^3/s$

塔的气相平均密度：$\rho_V=\dfrac{\rho_{VJ}+\rho_{VT}}{2}=\dfrac{1.274+0.878}{2}=1.076kg/m^3$

塔的液相平均密度：$\rho_L=\dfrac{\rho_{LJ}+\rho_{LT}}{2}=\dfrac{818.8+889.2}{2}=854.0kg/m^3$

塔径可以由下面的公式给出：$D=\sqrt{\dfrac{4V_s}{\pi u}}$

由于适宜的空塔气速 $u=(0.6\sim0.8)u_{max}$，因此，需先计算出最大允许气速 $u_{max}=C\sqrt{\dfrac{\rho_L-\rho_V}{\rho_V}}$，式中 C 由史密斯关联图查出。

取塔板间距 $H_T=0.4m$，板上液层高度 $h_L=60mm=0.06m$，则分离空间：$H_T-h_L=0.4-0.06=0.34m$。

功能参数：$\dfrac{L_s}{V_s}\times\sqrt{\dfrac{\rho_L}{\rho_V}}=\dfrac{0.0025}{1.021}\times\sqrt{\dfrac{860.28}{1.2505}}=0.0642$

由史密斯关联图查得：$C_{20}=0.070$。由于 $C=C_{20}\left(\dfrac{\sigma}{20}\right)^{0.2}$，需先求平均表面张力 σ。

全塔平均温度$\frac{T_D+T_F+T_W}{3}=\frac{78.62+83.83+97.99}{3}=86.81$℃，在此温度下，乙醇的平均摩尔分数为$\frac{0.741+0.174+0.008}{3}=0.308$，所以，液体的临界温度：$T_C=\sum x_i T_{iC}=0.308\times(273+243)+(1-0.308)\times(273+342.2)=585K$。

设计要求条件下乙醇-水溶液的表面张力$\sigma_1=26dyn/m^2$，平均塔温下乙醇-水溶液的表面张力σ_2可以由下面的式子计算：

$$\frac{\sigma_2}{\sigma_1}=\left(\frac{T_{mC}-T_2}{T_{mC}-T_1}\right)^{1.2},\quad \sigma_2=\left[\frac{585-(273+86.87)}{585-(273+25)}\right]^{1.2}\times 26=19.43dyn/m^2$$

所以，$C=C_{20}\times\left(\frac{\sigma_2}{20}\right)^{0.2}=0.070\times\left(\frac{19.43}{20}\right)^{0.2}=0.070$

$$u_{max}=C\sqrt{\frac{\rho_L-\rho_V}{\rho_V}}=0.070\times\sqrt{\frac{860.28-1.2505}{1.2505}}=1.83m/s$$

$$u=0.6\times 1.83=1.10m/s$$

$$D=\sqrt{\frac{4\times 1.021}{3.14\times 1.10}}=1.09m$$

根据塔径系列尺寸圆整为$D=1200mm$。

此时，精馏段的上升蒸气速度为：$u_J=\frac{4V_{sJ}}{\pi D^2}=\frac{4\times 1.073}{3.14\times 1.2^2}=0.95m/s$

提馏段的上升蒸气速度为：$u_T=\frac{4V_{sT}}{\pi D^2}=\frac{4\times 1.1}{3.14\times 1.2^2}=0.97m/s$

3.3.5.3 塔高的计算

塔的高度可以由下式计算：

$$Z=H_D+(N-2-S)H_T+SH_T+H_F+(H_W-H_1)+H_2$$

已知实际塔板数为$N=56$块，板间距$H_T=0.4m$，由于料液较清洁，无须经常清洗，可取每隔8块板设一个人孔，则人孔的数目：$S=\frac{56}{8}+1=8$个。

取人孔处两板之间的间距$H_P=0.8m$，塔顶空间$H_D=1.2m$，塔底空间$H_W=2.5m$，进料板空间高度$H_F=0.5m$，封头高度$H_1=0.4m$，裙座高度$H_2=5m$，那么，全塔高度：

$$Z=1.2+(56-2-8)\times 0.4+8\times 0.8+0.5+(2.5-0.4)+5=33.6m$$

3.3.6 塔板结构尺寸的确定

3.3.6.1 塔板尺寸

由于塔径大于800mm，所以采用单溢流型分块式塔板。取无效边缘区宽度$W_c=60mm$，破沫区宽度$W_s=70mm$，取$l_w=0.66D=0.66\times 1.2=0.792m$

弓形溢流管宽度：$W_d=0.124D=0.124\times 1.2=0.1488m$

弓形降液管面积A_f计算：$A_T=\frac{\pi}{4}D^2=\frac{3.14}{4}\times 1.2^2=1.1304m^2$，取$\frac{A_f}{A_T}=0.0722$，则$A_f=$

$0.0722A_T = 0.0722 \times 1.1304 = 0.0816\text{m}^2$。

$$R = \frac{D}{2} - W_c = \frac{1.2}{2} - 0.06 = 0.6 - 0.06 = 0.54\text{m}$$

$$x = \frac{D}{2} - W_d - W_s = \frac{1.2}{2} - 0.1488 - 0.07 = 0.3812\text{m}$$

验算：液体在精馏段降液管内的停留时间：

$$\tau = \frac{A_f H_T}{L_{sJ}} = \frac{0.0816 \times 0.4}{0.00074} = 44.10 > 5\text{s}$$

液体在提馏段降液管内的停留时间：

$$\tau' = \frac{A_f H_T}{L_{sT}} = \frac{0.0816 \times 0.4}{0.0025} = 13.06 > 5\text{s}$$

3.3.6.2 弓形降液管

（1）堰高 h_w

采用平直堰，堰高 $h_w = h_L - h_{ow}$。

取 $h_L = 60\text{mm}$，$h_{ow} = 10\text{mm}$，则 $h_w = 60 - 10 = 50\text{mm}$。

（2）降液管底隙高度 h_0

若精馏段取 $h_0 = 10\text{mm}$，提馏段取为 25mm，则液体通过降液管底隙时的流速为：

精馏段：$u'_0 = \dfrac{L_{sJ}}{l_w h_0} = \dfrac{0.00074}{0.792 \times 0.010} = 0.0934\text{m/s}$

提馏段：$u'_0 = \dfrac{L_{sT}}{l_w h_0} = \dfrac{0.0025}{0.792 \times 0.025} = 0.126\text{m/s}$

u'_0 的一般经验数值为 0.07~0.25m/s，符合要求。

（3）进口堰高和受液盘

本设计不设置进口堰高和受液盘。

3.3.6.3 浮阀数目及排列

采用 F1 型重阀，质量为 33g，孔径 d_0 为 39mm。

（1）浮阀数目

气体通过阀孔时的速度：$u_0 = \dfrac{F}{\sqrt{\rho_V}}$

取动能因数 $F = 11$，则 $u_0 = \dfrac{11}{\sqrt{1.2505}} = 9.84\text{m/s}$

塔板上浮阀数目：$N = \dfrac{4V_S}{\pi d_0^2 u_0} = \dfrac{4 \times 1.021}{3.14 \times 0.039^2 \times 9.84} \approx 87$ 个

（2）排列

由于采用分块式塔板，故采用等腰三角形叉排。若同一横排的阀孔中心距 $t = 75\text{mm}$，则相邻两排间的阀孔中心距 t' 按下式计算：

$$t' = \frac{A_a}{Nt}$$

$$A_a = 2\left(x\sqrt{R^2-x^2}+\frac{\pi}{180}R^2\arcsin\frac{x}{R}\right)$$

$$=2\times\left(0.3812\times\sqrt{0.54^2-0.3812^2}+\frac{3.14}{180}\times0.54^2\times\arcsin\frac{0.3812}{0.54}\right)=0.748\text{m}^2$$

则，$t'=\dfrac{0.748}{87\times0.075}=0.115\text{m}=115\text{mm}$

当 $t'=115\text{mm}$ 时，应取 $t'=100\text{mm}$，画出阀孔的排布，如图 3-31 所示，其中 $t=75\text{mm}$，$t'=100\text{mm}$。图中，总阀孔数目为 98 个。

（3）校核

气体通过阀孔时的实际速度：

$$u_0=\frac{4V_s}{\pi d_0^2N}=\frac{4\times1.073}{3.14\times0.039^2\times98}=9.17\text{m/s}$$

实际动能因子：$F=u_0\sqrt{\rho_V}=9.17\times\sqrt{1.2505}=10.25$（在 9~12 之间）

开孔率：$\dfrac{阀孔面积}{塔截面积}\times100\%=\dfrac{\pi d_0^2N}{4A_T}\times100\%$

$$=\frac{3.14\times0.039^2\times98}{4\times1.1304}\times100\%\approx10.3\%$$

开孔率在 10%~14%之间，满足要求。

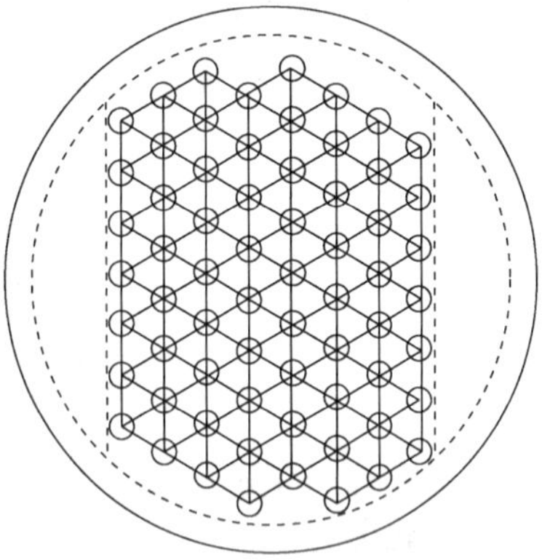

图 3-31 塔板上浮阀排列

3.3.7 流体力学验算

3.3.7.1 气体通过浮阀塔板的压力降(单板压降)

气体通过浮阀塔板的压力降(单板压降)：$h_p=h_c+h_1+h_\sigma$

（1）干板阻力 h_c

浮阀由部分全开转为全部全开时的临界速度为 u_{0c}：

① 精馏段：

$$u_{0c}=\sqrt[1.825]{\frac{73.1}{\rho_{VJ}}}=\sqrt[1.825]{\frac{73.1}{1.388}}=8.78\text{m/s}$$

$$u_0=\frac{4V_{sJ}}{\pi d_0^2N}=\frac{4\times1.021}{3.14\times0.039^2\times98}=8.73\text{m/s}$$

由于 $u_0<u_{0c}$，所以 $h_c=19.9\times\dfrac{u_0^{0.175}}{\rho_{LJ}}=19.9\times\dfrac{8.73^{0.175}}{810.36}=0.0358\text{m}$。

② 提馏段：

$$u'_{0c}=\sqrt[1.825]{\frac{73.1}{\rho_{VT}}}=\sqrt[1.825]{\frac{73.1}{1.113}}=9.90\text{m/s}$$

$$u'_0=\frac{4V_{sT}}{\pi d_0^2N}=\frac{4\times0.914}{3.14\times0.039^2\times98}=7.81\text{m/s}$$

由于 $u'_0<u'_{0c}$，所以 $h_c'=19.9\times\frac{u_0'^{0.175}}{\rho_{LT}}=19.9\times\frac{7.81^{0.175}}{910.2}=0.0313m$。

(2) 板上充气液层阻力 h_1

取板上液层充气程度因数 $\varepsilon_0=0.5$，则 $h_1=\varepsilon_0 h_L=0.5\times0.06=0.03m$。

(3) 由表面张力引起的阻力 h_σ

由表面张力引起的阻力通常都比较小，一般情况下可以忽略，所以：

① 精馏段：$h_p=0.0358+0.03=0.0658m=0.0658\times810.36\times9.81=523.1Pa$

② 提馏段：$h_p'=0.0313+0.03=0.0613m=0.0613\times910.2\times9.81=547.4Pa$

3.3.7.2 漏液验算

动能因数 $F=5$，相应的气相最小负荷为：$V_{s,min}=\frac{\pi}{4}d_0^2Nu_{0,min}$。

(1) 精馏段

$$u_{0,min}=\frac{F}{\sqrt{\rho_{VJ}}}=\frac{5}{\sqrt{1.388}}=4.24m/s$$

$$V_{s,min}=\frac{\pi}{4}\times0.039^2\times98\times4.24=0.50m^3/s<1.021m^3/s$$

可见不会产生过量漏液。

(2) 提馏段

$$u'_{0,min}=\frac{F}{\sqrt{\rho_{VT}}}=\frac{5}{\sqrt{1.113}}=4.74m/s$$

$$V'_{s,min}=\frac{\pi}{4}\times0.039^2\times98\times4.74=0.55m^3/s<0.914m^3/s$$

可见也不会产生过量漏液。

3.3.7.3 液泛验算

溢流管内的清液层高度 $H_d=h_p+h_d+h_L+h_\sigma$。

(1) 精馏段

$h_p=0.0658m$，$h_L=0.06m$，则 $H_d=0.0658+0.06+0.003=0.1288m$。

为防止液泛，通常要求 $H_d\leqslant\varphi(H_T+h_w)$，取校正系数 $\varphi=0.5$，则：

$$\varphi(H_T+h_w)=0.5\times(0.4+0.05)=0.225m$$

可见，$H_d<\varphi(H_T+h_w)$，不会产生液泛。

(2) 提馏段

$h_p=0.0613m$，$h_L=0.06m$，则 $H_d=0.0613+0.06+0.003=0.1243m$。

为防止液泛，通常要求 $H_d\leqslant\varphi(H_T+h_w)$，取校正系数 $\varphi=0.5$，则：

$$\varphi(H_T+h_w)=0.5\times(0.4+0.05)=0.225m$$

可见，$H_d<\varphi(H_T+h_w)$，不会产生液泛。

3.3.7.4 雾沫夹带验算

$$泛点率=\frac{V_s\sqrt{\frac{\rho_V}{\rho_L-\rho_V}}+1.36L_sZ_L}{KC_FA_b}\times100\%$$

查得，物性系数 $K=1.0$，泛点负荷系数 $C_F=0.097$，$Z_L=D-2W_d=1.2-2\times0.1488=0.9024\text{m}$，$A_b=A_T-2A_f=1.1304-2\times0.0816=0.9672\text{m}^2$。

(1) 精馏段

$$泛点率=\frac{1.021\times\sqrt{\dfrac{1.388}{810.36-1.388}}+1.36\times0.00074\times0.9024}{1.0\times0.097\times0.9672}\times100\%=46.0\%<80\%$$

可见，雾沫夹带在允许的范围之内。

(2) 提馏段

$$泛点率=\frac{0.914\times\sqrt{\dfrac{1.113}{910.2-1.113}}+1.36\times0.0025\times0.9024}{1.0\times0.097\times0.9672}\times100\%=37.4\%<80\%$$

可见，雾沫夹带在允许的范围之内。

3.3.7.5 液体在降液管内的停留时间

(1) 精馏段

$$\tau=\frac{A_fH_T}{L_{sJ}}=\frac{0.0816\times0.4}{0.00074}=44.10>5\text{s}$$

(2) 提馏段

$$\tau'=\frac{A_fH_T}{L_{sT}}=\frac{0.0816\times0.4}{0.0025}=13.06>5\text{s}$$

3.3.8 操作性能负荷图

3.3.8.1 雾沫夹带上限线

取泛点率为 80%代入泛点率计算式，则有：

(1) 精馏段

$$0.8=\frac{V_s\sqrt{\dfrac{\rho_{VJ}}{\rho_{LJ}-\rho_{VJ}}}+1.36L_sZ_L}{KC_FA_b}=\frac{V_s\sqrt{\dfrac{1.388}{810.36-1.388}}+1.36\times0.9024L_s}{1.0\times0.097\times0.9672}$$

整理可得雾沫夹带上限方程为：$V_s=1.812-29.63L_s$

(2) 提馏段

$$0.8=\frac{V_s'\sqrt{\dfrac{\rho_{VT}}{\rho_{LT}-\rho_{VT}}}+1.36L_s'Z_L}{KC_FA_b}=\frac{V_s'\sqrt{\dfrac{1.113}{910.2-1.113}}+1.36\times0.9024L_s'}{1.0\times0.097\times0.9672}$$

整理可得雾沫夹带上限方程为：$V_s'=2.145-35.07L_s'$

3.3.8.2 液泛线

液泛线方程为：$aV_s^2=b-cL_s^2-dL_s^{2/3}$

(1) 精馏段

$$a=1.91\times10^5\frac{\rho_{VJ}}{\rho_{LJ}N^2}=1.91\times10^5\times\frac{1.388}{810.36\times98^2}=0.0341$$

$$b=\varphi H_T+(\varphi-1-\varepsilon_0)h_w=0.5\times0.4+(0.5-1-0.5)\times0.05=0.15$$

$$c=\frac{0.153}{l_w^2h_0^2}=\frac{0.153}{0.792^2\times0.010^2}=2439$$

$$d=(1+\varepsilon_0)E(0.667)\frac{1}{l_w^{\frac{2}{3}}}=(1+0.5)\times1\times0.667\times\frac{1}{0.792^{\frac{2}{3}}}=1.169$$

代入上式化简后可得：$V_s^2=4.399-71524.9L_s^2-34.28L_s^{\frac{2}{3}}$

（2）提馏段

$$a'=1.91\times10^5\frac{\rho_{VT}}{\rho_{LT}N^2}=1.91\times10^5\times\frac{1.113}{910.2\times98^2}=0.0243$$

$$b'=\varphi H_T+(\varphi-1-\varepsilon_0)h_w=0.5\times0.4+(0.5-1-0.5)\times0.05=0.15$$

$$c'=\frac{0.153}{l_w^2h_0'^2}=\frac{0.153}{0.792^2\times0.025^2}=390.3$$

$$d'=(1+\varepsilon_0)E(0.667)\frac{1}{l_w^{\frac{2}{3}}}=(1+0.5)\times1\times0.667\times\frac{1}{0.792^{\frac{2}{3}}}=1.169$$

代入上式化简后可得：$V'^2_s=6.173-16061.7L'^2_s-48.11L'^{\frac{2}{3}}_s$

3.3.8.3 液相负荷上限线

取 $\tau=5s$，则：$L_{s,max}=\frac{A_fH_T}{\tau}=\frac{0.0816\times0.4}{5}=0.006528m^3/s$

3.3.8.4 液相负荷下限线

取 $h_{ow}=0.006m$，代入计算式：$h_{ow}=\frac{2.84}{1000}\times1\times\left(\frac{L_{s,min}}{l_w}\right)^{2/3}=0.006$

整理可得：$L_{s,min}=2.433m^3/h=0.00068m^3/s$

3.3.8.5 漏液线

取动能因子 $F=5$。

（1）精馏段：

$$V_{s,min}=\frac{\pi}{4}d_0^2N\frac{5}{\sqrt{\rho_{VJ}}}=\frac{3.14}{4}\times0.039^2\times98\times\frac{5}{\sqrt{1.388}}=0.497m^3/s$$

（2）提馏段

$$V_{s,min}'=\frac{\pi}{4}d_0^2N\frac{5}{\sqrt{\rho_{VT}}}=\frac{3.14}{4}\times0.039^2\times98\times\frac{5}{\sqrt{1.113}}=0.555m^3/s$$

3.3.8.6 操作性能负荷图

（1）精馏段

由以上各线的方程式，可画出精馏段性能负荷图（见图 3-32）。

根据生产任务规定的气液负荷，可知操作点 P（0.00074，1.021）在正常的操作范围内。在图 3-32 中连接 OP 作出操作线，由图可知，该筛板的操作上限为液泛控制，下限为漏液线控制。由该图可读得：$V_{s,max}=1.774m^3/s$，$V_{s,min}=0.497m^3/s$。

所以，塔的操作弹性为：1.774/0.497=3.569。

(2) 提馏段

由以上各线的方程式，可画出提馏段性能负荷图(见图 3-33)。

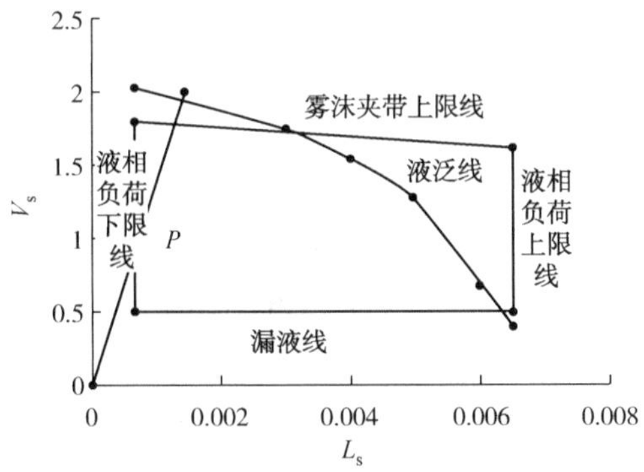

图 3-32 精馏段性能负荷图

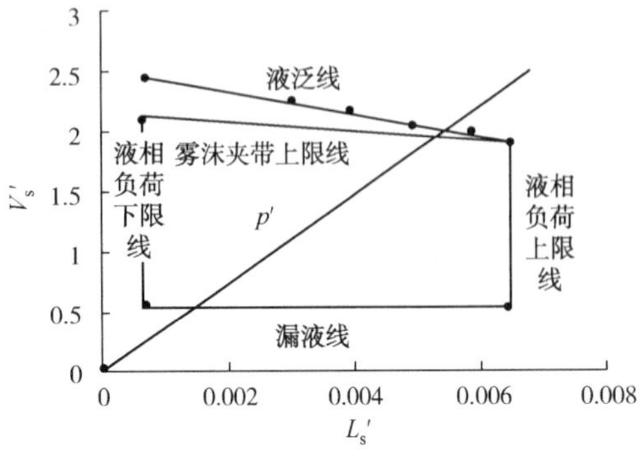

图 3-33 提馏段性能负荷图

根据生产任务规定的气液负荷，可知操作点 P'(0.0025，0.914)在正常的操作范围内。在图 3-33 中连接 OP'作出操作线，由图可知，该筛板的操作上限为液泛控制，下限为漏液线控制。由该图可读得：$V_{s,max}=1.957m^3/s$，$V_{s,min}=0.555m^3/s$。

所以，塔的操作弹性为：1.957/0.555=3.526。

有关该浮阀塔的工艺设计计算结果汇总于表 3-12。

表 3-12 浮阀塔工艺设计计算结果

项　目	数值与说明	备　注
塔径 D/m	1.2	
板间距 H_T/m	0.4	
人孔板间距 H_P/m	0.8	
塔顶空间高度 H_D/m	1.2	
塔底空间高度 H_W/m	2.5	
进料板空间高度 H_F/m	0.5	
封头高度 H_1/m	0.4	
裙座高度 H_2/m	5	
全塔高度 Z/m	33.6	
实际塔板数 N_P	56	
塔板类型	单溢流弓形降液管	分块式塔板
空塔气速 u/(m/s)	1.10	
溢流堰长度 l_w/m	0.792	
溢流堰高度 h_w/m	0.05	
板上液层高度 h_L/m	0.06	
降液管底隙高度 h_0/m	0.025	提馏段
	0.010	精馏段

续表

项　　目	数值与说明	备　　注
浮阀数 N/个	98	等腰三角形叉排
阀孔气速 u_0/(m/s)	9.17	
阀孔动能因子 F	5	
临界阀孔气速 u_{0c}/(m/s)	9.29	
孔心距 t/m	0.075	同一横排的孔心距
排间距 t'/m	0.1	相邻二横排的中心线距离
单板压降 Δp/Pa	523.1	精馏段
	547.4	提馏段
液体在降液管内停留时间 τ/s	44.10	精馏段
	13.06	提馏段
降液管内清液高度 H_d/m	0.1288	精馏段
	0.1243	提馏段
泛点率/%	46.0	精馏段
	37.4	提馏段
气相负荷上限 $V_{s,max}$/(m³/s)	1.774	精馏段，雾沫夹带控制
	1.957	提馏段，雾沫夹带控制
气相负荷下限 $V_{s,min}$/(m³/s)	0.497	精馏段，漏液控制
	0.555	提馏段，漏液控制
开孔率 φ/%	10.3	
操作弹性	3.569	精馏段
	3.526	提馏段

3.3.9　各接管尺寸的确定

3.3.9.1　进料管

进料体积流量计算：

$$\rho_F=\rho_A x_F+(1-x_F)\rho_B=735\times0.143+(1-0.143)\times971.1=937\text{kg/m}^3$$

$$V_{sF}=\frac{FM_F}{\rho_F}=\frac{315.34\times22.022}{937}=7.41\text{m}^3/\text{h}=0.00206\text{m}^3/\text{s}$$

取适宜的输送速度 $u=2.0\text{m/s}$，故管径为：

$$d_{iF}=\sqrt{\frac{4V_{sF}}{\pi u}}=\sqrt{\frac{4\times0.00206}{3.14\times2.0}}=0.036\text{m}=36\text{mm}$$

经圆整，选取热轧无缝钢管(YB 231—64)，规格：ϕ45mm×3.5mm。

实际管内流速：$u_F=\dfrac{4V_s}{\pi d^2}=\dfrac{4\times0.00206}{3.14\times0.038^2}=1.82\text{m/s}$

3.3.9.2 釜残液出料管

釜残液的体积流量计算：

$T_W = 95.8$℃时，$\rho_{水} = 959.8\text{kg/m}^3$，$\rho_{乙醇} = 718.8\text{kg/m}^3$，所以，$\rho_W = 718.8\times0.016+(1-0.016)\times959.8 = 955.95\text{kg/m}^3$

$$V_{sW} = \frac{WM_W}{\rho_W} = \frac{484.86\times18.2}{955.95} = 9.23\text{m}^3/\text{h} = 0.00256\text{m/s}$$

取适宜的输送速度 $u_W = 1.5\text{m/s}$，则 $d_{计} = \sqrt{\frac{4\times0.00136}{1.5\times3.14}} = 0.034\text{m}$。

经圆整，选取热轧无缝钢管(YB 231—64)，规格：ϕ42mm×4mm。

实际管内流速：$u_W = \frac{4\times0.00136}{3.14\times0.034^2} = 1.50\text{m/s}$

3.3.9.3 回流液管

回流液体积流量计算：

$$V_{sL} = \frac{LM_L}{\rho_L} = \frac{70.60\times39.81}{788.7} = 3.56\text{m}^3/\text{h} = 0.000988\text{m}^3/\text{s}$$

利用液体的重力进行回流，取适宜的回流速度 $u_L = 0.5\text{m/s}$，则

$$d_{计} = \sqrt{\frac{4\times0.000988}{0.5\times3.14}} = 0.050\text{m}$$

经圆整，选取热轧无缝钢管(YB 231—64)，规格：ϕ57mm×3.5mm。

实际管内流速：$u_L = \frac{4\times0.000988}{3.14\times0.050^2} = 0.503\text{m/s}$

3.3.9.4 塔顶上升蒸气管

塔顶上升蒸气的体积流量计算：

$$\rho_V = \frac{p_m M_{Vm}}{RT_m} = \frac{117.2\times36.13}{8.314\times(81.23+273.15)} = 1.437\text{kg/m}^3$$

$$V_{sV} = \frac{VM_V}{\rho_V} = \frac{141.20\times39.81}{1.437} = 3912\text{m}^3/\text{h} = 1.086\text{m}^3/\text{s}$$

取适宜速度 $u_V = 20\text{m/s}$，则 $d_{计} = \sqrt{\frac{4\times1.086}{3.14\times20}} = 0.263\text{m}$。

经圆整，选取热轧无缝钢管(YB 231—64)，规格：ϕ273mm×5mm。

实际管内流速：$u_V = \frac{4\times1.086}{3.14\times0.263^2} = 20.0\text{m/s}$

3.3.9.5 水蒸气进口管

通入塔的水蒸气体积流量计算：

$$V_{s0} = \frac{V_0 M_{水}}{\rho_{水蒸气}} = \frac{141.2\times18}{0.597} = 4257\text{m}^3/\text{h} = 1.182\text{m}^3/\text{s}$$

取适宜速度 $u_0=25\text{m/s}$，则 $d_{计}=\sqrt{\dfrac{4\times1.182}{3.14\times25}}=0.245\text{m}$。

经圆整，选取热轧无缝钢管(YB 231—64)，规格：ϕ273mm×14mm。

实际管内流速：$u_0=\dfrac{4\times1.182}{3.14\times0.245^2}=25.08\text{m/s}$

相关管口代号及规格见表 3-13。

表 3-13 管口表

序号	用途或名称	规格	数量
A	进料管	ϕ45mm×3.5mm	1
B	回流液管	ϕ57mm×3.5mm	1
D	水蒸气进口管	ϕ273mm×14mm	1
E	塔顶上升蒸气管	ϕ273mm×5mm	1
F	釜残液出料管	ϕ42mm×4mm	1

3.4 筛板塔设计示例

工业上用苯氯化生产一氯化苯(简称氯苯)，得到的是苯-多氯化苯的混合物。现不考虑二氯化苯和三氯化苯的存在，试根据设计条件设计一座筛板塔，完成苯-氯苯二元混合物的精馏分离，要求年产纯度为 99.8%的氯苯 50000t，塔顶馏出液中含氯苯不超过 2%。原料液中含氯苯为 35%(以上均为质量分数)。

3.4.1 设计条件

① 塔顶压力 4kPa(表压)；
② 进料热状况，自选；
③ 回流比，自选；
④ 塔釜加热蒸气压力 506kPa；
⑤ 单板压降不大于 0.7kPa；
⑥ 年工作日 330d，每天 24h 运行。

基础数据：

① 组分的饱和蒸气压见表 3-14。

表 3-14 组分的饱和蒸气压 p_i^0

温度/℃		80	90	100	110	120	130	131.8
p_i^0/mmHg	苯	760	1025	1350	1760	2250	2840	2900
	氯苯	148	205	293	400	543	719	760

注：1mmHg=133.322Pa。

② 组分的液相密度见表 3-15。

表 3-15 组分的液相密度 ρ

温度/℃		80	90	100	110	120	130
ρ/(kg/m^3)	苯	817	805	793	782	770	757
	氯苯	1039	1028	1018	1008	997	985

将表 3-15 的数据关联成下式：

苯 $\rho_A = 912.13 - 1.1886t$

氯苯 $\rho_B = 1124.4 - 1.0657t$

式中，t 为温度，℃。

③ 组分的表面张力见表 3-16。

表 3-16 组分的表面张力 σ

温度/℃		80	85	110	115	120	131
σ/(mN/m)	苯	21.2	20.6	17.3	16.8	16.3	15.3
	氯苯	26.1	25.7	22.7	22.2	21.6	20.4

双组分混合液体的表面张力 σ_m 可按下式计算：

$$\sigma_m = \frac{\sigma_A \sigma_B}{\sigma_A x_B + \sigma_B x_A}$$

式中，x_A、x_B 为 A、B 组分的摩尔分数。

④ 氯苯的汽化潜热。常压沸点下的汽化潜热为 35.3×10^3kJ/kmol，纯组分的汽化潜热与温度的关系可用下式表示：

$$\frac{r_2}{r_1^{0.38}} = \left(\frac{t_c - t_2}{t_c - t_1}\right)^{0.38} \text{（氯苯的临界温度：} t_c = 359.2℃\text{）}$$

⑤ 其他物性数据可查《化工原理》附录或相关物性数据手册。

3.4.2 设计方案及工艺流程

原料液经卧式列管式预热器预热至泡点后送入连续板式精馏塔(筛板塔)，塔顶上升蒸气流采用列管式全凝器冷凝后流入回流罐，冷凝液用泵强制循环，一部分可作为回流液，其余作为产品经冷却后送至苯液贮罐；塔釜采用热虹吸立式再沸器提供气相流，塔釜产品经卧式列管式冷却器冷却后送入氯苯液贮罐。

3.4.3 全塔物料衡算

3.4.3.1 料液及塔顶、塔底产品中苯的摩尔分数

苯、氯苯的摩尔质量分别为 78.11g/mol、112.61g/mol。苯摩尔分数计算：

$$x_F = \frac{65/78.11}{65/78.11 + 35/112.61} = 0.728$$

$$x_D = \frac{98/78.11}{98/78.11 + 2/112.61} = 0.986$$

$$x_W=\frac{0.2/78.11}{0.2/78.11+99.8/112.61}=0.00288$$

平均摩尔质量计算：

$$M_F=78.11\times0.728+(1-0.728)\times112.61=87.49\text{g/mol}$$
$$M_D=78.11\times0.986+(1-0.986)\times112.61=78.59\text{g/mol}$$
$$M_W=78.11\times0.00288+(1-0.00288)\times112.61=112.51\text{g/mol}$$

3.4.3.2 料液及塔顶、塔底产品的摩尔流率

依题所给条件：一年以 330d、一天以 24h 计，有 $W'=50000\text{t/a}=6313\text{kg/h}$。

全塔物料衡算：

$$\left.\begin{array}{l}F'=D'+W'\\0.35F'=0.02D'+0.998W'\end{array}\right\}\Rightarrow\left.\begin{array}{l}F'=18709\text{kg/h}\\W'=6313\text{kg/h}\\D'=12396\text{kg/h}\end{array}\right\}\Rightarrow\begin{array}{l}F=18709/87.49=213.84\text{kmol/h}\\D=12396/78.59=157.73\text{kmol/h}\\W=6313/112.5=56.12\text{kmol/h}\end{array}$$

3.4.4 塔板数的确定

3.4.4.1 理论塔板数 N_T 的求取

苯-氯苯物系属于理想物系，可采用梯级图解法求取 N_T。

(1) 相平衡数据的求取

根据苯-氯苯的相平衡数据，利用泡点方程和露点方程求取 $x-y$。

依据 $x=\dfrac{p-p_B^0}{p_A^0-p_B^0}$，$y=\dfrac{p_A^0x}{p}$，将所得计算结果列表见表 3-17。

表 3-17 苯-氯苯的相平衡数据

温度/℃		80	90	100	110	120	130	131.8
p_i^0/mmHg	苯	760	1025	1350	1760	2250	2840	2900
	氯苯	148	205	293	400	543	719	760
两相摩尔分数	x	1	0.677	0.442	0.265	0.127	0.019	0
	y	1	0.913	0.785	0.614	0.376	0.071	0

本题中，塔内压力接近常压(实际上略高于常压)，而表中所给为常压下的相平衡数据，因为操作压力偏离常压很小，所以其对 $x-y$ 平衡关系的影响完全可以忽略。

(2) 确定操作的回流比 R

将表 3-17 中数据作图得 $x-y$ 曲线(图 3-34)及 $t-x(y)$ 曲线(图 3-35)。在 $x-y$ 图上，因 $q=1$，查得 $y_e=0.935$，而 $x_e=x_F=0.728$，$x_D=0.986$，故有：

$$R_{min}=\frac{x_D-y_e}{y_e-x_e}=\frac{0.986-0.935}{0.935-0.728}=0.246$$

考虑到精馏段操作线离平衡线较近，理论最小回流比为最小，取操作回流比为最小回流比的 2 倍，即 $R=2R_{min}=2\times0.246=0.492$。

(3) 求理论塔板数

精馏段操作线为 $y_{n+1}=\dfrac{R}{R+1}x_n+\dfrac{x_D}{R+1}=0.33x_n+0.66$

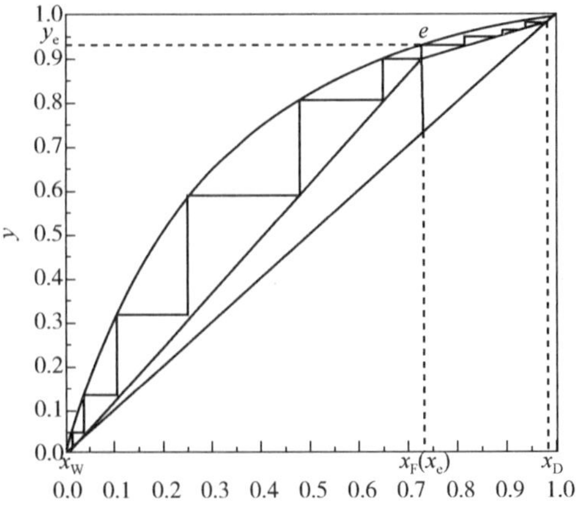

图 3-34 苯-氯苯物系精馏分离理论塔板数

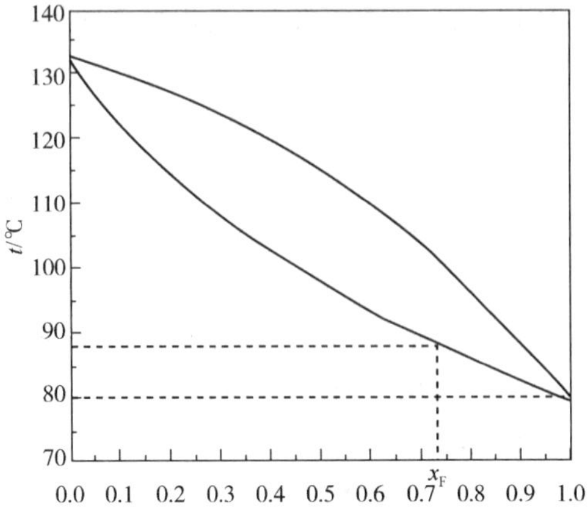

图 3-35 苯-氯苯物系的温度组成

精馏段操作线为过(0.00288，0.00288)和(0.728，0.900)两点的直线。

如图 3-34 所示，求解得 $N_T=11.5-1=10.5$ 块(不含塔釜)。其中，精馏段 $N_{T1}=4$ 块，提馏段 $N_{T2}=6.5$ 块，第 5 块为进料板位置。

3.4.4.2 实际塔板数 N_P

(1) 全塔效率 E_T

选用公式 $E_T=0.17-0.616\times\lg\mu_m$ 计算。该式适用于液相黏度为 0.07~1.4mPa·s 的烃类物系，式中 μ_m 为全塔平均温度下以进料组成表示的平均黏度。

塔的平均温度为(80+131.8)/2=106℃(取塔顶、底的算术平均值)，在此平均温度下查《化工原理》附录或有关物性数据手册得：$\mu_A=0.24$mPa·s，$\mu_B=0.34$mPa·s。

$$\mu_m=\mu_A x_F+\mu_B(1-x_F)=0.24\times0.728+0.34\times(1-0.728)=0.267$$

$$E_T=0.17-0.616\times\lg0.267=0.52$$

(2) 实际塔板数 N_P(近似取两段效率相同)

精馏段：$N_{P1}=4/0.52=7.7$ 块，取 $N_{P1}=8$ 块

提馏段：$N_{P2}=6.5/0.52=12.5$ 块，取 $N_{P2}=13$ 块

总塔板数：$N_P=N_{P1}+N_{P2}=8+13=21$ 块

3.4.5 塔的精馏段操作工艺条件及相关物性参数计算

3.4.5.1 平均压力

取每层塔板压降为 0.7kPa 计算。

塔顶压力：$p_D=101.3+4=105.3$kPa

进料板压力：$p_F=105.3+0.7\times8=110.9$kPa

平均压力：$p_m=(105.3+110.9)/2=108.1$kPa

3.4.5.2 平均温度

查温度组成图得，塔顶为 80℃，进料板为 88℃。

$$t_m=(80+88)/2=84℃$$

3.4.5.3 平均摩尔质量

塔顶：$y_1 = x_D = 0.986$，查相平衡图得，$x_1 = 0.940$

$$M_{VD,m} = 0.986 \times 78.11 + (1-0.986) \times 112.61 = 78.59\text{kg/kmol}$$

$$M_{LD,m} = 0.940 \times 78.11 + (1-0.940) \times 112.61 = 80.18\text{kg/kmol}$$

进料板：$y_F = 0.935$，查相平衡图得，$x_F = 0.728$

$$M_{VF,m} = 0.935 \times 78.11 + (1-0.935) \times 112.61 = 80.35\text{kg/kmol}$$

$$M_{LD,m} = 0.728 \times 78.11 + (1-0.728) \times 112.61 = 87.49\text{kg/kmol}$$

精馏段：$M_{V,m} = (78.59 + 80.35)/2 = 79.47\text{kg/kmol}$

$$M_{L,m} = (80.18 + 87.49)/2 = 83.84\text{kg/kmol}$$

3.4.5.4 平均密度

（1）液相平均密度 $\rho_{L,m}$

塔顶：$\rho_{LD,A} = 912.13 - 1.1886t = 912.13 - 1.1886 \times 80 = 817.0\text{kg/m}^3$

$$\rho_{LD,B} = 1124.4 - 1.0657t = 1124.4 - 1.0657 \times 80 = 1039.1\text{kg/m}^3$$

$$\frac{1}{\rho_{LD,m}} = \frac{a_A}{\rho_{LD,A}} + \frac{a_B}{\rho_{LD,B}} = \frac{0.98}{817.0} + \frac{0.02}{1039.1} \Rightarrow \rho_{LD,m} = 820.5\text{kg/m}^3$$

进料板：$\rho_{LF,A} = 912.13 - 1.1886t = 912.13 - 1.1886 \times 88 = 807.5\text{kg/m}^3$

$$\rho_{LF,B} = 1124.4 - 1.0657t = 1124.4 - 1.0657 \times 88 = 1030.6\text{kg/m}^3$$

$$\frac{1}{\rho_{LF,m}} = \frac{a_A}{\rho_{LF,A}} + \frac{a_B}{\rho_{LF,B}} = \frac{0.65}{807.5} + \frac{0.35}{1030.6} \Rightarrow \rho_{LF,m} = 873.7\text{kg/m}^3$$

精馏段：$\rho_{L,m} = (820.5 + 873.7)/2 = 847.1\text{kg/m}^3$

（2）气相平均密度 $\rho_{V,m}$

$$\rho_{V,m} = \frac{p_m M_{V,m}}{RT_m} = \frac{108.1 \times 79.47}{8.314 \times (273+84)} = 2.894\text{kg/m}^3$$

3.4.5.5 液体平均表面张力

塔顶：$\sigma_{D,A} = 21.08\text{mN/m}$，$\sigma_{D,B} = 26.02\text{mN/m}(80℃)$

$$\sigma_{D,m} = \left(\frac{\sigma_A \sigma_B}{\sigma_A x_B + \sigma_B x_A}\right)_D = \left(\frac{21.08 \times 26.02}{21.08 \times 0.014 + 26.02 \times 0.986}\right) = 21.14\text{mN/m}$$

进料板：$\sigma_{F,A} = 20.20\text{mN/m}$，$\sigma_{F,B} = 25.34\text{mN/m}$

$$\sigma_{F,m} = \left(\frac{\sigma_A \sigma_B}{\sigma_A x_B + \sigma_B x_A}\right)_F = \left(\frac{20.20 \times 25.34}{20.20 \times 0.272 + 25.34 \times 0.728}\right) = 21.38\text{mN/m}$$

精馏段：$\sigma_m = (21.14 + 21.38)/2 = 21.26\text{mN/m}$

3.4.5.6 液体平均黏度

塔顶：$t_D = 80℃$，查《化工原理》附录或数据手册得，

$\mu_A = 0.315\text{mPa·s}$，$\mu_B = 0.445\text{mPa·s}$。

$\mu_{LD,m} = (\mu_A x_A)_D + (\mu_B x_B)_D = 0.315 \times 0.986 + 0.445 \times 0.014 = 0.317\text{mPa·s}$

进料板：$t_F = 88℃$，查《化工原理》附录或数据手册得，

$$\mu_A = 0.28\text{mPa·s}，\mu_B = 0.41\text{mPa·s}$$

$$\mu_{LF,m}=0.28\times0.728+0.41\times0.272=0.315\text{mPa}\cdot\text{s}$$

精馏段：$\mu_{L,m}=(0.317+0.315)/2=0.316\text{mPa}\cdot\text{s}$

3.4.6 精馏段的气液负荷计算

气相摩尔流率 $V=(R+1)D=(1+0.492)\times157.73=235.33\text{kmol/h}$

气相体积流量 $V_s=\dfrac{VM_{V,m}}{3600\rho_{V,m}}=\dfrac{235.33\times79.47}{3600\times2.894}=1.795\text{m}^3/\text{s}$

气相体积流量 $V_h=1.795\text{m}^3/\text{s}=6462\text{m}^3/\text{h}$

液相摩尔流率 $L=RD=0.492\times157.73=77.60\text{kmol/h}$

液相体积流量 $L_s=\dfrac{LM_{L,m}}{3600\rho_{L,m}}=\dfrac{77.6\times83.84}{3600\times847.1}=0.002133\text{m}^3/\text{s}$

液相体积流量 $L_h=0.002133\text{m}^3/\text{s}=7.680\text{m}^3/\text{h}$

冷凝器热负荷 $Q=Vr=235.33\times78.59\times310/3600=1593\text{kW}$

3.4.7 塔和塔板主要工艺结构尺寸计算

3.4.7.1 塔径

(1) 初选塔板间距 $H_T=500\text{mm}$ 及板上液层高度 $h_L=60\text{mm}$，则

$$H_T-h_L=0.5-0.06=0.44\text{m}$$

(2) 按史密斯关联图法求允许的空塔气速 u_{max}(即泛点气速 u_F)

$$\left(\frac{L_s}{V_s}\right)\left(\frac{\rho_L}{\rho_V}\right)^{0.5}=\left(\frac{0.00213}{1.795}\right)\left(\frac{847.1}{2.894}\right)^{0.5}=0.0203$$

查史密斯通用关联图，得 $C_{20}=0.0925$

负荷因子 $C=C_{20}\left(\dfrac{\sigma}{20}\right)^{0.2}=0.0925\times\left(\dfrac{21.26}{20}\right)^{0.2}=0.0936$

泛点气速 $\mu_{max}=C\left(\dfrac{\rho_L-\rho_V}{\rho_V}\right)^{0.5}=0.0936\sqrt{(847.1-2.894)/2.894}=1.599\text{m/s}$

(3) 操作气速，取 $u=0.7u_{max}=1.12\text{m/s}$

(4) 精馏段的塔径

$$D=\sqrt{4V_s/\pi u}=\sqrt{4\times1.795/3.14\times1.12}=1.429\text{m}$$

圆整取 $D=1600\text{mm}$，此时操作气速 $u=0.893\text{m/s}$。

3.4.7.2 塔板工艺结构尺寸的设计与计算

(1) 溢流装置

采用单溢流型的平顶弓形溢流堰、弓形降液管、平行受液盘，且不设进口内堰。

① 溢流堰长(出口堰长)l_w

取 $l_w=0.7D=0.7\times1.6=1.12\text{m}$，堰上溢流强度 $L_h/l_w=7.680/1.12=6.857\text{m}^3/(\text{m}\cdot\text{h})<100\sim300\text{m}^3/(\text{m}\cdot\text{h})$，满足筛板塔的堰上溢流强度。

② 出口堰高 h_w

由 $h_w = h_L - h_{ow}$ 计算，对于平直堰 $h_{ow} = 0.00284E(L_h/l_w)^{2/3}$。

由 $l_w/D = 0.7$ 及 $L_h/l_w^{2.5} = 7.680/1.12^{2.5} = 5.785$，查图 3-14，得 $E = 1.02$，则，

$$h_{ow} = 0.00284 \times 1.02 \times (7.680/1.12)^{2/3} = 0.0104\text{m} > 0.006\text{m}(\text{满足要求})$$

取 $h_L = 0.06$m，则 $h_w = h_L - h_{ow} = 0.06 - 0.0104 = 0.0496$m，取 $h_w = 0.05$m。

③ 降液管的宽度 W_d 和降液管的面积 A_f

由 $l_w/D = 0.7$，查陈敏恒《化工原理》(第三版) 下册 127 页图 10-40 或谭天恩《化工原理》(第三版) 下册 137 页图 11-16，得 $W_d/D = 0.14$，$A_f/A_T = 0.09$，即

$$W_d = 0.224\text{m},\ A_T = 0.785D^2 = 2.01\text{m}^2,\ A_f = 0.181\text{m}^2$$

液体在降液管内的停留时间为

$$\tau = A_f H_T / L_s = 0.181 \times 0.5 / 0.00213 = 42.49\text{s} > 5\text{s}(\text{满足要求})$$

④ 降液管的底隙高度 h_0

液体通过降液管底隙的流速一般为 0.07～0.25m/s，取液体通过降液管底隙的流速 $u_0' = 0.08$m/s，则

$$h_0 = \frac{L_s}{l_w u_0'} = \frac{0.00213}{1.12 \times 0.08} = 0.0238\text{m}(h_0\ \text{不宜小于}\ 0.02\sim0.025\text{m，满足要求})$$

(2) 塔板布置

① 塔板分块，因 $D = 1600$mm，根据表 3-18 将塔板分作 4 块安装。

表 3-18　不同塔径的分块式塔板数

塔径/mm	800～1200	1400～1600	1800～2000	2200～2400
塔板分块数	3	4	5	6

② 边缘区宽度 W_c 与安定区宽度 W_s

边缘区宽度 W_c：一般为 50～75mm，$D > 2$m 时，W_c 可达 100mm。

安定区宽度 W_s：规定 $D < 1.5$m 时 $W_s = 75$mm；$D > 1.5$m 时 $W_s = 100$mm。

本设定取 $W_c = 60$mm，$W_s = 100$mm。

③ 开孔面积 A_a

$$A_a = 2\left[x\sqrt{R^2 - x^2} + \frac{\pi}{180}R^2 \sin^{-1}\left(\frac{x}{R}\right)\right]$$

其中　$x = D/2 - (W_d + W_s) = 0.8 - (0.224 + 0.100) = 0.476$m

$R = D/2 - W_c = 0.8 - 0.060 = 0.740$m

$$A_a = 2 \times \left[0.476 \times \sqrt{0.74^2 - 0.476^2} + \frac{\pi}{180} \times 0.74^2 \sin^{-1}\left(\frac{0.476}{0.740}\right)\right] = 1.304\text{m}^2$$

④ 开孔数 n 和开孔率 ϕ

取筛孔的孔径 $d_0 = 5$mm，正三角形排列，筛板采用碳钢，其厚度 $\delta = 3$mm，且取 $t/d_0 = 3.0$，故孔心距 $t = 3 \times 5 = 15$mm。

每层塔板的开孔数 $n=\left(\dfrac{1158\times10^{3}}{t^{2}}\right)A_{a}=\left(\dfrac{1158\times10^{3}}{15^{2}}\right)1.304=6711$ 个

每层塔板的开孔率 $\phi=\dfrac{0.907}{(t/d_{0})^{2}}=\dfrac{0.907}{3^{2}}=0.101$（$\phi$ 应在 5%~15%，故满足要求）

每层塔板的开孔面积 $A_{0}=\phi A_{a}=0.101\times1.304=0.132\text{m}^{2}$

气体通过筛孔的孔速 $u_{0}=V_{s}/A_{0}=1.795/0.132=13.60\text{m/s}$

(3) 精馏段的塔高 Z_{1}

$$Z_{1}=(N_{P1}-1)H_{T}=(8-1)\times0.5=3.5\text{m}$$

3.4.8 塔板上的流体力学验算

气体通过筛板压降 h_{f} 和 Δp_{f} 的验算：

$$h_{f}=h_{c}+h_{e}$$

3.4.8.1 气体通过干板的压降 h_c

$$h_{c}=0.051\times\left(\frac{u_{0}}{c_{0}}\right)^{2}\frac{\rho_{V}}{\rho_{L}}=0.051\times\frac{13.60^{2}}{0.8^{2}}\times\frac{2.894}{847.1}=0.0504\text{m}$$

式中，流量系数 c_{0} 根据 $d_{0}/\delta=5/3=1.67$，查图 3-21 得，$c_{0}=0.8$。

3.4.8.2 气体通过板上液层的压降 h_e

$$h_{e}=\varepsilon_{0}(h_{w}+h_{ow})=\varepsilon_{0}h_{L}$$

式中，充气系数 ε_{0} 的求取如下：

气体通过有效流通截面积的气速 u_{a}，对单流型塔板有：

$$u_{a}=\frac{V_{s}}{A_{T}-2A_{f}}=\frac{1.795}{2.01-2\times0.181}=1.089\text{m/s}$$

动能因子 $F_{a}=u_{a}\sqrt{\rho_{V}}=1.089\sqrt{2.894}=1.853$

查图 3-22 得，$\varepsilon_{0}=0.57$（一般可近似取 $\varepsilon_{0}=0.5\sim0.6$）。

$$h_{e}=\varepsilon_{0}(h_{w}+h_{ow})=\varepsilon_{0}h_{L}=0.57\times0.06=0.0342\text{m}$$

气体通过筛板的压降（单板压降）h_{f} 和 Δp_{p}

$$h_{f}=h_{c}+h_{e}=0.0504+0.0342=0.0846\text{m}$$

$$\Delta p_{f}=\rho_{L}gh_{f}=847.1\times9.81\times0.0846=703\text{Pa}=0.703\text{kPa}>0.7\text{kPa}\text{（与设计要求接近）}$$

单板压降稍大，此处不做调整。若要调整，应增大开孔率 φ 和减小板上液层厚度 h_{L} 后重复上述计算，直至 $\Delta p_{f}<0.7\text{kPa}$ 为止。

3.4.8.3 雾沫夹带量 e_v 的验算

$$u_{n}=\frac{V_{s}}{A_{T}-A_{f}}=\frac{1.795}{2.01-0.181}=0.981\text{m/s}$$

$$e_{v}=\frac{5.7\times10^{-6}}{\sigma}\left(\frac{u_{n}}{H_{T}-H_{f}}\right)^{3.2}=\frac{5.7\times10^{-6}}{21.26\times10^{-3}}\times\left(\frac{0.981}{0.5-2.5\times0.06}\right)^{3.2}$$

$$=0.00725\text{kg 液/kg 气}<0.1\text{kg 液/kg 气（满足要求）}$$

式中，取板上泡沫层高度 $H_{f}=2.5h_{L}$，验算结果表明不会产生过量的雾沫夹带。

3.4.8.4 漏液的验算

漏液点气速 $u_{0,\min}$按下式计算。

$$u_{0,\min}=4.4c_0\sqrt{\frac{(0.0056+0.13h_L-h_\sigma)\rho_L}{\rho_V}}$$

$$h_\sigma=\frac{4\times10^{-3}\sigma}{\rho_L g d_0}=\frac{4\times10^{-3}\times21.26}{847.1\times9.81\times0.005}=0.002\text{m}(清液柱)$$

$$u_{0,\min}=4.4\times c_0\sqrt{(0.0056+0.13h_L-h_\sigma)\rho_L/\rho_V}$$

$$=4.4\times0.8\sqrt{(0.0056+0.13\times0.06-0.002)847.1/2.894}=6.430\text{m/s}$$

筛板的稳定性系数 $K=\frac{u_o}{u_{0,\min}}=\frac{13.60}{6.430}=2.1\geqslant1.5\sim2.0$(不会产生过量液漏)

3.4.8.5 液泛的验算

为防止降液管发生液泛，应使降液管中的清液层高度 $H_d\leqslant\Phi(H_T+h_w)$。

$$H_d=h_f+h_L+h_d$$

$$h_d=0.153\times\left(\frac{L_s}{l_w h_0}\right)^2=0.153\times\left(\frac{0.00213}{1.12\times0.0238}\right)^2=0.00098\text{m}$$

$$H_d=0.0846+0.06+0.00098=0.146\text{m}$$

相对泡沫密度取 0.5，则有

$$\Phi(H_T+h_W)=0.5\times(0.5+0.0496)=0.275\text{m}$$

$H_d\leqslant\Phi(H_T+h_W)$成立，故不会产生液泛。

通过流体力学验算，可认为精馏段塔径及塔板各工艺结构尺寸合适，若要做出更合理的设计，还需重选 H_T 及 h_L，重复上述计算步骤进行优化设计。

3.4.9 精馏段塔板负荷性能图

3.4.9.1 雾沫夹带线

$$e_v=\frac{5.7\times10^{-6}}{\sigma}\left[\frac{u_n}{H_T-H_f}\right]^{3.2}$$

式中 $u_n=\frac{V_s}{A_T-A_f}=\frac{V_s}{2.01-0.181}=0.5476V_s$

$$H_f=2.5h_L=2.5(h_w+h_{ow})=2.5\times\left[0.0496+0.00284E\left(\frac{3600L_s}{l_w}\right)^{2/3}\right]$$

$$=2.5\times\left[0.0496+0.00284\times1.02\times\left(\frac{3600L_s}{1.12}\right)^{2/3}\right]=0.124+1.577L_s^{2/3}$$

将已知数据代入上式：

$$\frac{5.7\times10^{-6}}{21.26\times10^{-3}}\times\left(\frac{0.5467V_s}{0.5-0.124-1.546L_s^{2/3}}\right)^{3.2}=0.1$$

整理得，$V_s=4.376-17.99L_s^{2/3}$

在操作范围内，任取几个 L_s 值，依据上式计算出对应的 V_s 值，结果列于表 3-19。

表 3-19 雾沫夹带线的 V_s-L_s 关系数据

$L_s/(m^3/s)$	0.000955	0.001	0.005	0.010	0.015	0.0181
$V_s/(m^3/s)$	4.202	4.196	3.850	3.541	3.282	3.136

根据表 3-19 中的数据作出雾沫夹带线①（见图 3-36）。

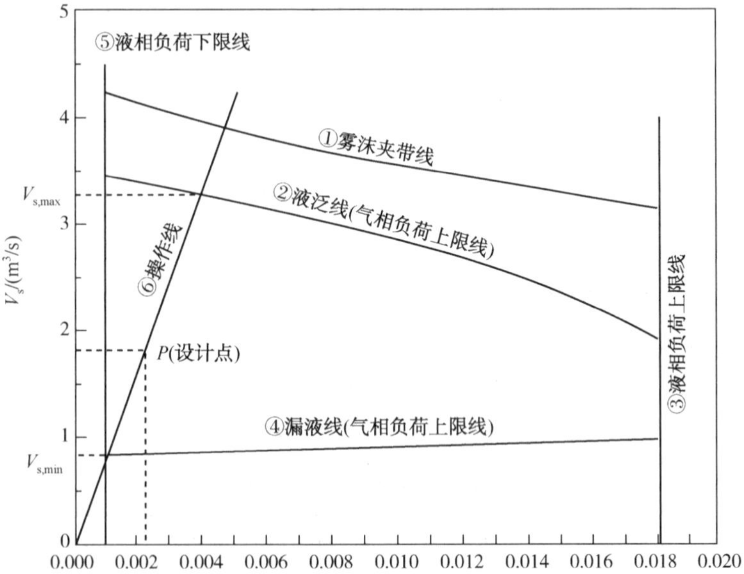

图 3-36 精馏段塔板负荷性能图

3.4.9.2 液泛线（气相负荷上限线）

$$\Phi(H_T+h_w)=h_f+h_w+h_{ow}+h_d$$

$$h_{ow}=0.00284E\left(\frac{3600L_s}{l_w}\right)^{2/3}=0.00284\times1\times\left(\frac{3600L_s}{1.12}\right)^{2/3}=0.6185L_s^{2/3}$$

$$h_c=0.051\left(\frac{u_0}{c_0}\right)^2\left(\frac{\rho_V}{\rho_L}\right)=0.051\left(\frac{V_s}{c_0A_0}\right)^2\left(\frac{\rho_V}{\rho_L}\right)=0.051\times\left(\frac{V_s}{0.8\times0.132}\right)^2\times\left(\frac{2.894}{847.1}\right)=0.01562V_s^2$$

$$h_e=\beta(h_w+h_{ow})=0.6\times(0.050+0.6185L_s^{2/3})=0.030+0.3711L_s^{2/3}$$

$$h_f=h_c+h_e=0.01562V_s^2+0.3711L_s^{2/3}+0.030$$

$$h_d=0.153\times\left(\frac{L_s}{1.12\times0.0238}\right)^2=215.3L_s^2$$

$$0.5\times(0.5+0.050)=(0.01562V_s^2+0.3711L_s^{2/3}+0.030)+0.050+0.6185L_s^{2/3}+215.3L_s^2$$

整理得，
$$V_s^2=12.48-63.35L_s^{\frac{2}{3}}-13783.6L_s^2$$

在操作范围内，任取几个 L_s 值，依据上式计算出对应的 V_s 值，结果列于表 3-20。

表 3-20 液泛线的 V_s-L_s 关系数据

L_s/(m^3/s)	0.000955	0.001	0.005	0.010	0.015	0.0181
V_s/(m^3/s)	3.443	3.440	3.207	2.857	2.351	1.898

根据表 3-20 中的数据作出液泛线②(见图 3-36)。

3.4.9.3 液相负荷上限线

$$L_{s,max}=\frac{H_T A_f}{\tau}=\frac{0.5\times0.181}{5}=0.0181 m^2/s$$

根据上式可作出液相负荷上限线③(见图 3-36)。

3.4.9.4 漏液线(气相负荷下限线)

$$h_L=h_w+h_{ow}=0.050+0.6185L_s^{2/3}$$

漏液点气速：

$$u_{0,min}=4.4\times0.8\sqrt{[0.0056+0.13(0.050+0.6185L_s^{2/3})-0.00205]\times847.1/2.894}$$

$V_{s,min}=A_0u_{0,min}$，整理得

$$V_{s,min}^2=5.081L_s^{2/3}+0.635$$

在操作范围内，任取几个 L_s 值，根据上式计算出对应的 V_s 值，结果列于表 3-21。

表 3-21 漏液线的 V_s-L_s 关系数据

L_s/(m^3/s)	0.000955	0.001	0.005	0.010	0.015	0.0181
V_s/(m^3/s)	0.827	0.828	0.885	0.933	0.972	0.993

根据表 3-21 中的数据作出漏液线④(见图 3-36)。

3.4.9.5 液相负荷下限线

取平直堰堰上液层高度 $h_{ow}=0.006$m，$E\approx1.0$。

$$h_{ow}=0.00284E\left(\frac{3600L_{s,min}}{L_w}\right)^{2/3}=0.00284\times1\times\left(\frac{3600L_{s,min}}{1.12}\right)^{2/3}=0.006$$

$$L_{s,min}=9.55\times10^{-4} m^3/s$$

根据上式可作出液相负荷下限线⑤(见图 3-36)。

3.4.9.6 操作线与操作弹性

操作气液比 $V_s/L_s=1.795/0.002133=841.5$

在图 3-36 中，过(0，0)和 P(0.002133，1.795)两点作出操作线⑥。从该图中可以看出，操作线的上限由液泛所控制，下限由漏液所控制，其操作弹性为：

$$操作弹性=\frac{V_{s,max}}{V_{s,min}}=\frac{3.26}{0.80}=4.1$$

提馏段的工艺计算过程与精馏段相同，此处略去计算过程，将提馏段工艺计算结果汇总于表 3-22。

表 3-22 精馏塔的设计计算结果汇总一览表

项目		计算结果 精馏段	计算结果 提馏段
平均压力 p_m/kPa		108.1	115.45
平均温度 t_m/℃		84	109.9
气相平均流量 V_s/(m^3/s)		1.795	1.802
液相平均流量 L_s/(m^3/s)		0.002133	0.00867
实际塔板数 N_p/块		8	13
板间距 H_T/m		0.5	0.5
塔段的有效高度 Z/m		3.5	6.0
塔径 D/m		1.6	1.6
空塔气速 u/(m/s)		0.893	0.897
塔板液流型式		单流型	单流型
溢流装置	溢流管型式	弓形	弓形
	堰长 l_w/m	1.12	1.12
	堰高 h_w/m	0.050	0.033
	溢流堰宽度 W_d/m	0.224	0.224
	底隙高度 h_0/m	0.024	0.098
板上清液层高度 h_L/m		0.060	0.060
孔径 d_0/m		5	5
孔间距 t/m		15	14
孔数 n/个		6711	7704
开孔面积 A_0/m^2		0.132	0.151
筛孔气速 u_0/(m/s)		13.60	
塔板压降 h_f/kPa		0.70	
液体在降液管中的停留时间 τ/s		42.46	
降液管内清液层高度 H_d/m		0.144	
雾沫夹带 e_v/(kg 液/kg 气)		0.00725	
负荷上限		液泛控制	液泛控制
负荷下限		漏液控制	漏液控制
气相最大负荷 $V_{s,max}$/(m^3/s)		3.40	3.40
气相最小负荷 $V_{s.min}$/(m^3/s)		0.80	0.80
操作弹性		4.25	4.25

3.4.10 精馏塔的附属设备与接管尺寸计算

3.4.10.1 料液预热器

根据原料液进出预热器的热状况和组成，首先计算预热器的热负荷 Q，然后估算预热器的换热面积 A，最后按换热器的设计计算程序执行。

3.4.10.2 塔顶全凝器

全凝器的热负荷前已计算出，为 1593kW。一般采用循环水冷凝，进出口水温可根据不同地区的具体情况选定后，再按换热器的设计程序做设计计算。亦可用原料液作冷凝剂。

3.4.10.3 塔釜再沸器

因为饱和液体进料，故 $V'=V-(1-q)F=V$。在满足恒定摩尔流假设，并忽略塔的热损失的前提下，再沸器的热负荷与塔顶全凝器应相同。实际上，塔顶和塔底的摩尔汽化潜热并不完全一致，且存在塔的热损失(一般情况下约为提供总热量的 5%~10%)，塔底再沸器的热负荷一般都大于塔顶冷凝器。再沸器虽属于两侧都有相变的恒温差换热设备，但因塔釜液在再沸器中的流动比蒸发器内的浓缩液要复杂得多，故不能简单地按蒸发器的设计程序设计，应按再沸器的设计计算程序进行。

3.4.10.4 精馏塔的管口直径

(1) 塔顶蒸气出口管径

依据流速选取，但塔顶蒸气出口流速与塔内操作压力有关，常压可取 12~20m/s，详细情况见塔附件的设计。

(2) 回流液管径

根据回流液量，因采用泵输送回流液，流速可取 1.5~2.5m/s，依此计算回流管直径。

(3) 进料管径

料液由高位槽自流，流速可取 0.4~0.8m/s；泵送时流速可取 1.5~2.5m/s，本设计采用泵送。

(4) 料液排出管径

塔釜液出塔的流速可取 0.5~1.0m/s。

(5) 饱和蒸气管径

蒸气流速：<295kPa，20~40m/s；<785kPa，40~60m/s；>2950kPa，80m/s。

其他附件略。精馏塔设计工艺条件图可由 AutoCAD 根据设计结果绘出。

3.5 板式塔设计任务书示例

【示例 1】

(时间：二周)

一、设计题目

题目：乙醇-水连续精馏塔筛板塔的设计

工艺参数：原料含乙醇 30%+0.05%×学号末尾两位(质量分数，下同)；塔顶产品中乙醇含量不小于 90%，塔底残液中乙醇含量不高于 10%。

塔的生产能力：质量流量=(10+0.1×学号末尾两位)t/h。

基本条件：塔顶压强为4kPa(表压)，单板压降≤0.7kPa，料液 $q=0.3$ 状态进入塔内，塔底供热可间接加热(再沸器)和直接水蒸气加热，回流比自选。

二、设计内容

1. 设计方案的确定及流程说明。
2. 塔的工艺计算：物料衡算、理论板数、实际板数、热量衡算、精馏塔主要物性。
3. 塔和塔板的工艺尺寸设计：

(1) 塔高及塔径的确定并圆整；

(2) 塔板结构尺寸的确定；

(3) 塔板的流体力学验算，绘出塔板的负荷性能图。

4. 辅助设备选型与计算：

(1) 塔顶冷凝器的热负荷和冷却水用量；

(2) 塔底再沸器的热负荷和水蒸气用量。

5. 接管尺寸计算。
6. 绘制塔设计条件图。
7. 设计结果概要或设计一览表。
8. 对本设计的评述或有关问题的分析讨论。

三、设计要求

1. 设计完成后，完成设计说明书一份。设计说明书包括：封面、目录、设计任务书、设计计算书、设计结果汇总表、塔板的负荷性能图、参考文献、设计结论、装置工艺流程图、塔设计条件图等。
2. 设计计算书主要包括：设计内容。

四、参考书目

1. 夏清. 化工原理：下册. 第2版. 天津：天津大学出版社，2005.
2. 贾绍义，柴诚敬. 化工原理课程设计. 第1版. 天津：天津大学出版社，2013.
3. 王瑶，匡国柱. 化工单元过程及设备课程设计. 第1版. 北京：化学工业出版社，2002.
4. 李功祥. 常用化工单元设备设计. 第1版. 广州：华南理工大学出版社，2013.

【示例2】

(时间：二周)

一、设计题目

题目：苯-甲苯连续精馏塔浮阀塔的设计

工艺参数：原料中苯含量38%+0.07%×学号末尾两位(质量分数，下同)；塔顶产品中苯含量不小于99%，塔底残液中苯含量不高于2%。

塔的生产能力：质量流量=(5+0.05×学号末尾两位)万 t/a，每年按300d计算，每天24h连续运转。

基本条件：塔顶压强为4kPa(表压)，单板压降≤0.7kPa；进料状态自选；再沸器采用

0.5MPa 低压蒸汽加热，$R=(1.2\sim2)R_{min}$。

二、设计内容

1. 设计方案的确定及流程说明。

2. 塔的工艺计算：物料衡算、理论板数、实际板数、热量衡算、精馏塔主要物性。

3. 塔和塔板的工艺尺寸设计：

(1) 塔高及塔径的确定并圆整；

(2) 塔板结构尺寸的确定；

(3) 塔板的流体力学验算，绘出塔板的负荷性能图。

4. 辅助设备选型与计算：

(1) 塔顶冷凝器的热负荷和冷却水用量；

(2) 塔底再沸器的热负荷和水蒸气用量。

5. 接管尺寸计算。

6. 绘制塔设计条件图。

7. 设计结果概要或设计一览表。

8. 对本设计的评述或有关问题的分析讨论。

三、设计要求

1. 设计完成后，完成设计说明书一份。设计说明书包括：封面、目录、设计任务书、设计计算书、设计结果汇总表、塔板的负荷性能图、参考文献、结论、装置工艺流程图、塔设计条件图等。

2. 设计计算书主要包括：设计内容。

四、参考书目

1. 夏清．化工原理：下册．第 2 版．天津：天津大学出版社，2005.

2. 贾绍义，柴诚敬．化工原理课程设计．第 1 版．天津：天津大学出版社，2013.

3. 王瑶，匡国柱．化工单元过程及设备课程设计．第 1 版．北京：化学工业出版社，2002.

4. 李功祥．常用化工单元设备设计．第 1 版．广州：华南理工大学出版社，2013.

【示例 3】

(时间：二周)

一、设计题目

题目：丙烯和丙烷连续精馏塔板式塔的设计

工艺参数：原料含丙烯 40%+0.08%×学号末尾两位(质量分数，下同)；塔顶产品中丙烯质量分数为 $x_D=98\%$；塔底残液中丙烯质量分数为 $x_W=2\%$。

塔的生产能力：质量流量＝(2+0.02×学号末尾两位)万 t/a，每年按 300d 计算，每天 24h 连续运转。

基本条件：塔顶压强为 1.7MPa(表压)，单板压降≤0.5kPa，料液以泡点状态进入塔内，塔底再沸器采用 560kPa 低压蒸汽加热，回流比自选。

全塔效率：60%。

二、设计内容

1. 设计方案的确定及流程说明。

2. 塔的工艺计算：物料衡算、理论板数、实际板数、热量衡算、精馏塔主要物性。

3. 塔和塔板的工艺尺寸设计：

(1) 塔高及塔径的确定并圆整；

(2) 塔板结构尺寸的确定；

(3) 塔板的流体力学验算，绘出塔板的负荷性能图。

4. 辅助设备选型与计算：

(1) 塔顶冷凝器的热负荷和冷却水用量；

(2) 塔底再沸器的热负荷和水蒸气用量。

5. 接管尺寸计算。

6. 绘制塔设计条件图。

7. 设计结果概要或设计一览表。

8. 对本设计的评述或有关问题的分析讨论。

三、设计要求

1. 设计完成后，完成设计说明书一份。设计说明书包括：封面、目录、设计任务书、设计计算书、设计结果汇总表、塔板的负荷性能图、塔设计条件图、参考文献、结论、装置工艺流程图、塔设计条件图等。

2. 设计计算书主要包括：设计内容。

四、参考书目

1. 夏清．化工原理：下册．第 2 版．天津：天津大学出版社，2005.

2. 贾绍义，柴诚敬．化工原理课程设计．第 1 版．天津：天津大学出版社，2013.

3. 王瑶，匡国柱．化工单元过程及设备课程设计．第 1 版．北京：化学工业出版社，2002.

4. 李功祥．常用化工单元设备设计．第 1 版．广州：华南理工大学出版社，2013.

【示例 4】

(时间：二周)

一、设计题目

题目：正戊烷-正己烷连续精馏塔筛板(浮阀)塔的设计

工艺参数：原料含正戊烷 30%+0.3%×学号末尾两位(质量分数，下同)；塔底残液中正戊烷含量不超过 2%。

塔的生产能力：质量流量=(8+0.05×学号末尾两位)万 t/a，每年按 330d 计算(一年中有一个月检修)，每天 24h 连续运转。

基本条件：常压 101.325kPa 操作，塔顶压强为 4kPa(表压)，单板压降≤0.7kPa，进料状态自选，塔顶采用全凝器泡点回流，回流比 $R=(1.2\sim2)R_{min}$，自选。

二、设计内容

1. 设计方案的确定及流程说明。

2. 塔的工艺计算：物料衡算、理论板数、实际板数、热量衡算、精馏塔主要物性。

3. 塔和塔板的工艺尺寸设计：

(1) 塔高及塔径的确定并圆整；

(2) 塔板结构尺寸的确定；

(3) 塔板的流体力学验算，绘出塔板的负荷性能图。

4. 辅助设备选型与计算：

(1) 塔顶冷凝器的热负荷和冷却水用量；

(2) 塔底再沸器的热负荷和水蒸气用量。

5. 接管尺寸计算。

6. 绘制塔设计条件图。

7. 设计结果概要或设计一览表。

8. 对本设计的评述或有关问题的分析讨论。

三、设计要求

1. 设计完成后，完成设计说明书一份。设计说明书包括：封面、目录、设计任务书、设计计算书、设计结果汇总表、塔板的负荷性能图、参考文献、设计结论、装置工艺流程图、塔设计条件图等。

2. 设计计算书主要包括：设计内容。

四、参考书目

1. 夏清．化工原理：下册．第 2 版．天津：天津大学出版社，2005.

2. 贾绍义，柴诚敬．化工原理课程设计．第 1 版．天津：天津大学出版社，2013.

3. 王瑶，匡国柱．化工单元过程及设备课程设计．第 1 版．北京：化学工业出版，2002.

4. 李功祥．常用化工单元设备设计．第 1 版．广州：华南理工大学出版社，2013.

第4章　填料塔设计

本章符号说明

英文字母：

a——填料的有效比表面积，m^2/m^3；

a_t——填料的总比表面积，m^2/m^3；

a_W——填料的润湿比表面积，m^2/m^3；

A_T——塔截面积，m^2；

C——计算u_{max}时的负荷系数，m/s；

C_S——气相负荷因子，m/s；

d——填料直径，m；

D——塔径，m；

D_L——液体扩散系数，m^2/s；

Dv——气体扩散系数，m^2/s；

e_v——液沫夹带量，kg(液)/kg(气)；

E——液体收缩系数，无因次；

E_T——总板效率，无因次；

g——重力加速度，9.81m/s^2；

h——填料层分段高度，m；

$HETP$关联式常数；

h_{max}——允许的最大填料层高度，m；

H_B——塔底空间高度，m；

H_D——塔顶空间高度，m；

H_{OG}——气相总传质单元高度，m；

H_1——封头高度，m；

H_2——裙座高度，m；

$HETP$——等板高度，m；

k_G——气膜吸收系数，kmol/(m^2·s·kPa)；

k_L——液膜吸收系数，m/s；

K_G——气相总吸收系数，kmol/(m^2·s·kPa)；

l_W——堰长，m；

L_h——液体体积流量，m^3/h；

L_s——液体体积流量，m^3/s；

L_W——润湿速率，$m^3/(m·s)$；

m——相平衡常数，无因次；

n——筛孔数目；

N_{OG}——气相总传质单元数；

p——操作压力，Pa；

Δp——压力降，Pa；

u——空塔气速，m/s；

u_F——泛点气速，m/s；

$u_{0,min}$——漏液点气速，m/s；

u'_0——液体通过降液管底隙的速度，m/s；

U——液体喷淋密度，$m^3/(m^2·h)$；

U_L——液体质量通量，kg/(m^2·h)；

U_{min}——最小液体喷淋密度，$m^3/(m^2·h)$；

U_v——气体质量通量，kg/(m^2·h)；

V_h——气体体积流量，m^3/h；

V_s——气体体积流量，m^3/s；

w_L——液体质量流量，kg/s；

w_V——气体质量流量，kg/s；

x——液相摩尔分数；

X——液相摩尔比；

y——气相摩尔分数；

Y——气相摩尔比；

Z——板式塔的有效高度，m；
填料层高度，m。

希腊字母：

β——充气系数，无因次；

δ——筛板厚度，m；

ε——空隙率，无因次；

θ——液体在降液管内停留时间，s；
μ——黏度，Pa·s；
ρ——密度，kg/m^3；
σ——表面张力，N/m；
ϕ——开孔率或孔流系数，无因次；
Φ——填料因子，1/m；
ψ——液体密度校正系数，无因次。

下标：

max——最大的；
min——最小的；
L——液相的；
V——气相的。

4.1 概　　述

填料塔是以塔内的填料作为气液两相间接触构件的传质设备，塔内件和填料及塔体共同构成了一个完整的填料塔。其广泛应用于气体吸收、蒸馏、萃取等操作。填料塔具有生产能力大、分离效率高、压降小、持液量小、操作弹性大等优点。填料塔也有一些不足之处，如填料造价高；当液体负荷较小时不能有效地润湿填料表面，使传质效率降低；不能直接用于有悬浮物或容易聚合的物料等。

填料塔的类型很多，其设计的原则大体相同。一般来说，填料塔的设计步骤如下：

① 根据设计任务和工艺要求，选择工艺流程；
② 根据设计任务和分离工艺要求，选择适宜填料种类、规格；
③ 计算塔径、填料层高度等；
④ 计算填料层的压降；
⑤ 填料塔塔内件的设计与选型等。

4.2 填料的类型与选择

填料是填料塔中气液接触的基本构件，其性能的优劣是决定填料塔传质效果与流体力学性能的主要因素，填料的选择是填料塔设计的重要步骤。

4.2.1 填料的类型

填料的种类很多，按照装填方式的不同，有散装填料和规整填料两大类。

4.2.1.1 散装填料

散装填料是一个个具有一定几何形状和尺寸的颗粒体，一般以随机的方式堆积在塔内，又称为乱堆填料或颗粒填料。散装填料根据结构特点不同，又可分为环形填料、鞍形填料、环鞍形填料及球形填料等。几种散装填料结构特征见图 4-1。

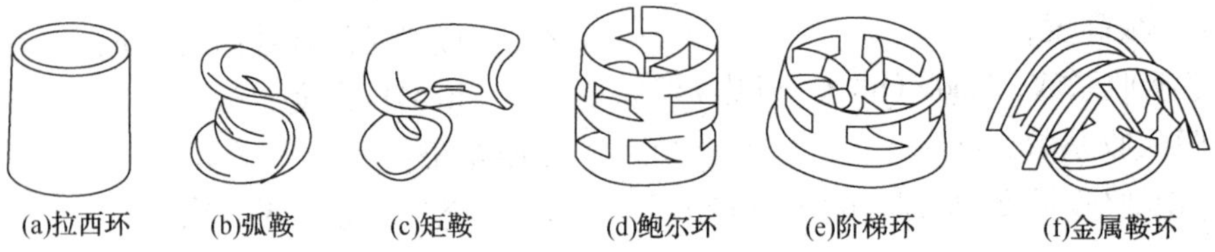

图 4-1　几种散装填料

(1) 拉西环填料

拉西环填料是在 1914 年被 F. Rasching 开发出来的。它是最早被发明出来的一种具有固定几何形状的散堆填料。它的外形简单，高度与直径的尺寸相等。大尺寸的拉西环(100mm 以上)一般采用整砌方式规则填充，而 75mm 尺寸以下的拉西环一般采用乱堆方式装填。拉西环填料的材质分为金属、陶瓷、塑料等。拉西环填料的气液分布较差、传质效率低、阻力大、通量小，目前工业上已很少应用。

(2) 鲍尔环填料

鲍尔环填料是 20 世纪 40 年代德国 BASF 公司在拉西环填料的基础上开发的，它采用薄板冲轧制成，在环壁上开出了两排带有内伸舌叶的窗孔，每排窗有五个舌叶弯入环内，指向环心，在中心处几乎相搭，上下两层窗孔的位置相互错开，一般开孔的总面积约为整个环面积的 35%左右。它与拉西环填料的主要区别是在侧壁上开有长方形窗孔，窗孔的窗叶弯入环心，由于环壁开孔使得气、液体的分布性能较拉西环得到较大的改善，尤其是环的内表面积能够得以充分利用。鲍尔环填料分为三种材质：陶瓷、金属、塑料。其中金属材质有 304、316、316L、碳钢、201、410 等；塑料材质有 PP、RPP、CPVC、PVDF、PVC、PTFE、FEP、PFA 等。其中塑料鲍尔环填料一般分为三种形状："米"字形、"井"字形、"十"字形，还有其他异形鲍尔环。

塑料鲍尔环填料特别适用于石油、化工、氯碱、煤气、环保等行业的中低温(60~150℃)提馏、吸收及洗涤塔及二氧化碳脱气塔、臭氧接触反应塔等。

陶瓷鲍尔环填料适用于二氧化碳脱气塔酸雾净化塔、臭氧接触反应塔等。

金属鲍尔环填料适用于真空精馏塔，处理具有热敏性、易分解、易聚合、易结炭的物料。

(3) 阶梯环填料

阶梯环吸收了拉西环的特点，对鲍尔环的改进，环的高径比为 1∶2，并在一端增加了锥形翻边，减少了气体通过床层的阻力，并增大了通量，填料强度较高，由于其结构特点，使气液分布均匀，增加了气液接触面积而提高了传质效率。一般由塑料、陶瓷、金属做成。材质不同，结构也有所不同，金属阶梯环内筋结构同鲍尔环，舌片弯向呈叶片状，塑料及瓷质阶梯环的内筋结构与塑料鲍尔环相似，也有"米"字形和"井"字形之分。

(4) 弧鞍填料

弧鞍填料属鞍形填料的一种，其形状如同马鞍，一般采用瓷质材料制成。弧鞍填料的特点是表面全部敞开，不分内外，液体在表面两侧均匀流动，表面利用率高，流道呈弧形，流动阻力小。其缺点是易发生套叠，致使一部分填料表面被重合，使传质效率降低。弧鞍填料强度较差，容易破碎，工业生产中应用不多。

(5) 矩鞍填料

矩鞍填料将弧鞍填料两端的弧形面改为矩形面，且两面大小不等，即成为矩鞍填料。矩鞍填料堆积时不会套叠，液体分布较均匀。矩鞍填料一般采用瓷质材料制成，其性能优于拉西环。目前，国内绝大多数应用瓷拉西环的场合，均已被瓷矩鞍填料所取代。与同种材质的拉西环填料相比，矩鞍填料具有通量大、压降低、效率高等优点，比鲍尔环阻力小、通量大、效率高，填料强度和刚性较好，是目前应用最广的一种散堆填料。矩鞍环可用于化工、冶金、煤气、环保等行业的干燥塔、吸收塔、冷却塔、洗涤塔、再生塔等。

(6) 多面空心球

聚丙烯材质注射成形，具有气速高、叶片多、比表面积大，可充分解决气液交换，而且阻力小、操作弹性大等特点，广泛应用于除氯气、除氧气、除二氧化碳气等环保设备中。

(7) TRI 球形填料

TRI 球形填料是 1978 年由德国的 Raschig 集团公司(现在隶属于美国 PMC 环球集团公司)研发的产品。该产品主要适用于气体净化装置里面，所以又俗称环保球填料。它由许多枝条的隔栅组成空心的球形填料，并增加了对称的滴水棒结构，这些特征有利于填料表面的润湿与液膜的更新。由于隔栅在塔内堆积的孔隙均匀，有利于气液的分布和减小气流通过床体的阻力，特别适合气体吸收、尾气净化以及通风等装置和设备中，并可在低的液体负荷下操作。常用材质：PP(聚丙烯)、PE(聚乙烯)、PVC(聚氯乙烯)、CPVC(氯化聚氯乙烯)等。

部分散装填料技术参数见表 4-1 至表 4-4。

表 4-1　部分环形填料技术参数

填料名称	公称直径/mm	个数/(个/m³)	堆积密度/(kg/m³)	孔隙率/%	比表面积/(m²/m³)	填料因子(干)/m⁻¹
瓷拉西环	25	49000	505	0.78	190	400
	40	12700	577	0.75	126	305
	50	6000	457	0.81	93	177
	80	1910	714	0.68	76	243
钢拉西环	25	55000	640	0.92	220	290
	35	19000	570	0.93	150	190
	50	7000	430	0.95	110	130
	76	1870	400	0.95	68	80
塑料鲍尔环	25	42900	150	0.901	175	239
	38	15800	98	0.89	155	220
	50	6500	74.8	0.901	112	154
	76	1930	70.9	0.92	72.2	94
钢鲍尔环	16	143000	216	0.928	239	299
	25	55900	427	0.934	219	269
	38	13000	365	0.945	129	153
	50	6500	395	0.949	112.3	131
	50	9300	483	0.744	105.6	278
	76	2517	420	0.795	63.4	126
钢质阶梯环	25	97160	439	0.93	220	273.5
	38	31890	475.5	0.94	154.3	185.5
	50	11600	400	0.95	109.2	127.4

续表

填料名称	公称直径/mm	个数/(个/m^3)	堆积密度/(kg/m^3)	孔隙率/%	比表面积/(m^2/m^3)	填料因子(干)/m^{-1}
塑料阶梯环	25	81500	97.8	0.9	228	312.8
	38	27200	57.5	0.91	132.5	175.8
	50	10740	54.3	0.927	114.2	143.1
	76	3420	68.4	0.929	90	112.3

表 4-2　矩鞍环技术参数

名　称	规格	直径×高度×壁厚/mm	比表面积/(m^2/m^3)	空隙率/%	堆重/(kg/m^3)	堆积个数/(个/m^3)	干填料因子/m^{-1}
塑料矩鞍环	φ25	25×13×1.2	288	85	102	97680	467
	φ38	38×19×1.2	265	95	91	25200	309
	φ50	50×25×1.5	250	96	75	9400	282
	φ76	76×38×3.0	200	97	59	3700	220
金属矩鞍环	φ25	25×20×0.6	185	96	409	101160	209
	φ38	38×30×0.8	112	96	365	24680	137
	φ50	50×40×1.0	75	96	291	10400	85
	φ76	76×60×1.2	58	97	245	3320	63
陶瓷矩鞍环	φ16	16×12×2	450	70	710	382000	1311
	φ25	25×19×3	250	74	610	84000	617
	φ38	38×30×4	164	75	590	25000	389
	φ50	50×40×5	142	76	560	9300	323
	φ76	76×57×9	92	78	520	1800	194

表 4-3　球形填料结构参数

填料名称	公称直径/mm	个数/(个/m^3)	堆积密度/(kg/m^3)	孔隙率/%	比表面积/(m^2/m^3)
TRI	25	79800	—	90	279
	32	57800	—	92	230
	50	12530	—	94	157
	90	1700	—	95	125
Teller 花环	47	32500	111	88	185
	73	8000	102	89	127
	95	3600	88	90	94
多面空心球	25	85000	145	50	460
	38	28500	115	86	300
	50	11500	105	90	236
	76	7800	92	—	110

表 4-4 部分散堆填料的相对处理能力

填料尺寸/mm	25	38	50
拉西环	100	100	100
矩鞍环	132	120	123
鲍尔环	155	160	150
阶梯环	170	176	165
环鞍	205	202	195

4.2.1.2 规整填料

规整填料根据其结构特点可以分为两大类：波纹型和非波纹型。前者又分垂直波纹型和水平波纹型；后者又分栅格型和板片型等。规整填料中应用最广的是垂直波纹填料。垂直波纹填料又分板波纹型和网波纹型。波纹填料的规格型号表示方式中，数字一般代表其比表面积数值，字母 X、Y 分别代表其波纹倾角为 30°、45°。例如，400X 则表示此种波纹填料其比表面积为 $400m^2/m^3$，波纹倾角为 30°。X 型填料压降小；Y 型填料传质性能较好。新型波纹填料可采用不锈钢、铜、铝、纯钛、钼、钼五钛等材质制作，在香料、农药、精细化工、石油化工等领域得到广泛应用。

金属规整填料有孔板波纹填料、板网波纹填料、丝网波纹填料、刺孔板波纹填料及环形波纹填料。金属孔板波纹填料是由若干波纹平行且垂直排列的金属波纹片组成，波纹片上开有小孔（ϕ4mm 小孔及若干长约 5mm 的细缝），波纹顶角约 90°，波纹形成的通道与垂直方向呈 45°或 30°角度。相邻两波纹片流道呈 90°，上下两盘波纹填料旋转 90°叠放，在直径较小用法兰连接的塔内，波纹填料做成一个个完整的圆盘，直径略小于塔的内径。在直径较大的塔内，每盘波纹填料分成数块，通过人孔放入塔内，在塔内拉拼成一个个完整的圆盘，上下两盘填料的波纹片旋转 90°安装，使流体在塔内充分混合。具有阻力小、气液分布均匀、效率高、通量大、放大效应不明显等特点，应用于负压、常压和加压操作。

金属板网波纹填料是用金属薄板冲压、拉伸成特定规格的压延网片，其表面形成规则的菱形网孔，然后冲压成波纹形状的一种填料。这种填料具有与丝网波纹填料相近的传质性能，与孔板波纹填料相比价格低。

丝网波纹填料是规整填料发展的一个重要里程碑，这种填料由压成波纹的丝网片排列而成，波纹片倾角 30°或 50°，相邻两波纹片方向相反，在塔内填装时，上下两盘填料交错 90°叠放，具有高效、压降低和通量大的优点，产品有 BX、CY 型，常用于难分离和热敏性物系的真空精馏、常压精馏和吸收过程。

刺孔板波纹填料是斜金属薄板先碾压出密度很高的小刺孔再压成波纹板片组装而成的规整填料，由于表面特殊的刺孔结构，提高了填料的润滑性能，并能保持金属丝网波纹填料的性能。

塑料规整填料有蜂窝斜管、直管、塑料板波纹填料和塑料丝网波纹填料等。

① 蜂窝斜管：该产品主要用于给水净化、生活污水的除砂和加速沉淀、隔油分离以及尾矿浓缩等工程，是优良的净水填料。

② 蜂窝直管：该产品主要用于接触氧化池、生物滤塔及生物转盘中的微生物载体，

对工业有机废水或城镇生活污水进行生化处理，还可以作为化工塔的填充料、冷却塔填料等。

③ 塑料板波纹、丝网波纹填料：该产品主要用于气体净化、环保及分离提纯等多种行业。它具有重量轻、大容量、低压降、高比表面积、易更换等优点。部分规整填料结构特征见图 4-2，技术参数见表 4-5 至表 4-7。

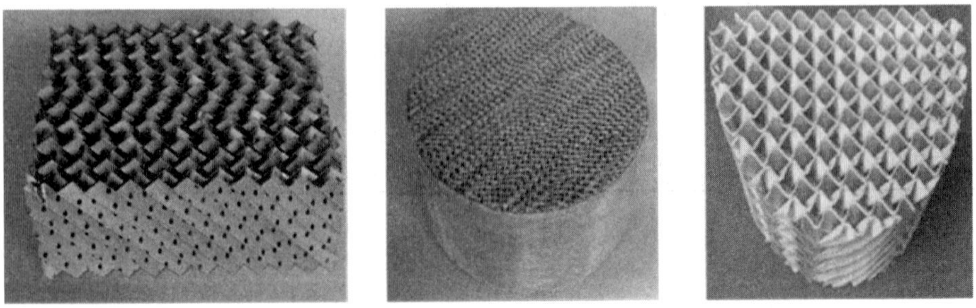

金属孔板波纹填料　　金属丝网波纹填料　　陶瓷波纹规整填料

图 4-2 部分规整填料结构特征

表 4-5 金属孔板波纹填料参数

型号	理论板数 NT/(1/m)	比表面积/(m^2/m^3)	空隙率/%	液体负荷/[$m^3/(m^2 \cdot h)$]	最大 F 因子/{$m/[s(kg/m^3)^{0.5}]$}	压降/(MPa/m)
125Y	1~1.2	125	98.5	0.2~100	3	2.0×10^{-4}
250Y	2~3	250	97	0.2~100	2.6	3.0×10^{-4}
350Y	3.5~4	350	95	0.2~100	2.0	3.5×10^{-4}
500Y	4~4.5	500	93	0.2~100	1.8	4.0×10^{-4}
700Y	6~8	700	85	0.2~100	1.6	4.6×10^{-4}~6.6×10^{-4}
125X	0.8~0.9	125	98.5	0.2~100	3.5	1.3×10^{-4}
250X	1.6~2	250	97	0.2~100	2.8	1.4×10^{-4}
350X	2.3~2.8	350	95	0.2~100	2.2	1.8×10^{-4}

表 4-6 金属丝网波纹填料参数

型号	理论板数 NT/(1/m)	比表面积/(m^2/m^3)	空隙率/%	液体负荷/[$m^3/(m^2 \cdot h)$]	最大 F 因子/{$m/[s(kg/m^3)^{0.5}]$}	压降/(MPa/m)
BX	4~5	500	90	0.2~20	2.2	1.97×10^{-4}
BY	4~5	500	90	0.2~20	2.4	1.99×10^{-4}
CY	8~10	700	87	0.2~20	2.0	4.6×10^{-4}~6.6×10^{-4}

表 4-7 塑料孔板波纹填料参数

型号	理论板数 NT/(1/m)	比表面积/(m^2/m^3)	空隙率/%	液体负荷/[$m^3/(m^2 \cdot h)$]	最大 F 因子/{$m/[s(kg/m^3)^{0.5}]$}	压降/(MPa/m)
125Y	1~2	125	98.5	0.2~100	3	2×10^{-4}
250Y	2~2.5	250	97	0.2~100	2.6	3×0^{-4}

续表

型号	理论板数 NT/(1/m)	比表面积/(m^2/m^3)	空隙率/%	液体负荷/[$m^3/(m^2 \cdot h)$]	最大 F 因子/{m/[s(kg/m³)$^{0.5}$]}	压降/(MPa/m)
350Y	3.5~4	350	95	0.2~100	2.0	3×10^{-4}
500Y	4~4.5	500	93	0.2~100	1.8	3×10^{-4}
125X	0.8~0.9	125	98.5	0.2~100	3.5	1.4×10^{-4}
250X	1.5~2	250	97	0.2~100	2.8	1.8×10^{-4}
350X	2.3~2.8	350	95	0.2~100	2.2	1.3×10^{-4}
500X	2.8~3.2	500	93	0.2~100	2.0	1.8×10^{-4}

4.2.2 填料的选择

选择填料从填料的材质、种类、规格等入手，既要考虑生产工艺的要求，又要考虑投资和操作费用。

4.2.2.1 填料材质的选择

通常工业用填料的材质分为陶瓷、金属和塑料三大类。陶瓷材质是应用最久的填料材质，具有很好的耐腐蚀性(氢氟酸除外)及耐热性，低温情况下同样适用，价格便宜，有很好的表面润湿性能，质脆、易碎是其最大缺点。在气体吸收、气体洗涤、液体萃取等过程中应用较为普遍，常见的有陶瓷鲍尔环、陶瓷拉西环、陶瓷一字环、陶瓷阶梯环等。

金属填料可用多种金属材质制成，选择时主要考虑腐蚀问题。碳钢填料造价低，具有良好的表面润湿性能，对于无腐蚀或低腐蚀性物系应优先考虑使用；不锈钢填料耐腐蚀性强，一般能耐除氯离子以外常见物系的腐蚀，但其造价较高，且表面润湿性能较差，在某些特殊场合(如极低喷淋密度下的减压精馏过程)，需对其表面进行处理才能取得良好的使用效果；钛材、特种合金钢等材质制成的填料造价很高，一般只在某些腐蚀性极强的物系下使用。总的来说，金属填料的通量大、气体阻力小，且具有很高的抗冲击性能，能在高温、高压、高冲击强度下使用，应用范围最为广泛，如金属阶梯环、金属矩鞍环、金属鲍尔环。

塑料填料的材质主要包括聚丙烯(PP)、聚偏氟乙烯(PE)及聚氯乙烯(PC)等。塑料填料的耐温性良好，可长期在 100℃以下使用，聚丙烯可耐温 110℃，聚偏氟乙烯则可耐温 150℃；耐腐蚀性能较好，可耐一般的无机酸、碱和有机溶剂的腐蚀。此外，塑料填料质轻、价廉、阻力小，具有良好的韧性，不易碎，尤其适用于吸收、解吸过程，亦可用于萃取、除尘等废气净化及高压操作装置中，同时还适用于易发泡的物系。塑料填料的缺点是不能承受过高的温度且表面润湿性能差，但可通过适当的表面处理来改善其表面润湿性能。常用如塑料海尔环、塑料共轭环、塑料异鞍环等填料。

4.2.2.2 填料种类的选择

填料种类的选择主要考虑以下几方面：

① 传质效率高，填料能提供较大的气液接触面；

② 填料润湿性能好；

③ 生产能力大，在传质效率高的前提下气体压降不能过大；

④ 填料要经久耐用，抗腐蚀性强，耐热性好，机械强度高；

⑤ 取材容易，价格适宜。

4.2.2.3 填料规格的选择

通常，散装填料与规整填料的规格表示方法不同，选择的方法也不尽相同。

（1）散装填料规格的选择

散装填料的规格通常是指填料的公称直径。工业塔常用的散装填料主要有 *DN*16、*DN*25、*DN*38、*DN*50、*DN*76 等几种规格。同种填料，尺寸越小比表面积越大，分离效率越好，但阻力增加，通量减小，填料费用越高。而大尺寸的填料应用于小直径塔中，又会产生液体分布不良及严重的壁流，使塔的分离效率降低。所以塔径与填料尺寸的比值在一定的范围内，推荐值见表 4-8。

表 4-8 塔径与填料公称直径的比值 *D/d* 的推荐值

填料种类	*D/d* 的推荐值	填料种类	*D/d* 的推荐值
拉西环	≥20~30	阶梯环	>8
矩鞍环	≥15	环矩鞍	>8
鲍尔环	≥10~15		

（2）规整填料规格的选择

规整填料通常用比表面积表示规整填料的型号与规格，主要有 125、250、350、500、700 等几种规格。同种类型的规整填料，其比表面积越大，传质效率越高，但比表面积的增加导致压降增加，阻力增加，通量减少。在选用时应从分离要求、通量要求、物料性质及设备投资、操作费用等方面综合考虑，使所选填料既能满足技术要求，又具有经济性。此外，在一座填料塔的填料选择上既可选用同类型、规格的填料，也可选用同类型不同规格的填料，亦可在不同塔段选用不同类型的填料。

4.3 填料塔内件

填料塔内件主要有液体分布器、液体的收集与再分布装置、填料支承装置、除沫装置、气体的进出口装置等，填料塔主要结构见图 4-3。

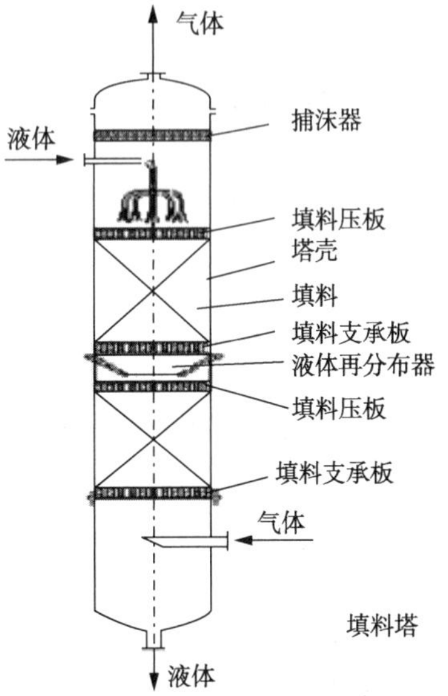

图 4-3 填料塔结构图

4.3.1 液体分布器

液体初始分布器设置于填料塔内填料层顶部，其作用是将塔顶液体均匀分布在填料层顶部。液体分布器是填料塔内关键的内件，液体初始分布质量对填料塔分离效率、操作弹性产生影响。理想的液体初始分布器操作弹性大、自由面积大，能均匀分布液体，能处理腐蚀、易起泡、易堵的液体。部分填料分布要求的适宜布液点密度见表 4-9。

表 4-9 部分填料的布液点密度

填料类型	布液点密度/(点/m^2塔截面积)	填料类型	布液点密度/(点/m^2塔截面积)
散堆填料	50~100	CY 丝网填料	>300
板波纹填料	>100		

液体分布器的种类较多，按分布器流体动力分：重力型液体分布器(孔型、堰型、压力型液体分布器，喷淋式、多孔管式)；按分布器的形状分：管式、双层排管、槽式、盘式、冲击式、喷嘴式、宝塔式、莲蓬头式、组合式等；按液体离开分布器的形式分：孔流型、溢流型；按液体分布的次数分：单级、多级；按分布器组合方式分：管槽式、孔槽式、槽盘式。选择的依据主要有分布质量、操作弹性、处理量、气体阻力、对水平度等许多方面。部分液体分布器结构形式见图 4-4。

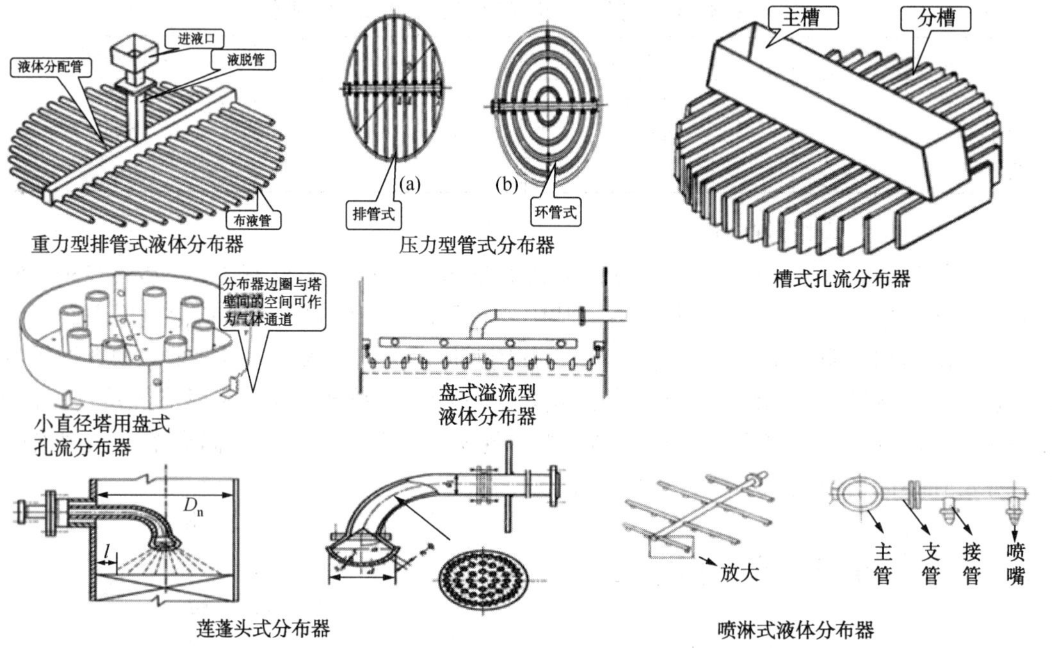

图 4-4 液体分布器

4.3.2 填料支承装置

支承填料的构件称为填料支承板。它应满足以下基本条件：(1)支承板上流体通过的自由截面积应为塔截面的 50%以上，且应大于填料的空隙率。若自由截面积太小，在操作中会产生拦液现象，导致压降增大，分离效率降低，甚至形成液泛。(2)要有足够强度承受填料的重量，并考虑填料孔隙中的持液重量，以及可能加于系统的压力波动、机械振动、温度波动等因素。(3)要有一定的耐腐蚀性能。常用的支承板有栅板、升气管式和驼峰式等类型。支承装置的选择，主要的依据是塔径、填料种类及型号、塔体、填料的材质与气液流率等。目前应用广泛的有：驼峰支承板、格栅支撑板。驼峰支承板又称梁型气体喷射式填料支撑板，是一种可根据塔径大小由一定单元数开孔波纹板组合而成的综合性能优良的散装填料支撑板。它的优点：结构合理，金属和塑料材质的支撑板开孔率在100%左右，陶瓷开孔率较小，通常约为50%或稍大，流体力学性能优良，填料颗粒或碎片不易堵塞孔口，材料省、质量轻、安装维修方便。格栅支撑板的几何结构主要以条状单元结构为主，以大峰高板波纹单元为主或斜板状单元为主进行单元规则组合而成。栅格具有比表面积较小、压降低、通量大等特点，特别适用于要求压降低、通量大、含有固体杂质物系的精馏、洗涤、急冷及除雾等传质、传热过程，减压塔在炼油厂中应用非常广泛。部分填料支承装置的结构型式见图 4-5。

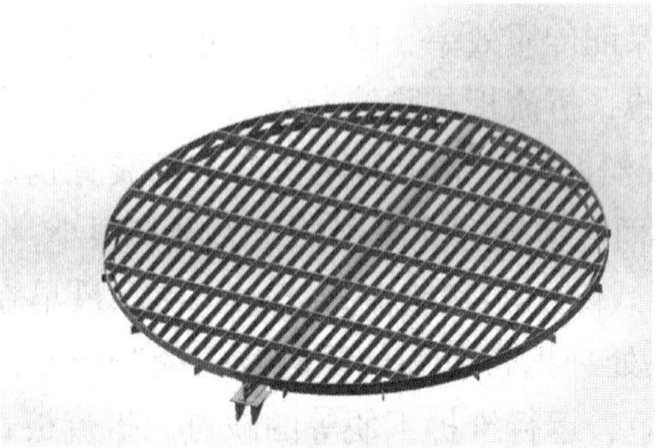

格栅支撑

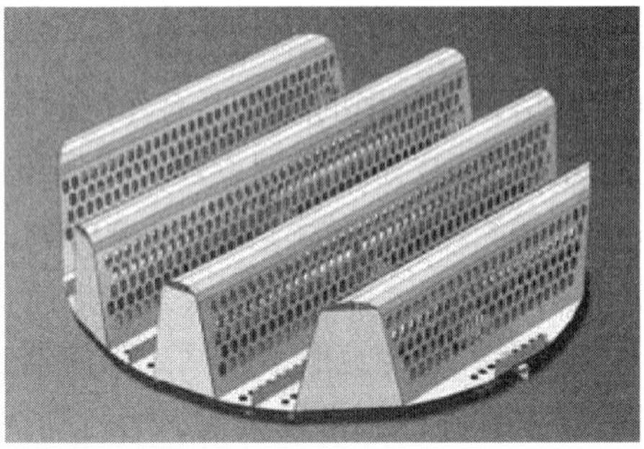

驼峰支承

图 4-5 部分填料支承装置的结构型式

4.3.3 液体的收集与再分布装置

填料中的液体有向塔壁偏流的倾向，因此填料超过一定的高度后就应将填料分段，将偏流的液体进行收集并再分布到下一段填料。塔中若有进料也须分段，并在进料处设置收集器和再分布器。塔中若有物料采出处也须分段，设计集油箱，将上段的液体收集，再设法将其部分或全部采出，下段的进料或回流也需要一个分布器。一般将液体收集器与液体分布器同时使用，构成液体收集及再分布装置。液体收集再分布器的种类很多，大体上可分为两类：一类是液体收集器与液体再分布器各自独立，分别承担液体收集和再分布的任务；另一类是集液体收集和再分布功能于一体而制成的液体收集和再分布器。常有组合式液体再分布器、盘式液体收集再分布器、壁流收集再分布器等。

4.3.4 气体的进口分布器

填料塔的气体进口装置的作用是使气体尽可能分散均匀，还要防止塔内下流的液体流入到气体管路中。对于直径在500mm以下的塔，将进气管伸至塔的中心线位置，管端为向下的45°切口或向下的缺口。对于直径较大的塔，进气管的末端为向下的喇叭口或采取气体均布措施。如图 4-6 所示。

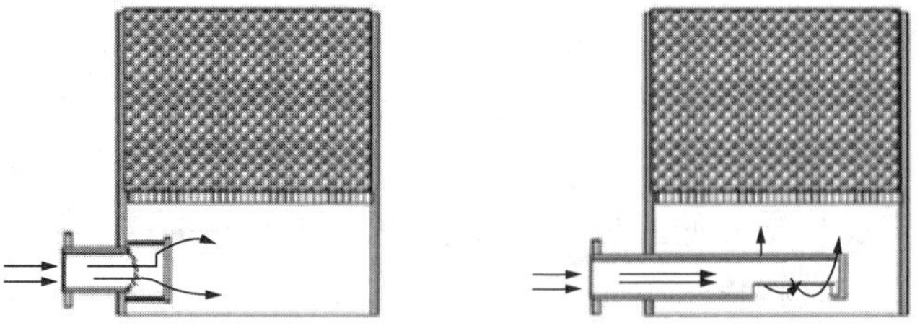

图 4-6　气体的进口分布器

4.3.5　除沫器

除沫器用于分离塔中气体夹带的液滴，以保证传质效率，降低有价值的物料损失。除沫器通常设置在塔顶。常用的除沫器有丝网除沫器、折流板式除沫器和旋流板式除沫器，见图4-7。丝网除沫器主要是由丝网、丝网格栅组成丝网块和固定丝网块的支承装置构成，对粒径≥3~5μm的雾沫，捕集效率达98%~99.8%，而气体通过除沫器的压力降却很小，只有250~500Pa，有利于提高设备的生产效率；折流板式除沫器和旋流板式除沫器，最早在国外出现在20世纪中叶，它们克服了丝网式除沫器在处理携带有固体颗粒物、凝胶质和液沫携带物的气流除沫上存在的经常性堵塞、运行周期短、运行维护不便等的缺点。折流板式除沫器称波板除沫器，常由多折向波形板、支撑架、挡板以及冲洗喷嘴、冲洗管道、管道支撑、管卡等部件组成。当含有雾沫的气体以一定速度流经除雾器时，由于气体的惯性撞击作用，雾沫与波形板相碰撞而被附着在波形板表面上，常应用于塔径小的塔。旋流板式除沫器，由几块固定的旋流板片组成，气体通过时，产生旋转运动，靠旋流产生的离心力分离雾沫，适用于大塔径净化要求高的场合。

图 4-7　除沫器

4.4　填料塔工艺尺寸的计算

填料塔工艺尺寸的计算主要有：塔径、填料层高度的计算等。

4.4.1 塔径的计算

填料塔直径计算公式：

$$D=\sqrt{\frac{4V_s}{\pi u}} \tag{4-1}$$

式中 V_s——气体体积流量，m^3/s；

u——空塔气速，m/s。

4.4.1.1 空塔气速 u 的确定

(1) 用泛点气速法计算

泛点气速是填料塔操作空速的最大气速，填料塔的操作空塔气速必须小于泛点气速，操作空塔气速与泛点气速的比值称为泛点率。

散装填料塔泛点率的经验值范围为：$u/u_F=0.5\sim0.85$；

规整填料塔泛点率的经验值范围为：$u/u_F=0.6\sim0.95$。

泛点率的选择要从塔的操作压力和物料的发泡程度两方面考虑。加压操作的塔通常选取的泛点率值较高，减压操作的塔选取的泛点率值较低。若物料易起泡沫，泛点率取低限值；无泡沫的物料，泛点率可取较高值。

泛点气速有多种获取方法，常用的有：

① 贝恩(Bain)-霍根(Hougen)关联式。填料的泛点气速可由贝恩-霍根关联式计算，即：

$$\lg\left[\frac{u_F^2}{g}\left(\frac{a_t}{\varepsilon^3}\right)\left(\frac{\rho_V}{\rho_L}\right)\mu_L^{0.2}\right]=A-K\left(\frac{w_L}{w_V}\right)^{1/4}\left(\frac{\rho_V}{\rho_L}\right)^{1/8} \tag{4-2}$$

式中 u_F——泛点气速，m/s；

g——重力加速度，$9.81m/s^2$；

a_t——填料总比表面积，m^2/m^3；

ε——填料层空隙率，m^3/m^3；

ρ_V，ρ_L——气相、液相密度，kg/m^3；

μ_L——液体黏度，mPa·s；

w_L，w_V——液相、气相质量流量，kg/h；

A，K——关联常数。

常数 A 和 K 与填料的形状及材质有关，不同类型填料的 A、K 值列于表 4-10 中。

表 4-10 式(4-2)中的 A、K 值

散装填料类型	A	K	规整填料类型	A	K
塑料鲍尔环	0.0942	1.75	金属丝网波纹填料	0.30	1.75
金属鲍尔环	0.1	1.75	塑料丝网波纹填料	0.4201	1.75
塑料阶梯环	0.204	1.75	金属网孔波纹填料	0.155	1.47
金属阶梯环	0.106	1.75	金属孔板波纹填料	0.291	1.75
瓷矩鞍	0.176	1.75	塑料孔板波纹填料	0.291	1.563
金属环矩鞍	0.06225	1.75			

② 用埃克特(Eckert)通用关联图计算适用于拉西环、弧鞍形填料、矩鞍形填料、鲍尔环等填料，如图 4-8 所示，最上面是整砌拉西环和弦栅填料两种规整填料的泛点曲线。对于尺寸较大的新型散堆填料和规整填料，其填料因子一般在 50~100m^{-1}，泛点压降在 588.6~981Pa/m 之间，不能采用埃克特泛点关联图来计算泛点气速。计算泛点气速时根据求出横坐标$\frac{w_L}{w_V}\left(\frac{\rho_V}{\rho_L}\right)^{0.5}$的值作垂线，与相应的泛点线相交，通过交点作水平线与纵坐标相交，得到纵坐标$\frac{u^2\Phi\psi}{g}\left(\frac{\rho_V}{\rho_L}\right)\mu_L^{0.2}$值。此时所对应的 u 即为泛点气速 u_F。在埃克特通用关联图中的填料因子 Φ 有泛点填料因子 Φ_F 与压降填料因子 Φ_p 的区别，计算泛点气速选用填料因子 Φ_F。此图还可估算填料层压降，计算压降则要使用压降填料因子 Φ_p，部分填料的填料因子 Φ_F 见表 4-11，压降填料因子 Φ_p 见表 4-12。

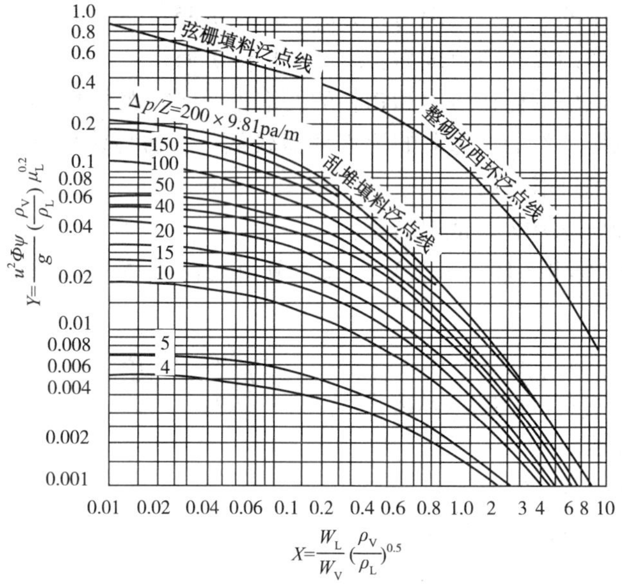

图 4-8 填料塔泛点和压降的通用关联图

u—空塔气速，m/s；Φ—湿填料因子，简称填料因子，1/m；ψ—水的密度和液体的密度之比；
g—重力加速度，9.81m/s^2；ρ_V，ρ_L—气体、液体的密度，kg/m^3；μ_L—液体黏度，mPa·s；
w_V，w_L—气体、液体的质量流量，kg/s

表 4-11 某些散堆填料的泛点填料因子 Φ_F m^{-1}

填料名称	填料尺寸/mm				
	16	25	38	50	76
瓷拉西环	1300	832	600	410	
瓷矩鞍	1100	550	200	226	
塑料鲍尔环	550	280	184	140	92
金属鲍尔环	410		117	160	
塑料阶梯环		260	170	127	
金属阶梯环		260	160	140	
金属环矩鞍		170	150	135	120

表 4-12 某些散堆填料的压降填料因子 Φ_p m^{-1}

填料类型	填料尺寸				
	*DN*16mm	*DN*25mm	*DN*38mm	*DN*50mm	*DN*76mm
金属鲍尔环	306	—	114	98	—
金属环矩鞍		138	93.4	71	36
金属阶梯环	—	—	118	82	—
塑料鲍尔环	343	232	114	125/110	62
塑料阶梯环	—	176	116	89	—
瓷质矩鞍环	700	215	140	160	—
瓷质拉西环	1050	576	450	288	—

(2) 气相动能因子(F 因子)法

$$F=u\sqrt{\rho_V} \tag{4-3}$$

不同类型填料的 F 因子从手册或图表中查得，然后依据式(4-3)即可计算出操作空塔气速 u。部分填料的 F 因子见表 4-13、表 4-14。

表 4-13 部分散堆填料常用的气体动能因子

填料名称	填料尺寸/mm		
	25	38	50
金属鲍尔环	0.37~2.68		1.34~2.93
矩鞍环	1.19	1.45	1.7
环鞍	1.76	1.97	2.2

表 4-14 部分规整填料常用的气体动能因子

	规格	动能因子		规格	动能因子
金属孔板波纹	125Y	3	塑料孔板波纹	125Y	3
	250Y	2.6		250Y	2.6
	350Y	2		350Y	2
	500Y	1.8		500Y	1.8
	125X	3.5		125X	3.5
	250X	2.8		250X	2.8

(3) 气相负荷因子(C_s因子)法

$$C_s=u\sqrt{\frac{\rho_V}{\rho_L-\rho_V}} \tag{4-4}$$

$$C_s=0.8C_{s,max} \tag{4-5}$$

可先求出最大气相负荷因子 $C_{s,max}$，然后依据式(4-5)计算出 C_s，再依据式(4-4)求出操作空塔气速 u。

常用规整填料 $C_{s,max}$ 的计算参见有关填料手册，也可从图 4-9 所示的 $C_{s,max}$ 曲线图查得。图中的横坐标 ψ 称为流动参数，其定义为：

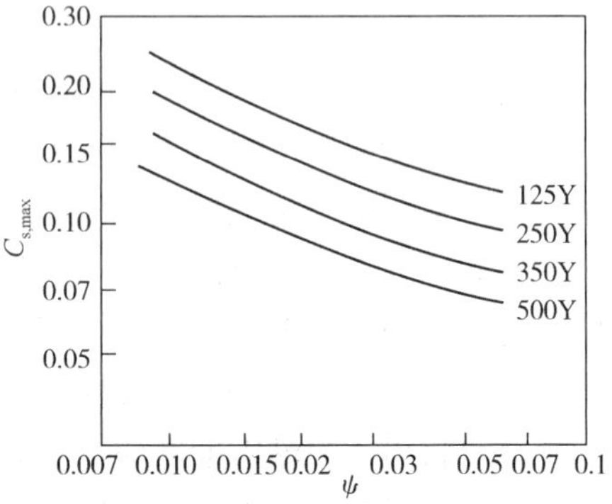

图 4-9 波纹填料最大气相负荷因子

$$\psi=\frac{w_L}{w_V}\left(\frac{\rho_V}{\rho_L}\right)^{0.5} \tag{4-6}$$

图 4-9 曲线适用于板波纹填料。如果以 250Y 型板波纹填料为基准，对于其他类型的板波纹填料，需要乘以修正系数 C，其值参见表 4-15。

表 4-15 其他类型的波纹填料的最大负荷修正系数

填料类型	型 号	修正系数
板波纹填料	250Y	1.0
丝网波纹填料	BX	1.0
丝网波纹填料	CY	0.65
陶瓷波纹填料	BX	0.8

气相动能因子法和气相负荷因子法一般只适用于规整填料，且液体黏度不大于 2mPa·s，操作压力不大于 0.2MPa 的场合。

4.4.1.2 塔径的圆整

由式(4-1)计算出塔径 D 后，要按塔径系列标准进行圆整。常用的标准塔径有：400mm、500mm、600mm、700mm、800mm、1000mm、1200mm、1400mm、1600mm、2000mm、2200mm 等。不同填料塔径 D 与填料直径 d 之比的经验数据，需要满足表 4-8 中推荐数值范围，若不满足推荐数值范围，需要重新计算塔径，同时再核算操作空塔的气速 u 与泛点率。

4.4.1.3 液体喷淋密度的核算

填料塔的液体喷淋密度，即单位时间、单位塔截面上液体的喷淋量。

$$U=\frac{L_h}{0.785\,D^2} \tag{4-7}$$

式中 U——液体喷淋密度，$m^3/(m^2\cdot h)$；

L_h——液体喷淋量，m^3/h；

D——填料塔直径，m。

为使塔内填料润湿充分，塔内液体喷淋量应大于最小喷淋密度 U_{min}。对于散装填料，其最小喷淋密度通常采用下式计算：

$$U_{min}=L_{W,min}a_t \tag{4-8}$$

式中 U_{min}——最小喷淋密度，$m^3/(m^2\cdot h)$；

$L_{W,min}$——最小润湿速率，$m^3/(m\cdot h)$；

a_t——填料的总比表面积，m^2/m^3。

最小润湿速率指在塔的截面、单位长度的填料周边的最小液体体积流量。其值可采用经验值，也可由经验公式计算(见有关填料手册)。通常直径不大于 75mm 的散装填料，最小润湿速率 $L_{W,min}$ 取 $0.08m^3/(m\cdot h)$；直径大于 75mm 的散装填料，取 $L_{W,min}=0.12m^3/(m\cdot h)$。

规整填料最小喷淋密度简便计算时取 $U_{min}=0.2m^3/(m^2\cdot h)$，也可从有关填料手册中查得。实际操作时的液体喷淋密度应大于最小喷淋密度，否则要重新计算塔径。不同填料材质的最小喷淋密度见表 4-16。

表 4-16 不同填料材质的最小喷淋密度

填料材质	U_{min}/[m^3/(m^2·h)]	填料材质	U_{min}/[m^3/(m^2·h)]
未上釉化学陶瓷	0.5	光亮不锈钢等金属	3.0
氧化的碳钢、铜	0.7	聚氯乙烯聚二氯乙烯	3.5
经表面处理的金属	1.0	聚丙烯	4.0
上釉陶瓷	2.0	聚四氟乙烯聚全氟乙烯	5.0
玻璃	2.5		

4.4.2 填料层高度的计算

4.4.2.1 填料层高度的计算

填料层高度的计算主要有传质单元数法和等板高度法。在工程设计中，对于吸收、解吸及萃取等过程中填料高度的设计，多采用传质单元数法；对于精馏过程中填料高度的设计，多用等板高度法。

(1) 传质单元数法

传质单元数法计算填料层高度的基本公式为：

$$Z=H_{OG}\cdot N_{OG} \tag{4-9}$$

传质单元高度的影响因素众多，没有通用的计算方法和计算公式。其中应用较为普遍的是修正的恩田(Onde)公式。

$$k_G=0.237\left(\frac{U_V}{a_t\mu_V}\right)^{0.7}\cdot\left(\frac{\mu_V}{\rho_V D_V}\right)^{\frac{1}{3}}\cdot\left(\frac{a_t D_V}{RT}\right) \tag{4-10}$$

$$k_L=0.0095\cdot\left(\frac{U_L}{a_w\cdot\mu_L}\right)^{\frac{2}{3}}\cdot\left(\frac{\mu_L}{\rho_L\cdot D_L}\right)^{-\frac{1}{2}}\cdot\left(\frac{\mu_L\cdot g}{\rho_L}\right)^{\frac{1}{3}} \tag{4-11}$$

$$k_G a=k_G\cdot a_w\cdot\psi^{1.1} \tag{4-12}$$

$$k_L a=k_L\cdot a_w\cdot\psi^{0.4} \tag{4-13}$$

其中，

$$\frac{a_w}{a_t}=1-\exp\left\{-1.45\left(\frac{\sigma_C}{\sigma_L}\right)^{0.75}\left(\frac{U_L}{a_t\mu_L}\right)^{0.1}\left(\frac{U_L^2 a_t}{\rho_L^2 g}\right)^{-0.05}\left(\frac{U_L^2}{\rho_L\sigma_L a_t}\right)^{0.2}\right\} \tag{4-14}$$

式中 U_V，U_L——气体、液体的质量通量，kg/(m^2·h)；

μ_V，μ_L——气体、液体的黏度，kg/(m·h)[1Pa·s=3600kg/(m·h)]；

ρ_V，ρ_L——气体、液体的密度，kg/m^3；

D_V，D_L——溶质在气体、液体中的扩散系数，m^2/s；

R——通用气体常数，8.314J/(mol·K)；

T——系统温度，K；

a_t——填料的总比表面积，m^2/m^3；

a_w——填料的润湿比表面积，m^2/m^3；

g——重力加速度，9.81m/s^2；

σ_L——液体的表面张力，kg/h^2；

σ_c——填料材质的临界表面张力，kg/h^2(1dyn/cm=12960kg/h^2)；

ψ——填料形状系数。

常见材质的临界表面张力值见表4-17，常见填料的形状系数见表4-18。

表4-17　常见材质的临界表面张力值

材质	碳	瓷	玻璃	聚丙烯	聚氯乙烯	钢	石蜡
表面张力/(dyn/cm)	56	61	73	33	40	75	20

表4-18　常见填料的形状系数

填料类型	球形	棒形	拉西环	弧鞍	开孔环
ψ值	0.72	0.75	1	1.19	1.45

由式(4-12)、式(4-13)计算出k_Ga、k_La后，可按下列公式计算气相传质单元高度H_{OG}(m)：

$$H_{OG}=\frac{V}{K_Ya\Omega}=\frac{V}{K_Ga\Omega p} \tag{4-15}$$

$$K_Ga=\frac{1}{\dfrac{1}{k_Ga}+\dfrac{1}{Hk_La}} \tag{4-16}$$

式中　Ω——塔截面积，m^2；

p——总压，kPa；

H——溶解度系数，kmol/(m^3·kPa)。

修正的恩田公式只适用于$u\leqslant 0.5u_F$的情况，当$u>0.5u_F$时，需要按下式进行校正：

$$k'_Ga=\left[1+9.5\left(\frac{u}{u_F}-0.5\right)^{1.4}\right]k_Ga \tag{4-17}$$

$$k'_La=\left[1+2.6\left(\frac{u}{u_F}-0.5\right)^{2.2}\right]k_La \tag{4-18}$$

(2) 等板高度法

等板高度法计算填料层高度的基本公式为：

$$Z=HETP\cdot N_T \tag{4-19}$$

影响填料等板高度*HETP*的因素很多，等板高度通常是通过实验测定，或从经验数据、填料手册中选取，某些填料的*HETP*值见表4-19。

表4-19　某些填料的*HETP*值及其测试条件

分离系统	填料			塔径/m	填充高度/m	气相流率/[(kg/(m^2·h)]	液相流率/[(kg/(m^2·h)]	操作压力/kPa	*HETP*/mm
	种类	材质	公称直径*DN*/mm						
甲醇-水	拉西环	瓷质	26	0.26	0.75	776	776	101.3	160
甲醇-水	拉西环	瓷质	26	0.26	0.75	3500	5300	101.3	200
甲醇-水	鲍尔环	瓷质	26	0.38	2.90	4730	2580	101.3	710
乙醇-水	拉西环	瓷质	13	0.13	2.74	2680	2680	101.3	380
乙醇-水	拉西环	瓷质	26	0.31	3.05	3830	3830	101.3	440
乙醇-水	拉西环	瓷质	50	0.31	3.05	3980	3980	101.3	830

续表

分离系统	填料			塔径/m	填充高度/m	气相流率/[(kg/(m² · h)]	液相流率/[(kg/(m² · h)]	操作压力/kPa	HETP/mm
	种类	材质	公称直径 DN/mm						
异丙基苯酚-水	拉西环	陶瓷	13	0.156	1.19	1680	1680	101.3	150
异丙基苯酚-水	拉西环	陶瓷	13	0.156	1.19	2501	864	101.3	290
异丙基苯酚-水	拉西环	陶瓷	13	0.156	1.19	2690	1508	101.3	200
异丙基苯酚-水	槽鞍形	陶瓷	26	0.46	1.52/1.83	5410	1590	101.3	480
水-乙二醇	鲍尔环	陶瓷	38	1.07	1.83/3.05	4120	1510	30.7	920
水-糠醛	槽鞍形	陶瓷	38	0.51	1.83/3.66	6350	3560	101.3	610
水-甲酸	鲍尔环	陶瓷	50	0.92	5.49/5.19	9910	8000	101.3	760
丙酮-水	拉西环	陶瓷	26	0.38	2.9	3320~7620	1660	101.3	550
丙酮-水	拉西环	陶瓷	26	0.38	2.9	3270	1660	101.3	580
丙酮-水	拉西环	陶瓷	26	0.38	2.9	10200	5120	101.3	460
丙酮-水	鲍尔环	陶瓷	10	0.38	2.9	6540~13100	3270~6540	101.3	400
丙酮-水	鲍尔环	陶瓷	26	0.38	2.9	6590	3320	101.3	440
丙酮-水	鲍尔环	陶瓷	26	0.38	2.9	16400	3200	101.3	430
丙酮-水	鲍尔环	陶瓷	38	0.38	2.9	10406	5470	101.3	460
丙酮-水	马鞍型	陶瓷	26	0.38	2.9	6590	3320	101.3	520

近年来研究者通过大量数据回归得到了常压蒸馏时的 *HETP* 关联式如下：

$$\ln(HETP)=h-1.292\sigma_L+1.47\ln\mu_L \tag{4-20}$$

式中 *HETP*——等板高度，mm；

σ_L——液体表面张力，N/m；

μ_L——液体黏度，Pa · s；

h——常数，其值见表 4-20。

式(4-20)考虑了液体黏度及表面张力的影响，其适用范围如下：

$$1\text{mN/m}<\sigma_L<36\text{mN/m};\ 0.08\text{mPa}\cdot\text{s}<\mu_L<0.83\text{mPa}\cdot\text{s}$$

表 4-20 *HETP* 关联式中的 *h* 常数值

填料类型	*h*	填料类型	*h*
*DN*25mm 金属环矩鞍填料	6.8505	*DN*50mm 金属鲍尔环	7.3781
*DN*40mm 金属环矩鞍填料	7.0382	*DN*25mm 瓷环矩鞍填料	6.8505
*DN*50mm 金属环矩鞍填料	7.2883	*DN*38mm 瓷环矩鞍填料	7.1079
*DN*25mm 金属鲍尔环	6.8505	*DN*50mm 瓷环矩鞍填料	7.4430
*DN*38mm 金属鲍尔环	7.0779		

用上述方法计算出填料层高度要乘以的安全系数 1.2~1.5，因此填料层的设计高度为：

$$Z'=(1.2\sim1.5)Z \tag{4-21}$$

式中 Z'——设计时的填料高度，m；

Z——工艺计算得到的填料层高度，m。

4.4.2.2 填料层的分段

液体在乱堆填料层内向下流动时，有一种逐渐向塔壁流动的趋势，即壁流现象。为提高塔的传质效果，当填料层高度与塔径之比超过某一数值时，填料层需分段。

（1）散装填料的分段。散装填料分段高度推荐值见表4-21，表中 h 为分段高度，h/D 为分段高度与塔径之比，H_{max} 为允许的最大填料层高度。

表 4-21 散装填料分段高度推荐值

填料类型	h/D	H_{max}/m
拉西环	2.5	≤4
矩鞍	5~8	≤6
鲍尔环	5~10	≤6
阶梯环	8~15	≤6
环矩鞍	5~15	≤6

（2）规整填料的分段。规整填料的分段高度 h 按下式确定：

$$h=(15\sim20)\times HETP \tag{4-22}$$

式中 $HETP$——规整填料的等板高度，m。

规整填料的分段高度亦可按表4-22的推荐值确定。

表 4-22 规整填料分段高度推荐值

填料类型	h/m	填料类型	h/m
250Y 板波纹填料	6.0	500(BX)丝网波纹填料	3.0
500Y 板波纹填料	5.0	700(CX)丝网波纹填料	1.5

4.4.3 填料层压降的计算

进行真空精馏和常压吸收操作的填料塔，要计算全塔压降，全塔压降主要有填料层压降和塔内件压降，填料层压降占全塔压降的主要部分。填料层压降通常用单位高度填料层的压降 $\Delta p/Z$ 乘以填料层高度得到。填料层压降通常由厂家提供的实验数据，或采用由经验公式、关联图取得，这样计算出来的压降还要乘以安全系数才为填料层压降最终估算值。

4.4.3.1 散装填料的压降估算

（1）埃克特通用关联式法

部分散装填料的压降值可由埃克特通用关联图估算，见图4-8。方法是根据有关数据求出横坐标 $\frac{W_L}{W_V}\left(\frac{\rho_V}{\rho_L}\right)^{0.5}$ 的值与纵坐标 $\frac{u^2\Phi\psi}{g}\left(\frac{\rho_v}{\rho_L}\right)\mu_L^{0.2}$ 的值，此时所对应的 u 为空塔气速，纵坐标 $\frac{u^2\Phi\psi}{g}\left(\frac{\rho_v}{\rho_L}\right)\mu_L^{0.2}$ 中 Φ 为压降填料因子 Φ_p。作垂直于横坐标 $\frac{W_L}{W_V}\left(\frac{\rho_V}{\rho_L}\right)^{0.5}$ 的值与纵坐标 $\frac{u^2\Phi\psi}{g}\left(\frac{\rho_v}{\rho_L}\right)\mu_L^{0.2}$ 的值的直线，得到两线交点，交点所处的等压线数值为每米填料层压降估值。部分散装填料的压降填料因子参考表4-12。

（2）填料压降曲线法

一些散装填料压降可从有关填料手册中的空塔气速 u-填料层压降 $\Delta p/Z$ 曲线查得。

（3）利用压降关联式计算

可以利用 Leva 提出的适用于湍流条件下的关联式：

$$\Delta p=\alpha\cdot 10^{\beta L}\cdot\frac{G^2}{\rho_G} \tag{4-23}$$

式中 Δp——气体压降，$mmH_2O/m(1mmH_2O=9.81Pa)$；

α，β——与填料类型、尺寸有关的常数，部分填料常数 α、β 值见表 4-23；

L——液体质量流速，$kg/(m^2\cdot s)$；

G——气体质量流速，$kg/(m^2\cdot s)$；

ρ_G——气体密度，kg/m^3。

表 4-23 部分填料常数 α、β 值

填料	材质	尺寸/mm	α	β	流量范围 $L/[kg/(m^2\cdot s)]$
拉西环(整砌)	陶瓷	13	3.1	0.41	0.4~11.7
		25	0.97	0.25	0.5~36.6
		38	0.39	0.23	1.0~19.5
		50	0.24	0.17	1.0~26.9
		50	0.06	0.12	1.0~43.9
弧鞍	陶瓷	13	1.2	0.21	0.4~29.3
		25	0.39	0.17	1.0~39.1
		38	0.21	0.13	0.4~29.3
矩鞍	陶瓷	13	0.82	0.2	0.7~19.5
		25	0.31	0.16	3.4~19.5
		38	0.14	0.14	1.0~39.1
		50	0.08	0.14	
鲍尔环	碳钢	25	0.15	0.15	
		38	0.08	0.16	
		50	0.06	0.12	

对于非水系统，Liva 关联式需根据下式校正液体质量流速：

$$L=L_{液}\frac{\rho_{水}}{\rho_{液}} \tag{4-24}$$

Liva 关联式在低液量时较为准确，适用于真空精馏。

4.4.3.2 规整填料的压降计算

（1）利用填料的压降关联式计算

规整填料的压降通常采用以下关联式：

$$\Delta p/Z=\alpha\left(u\sqrt{\rho_v}\right)^{\beta} \tag{4-25}$$

式中 $\Delta p/Z$——每米填料层高度的压力降，Pa/m；

u——空塔气速，m/s；

ρ_v——气体密度，kg/m^3；

α，β——关联式常数，可从填料手册中查得。

（2）由填料压降曲线估算

规整填料压降曲线由厂家提供或从有关填料手册得到，横坐标通常以 F 因子表示，纵坐标以单位高度填料层压降 $\Delta p/Z$ 表示。

（3）由规整填料的压降关联图查得

Kister 等人提出的通用规整填料的压降关联图见图 4-10，关联图在以下范围内使用时准确性比较高：

① 液相为水时，$0.01 \leqslant F_{LV} \leqslant 1$；非水系统，$0.02 \leqslant F_{LV} \leqslant 0.2$。

② 填料因子 Φ 在 20～100m^{-1}之间，常见规整填料的实验填料因子见表 4-24。

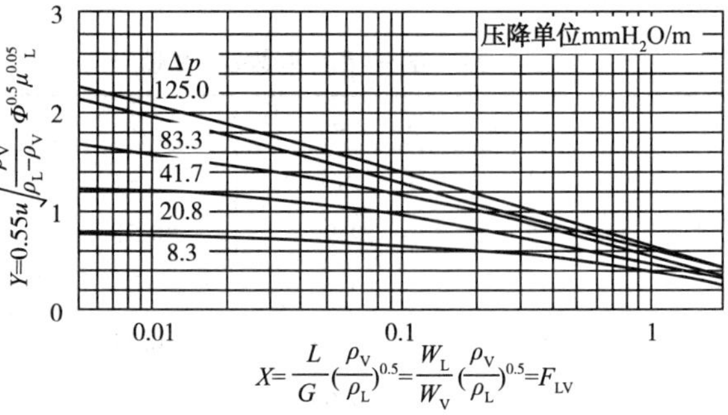

图 4-10 规整填料通用压降关联图

G，L—气、液相质量流速，$kg/(m^2 \cdot s)$；w_V、w_L—气、液相的质量流量，kg/s；

ρ_V，ρ_L—气、液相密度，kg/m^3；u—空塔气速，m/s；Φ—填料因子，m^{-1}；

μ_L—液体黏度，mPa·s；F_{LV}—流动参数

表 4-24 常见规整填料的实验填料因子 Φ

填料	材料	型号	填料因子 Φ/m^{-1}
Sulzer' sMellapak	金属	125Y	33
		250Y	66
		350Y	76
		500Y	112
	塑料	250Y	72
Koch-Sulzer	丝网	CY	230
		BX	69

4.4.4 液体分布器的设计

4.4.4.1 液体分布器的设计原则

液体分布器若设计不当，液体预分布不均，填料层的有效湿面积减小而偏流现象和沟流现象增加，即使填料性能再好也很难达到满意的分离效果。液体分布器的性能主要由分布器的布液点密度（即单位面积上的布液点数）、各布液点均匀性、各布液点上液相组成的均匀性决定，设计液体分布器主要是确定这些参数的结构尺寸。对液体分布器的选型和设计，一

般要求：液体分布要均匀，高性能的液体分布器，要求各分布点与平均流量的偏差小于6%，分布点的排列可采用正方形、正三角形等不同方式；自由截面率要大，最小应在35%以上，一般自由截面积为50%~70%；操作弹性大，一般要求液体分布器的操作弹性为2~4；不易堵塞，不易引起雾沫夹带及起泡等，可用多种材料制作，且操作安装方便，容易调整水平。填料塔分布点密度推荐值见表4-25、表4-26。

表 4-25 埃克特的散装填料塔分布点密度推荐值

塔径 D/mm	分布点密度/(点/m^2塔截面)	塔径 D/mm	分布点密度/(点/m^2塔截面)
400	330	≥1200	42
750	170		

表 4-26 苏尔寿公司的规整填料塔分布点密度推荐值

填料类型	分布点密度(点/m^2塔截面)	填料类型	分布点密度(点/m^2塔截面)
250Y 孔板波纹填料	≥100	700(CX)丝网波纹填料	≥300
500(BX)丝网波纹填料	≥200		

4.4.4.2 液体分布器布液能力的计算

液体分布器布液能力是液体分布器重要性能，布液能力设计是液体分布器设计的重要内容。液体分布器结构、原理不同，设计时选用不同的公式计算。

（1）多孔型分布器布液能力的计算公式

$$L_s = \frac{\pi}{4} d_0^2 n \phi \sqrt{2g\Delta H} \tag{4-26}$$

式中 L_s——液体流量，m^3/s；

n——开孔数目，即分布点数目；

ϕ——孔流系数，一般取值0.55~0.60；

d_0——孔径，m；

ΔH——开孔上方的液位高度，m。

（2）压力型液体分布器布液能力计算公式

$$L_s = \frac{\pi}{4} d_0^2 n \phi \sqrt{2g \frac{\Delta p}{\rho_L g}} \tag{4-27}$$

式中 Δp——分布器的工作压力差(或压降)，Pa；

ρ_L——液体密度，kg/m^3。

设计中液体流量L_s为已知，给定开孔上方的液位高度ΔH(或已知分布器的工作压力差Δp)，依据分布器布液能力计算公式，可设定开孔数目n，计算孔径d_0；亦可设定孔径d_0，计算开孔数目n。

4.5 填料吸收塔的设计

4.5.1 吸收过程概述

气体吸收是利用气体混合物中各组分在液相溶剂中溶解度的差异，将混合物气体的某些组分转移到液体的过程，在石油化工、医药、环保等行业中应用广泛。在气体吸收装置设计中，吸收流程、吸收剂的选择、操作压力和温度的选择是决定设备投资和操作成本的重要因素。

4.5.1.1 吸收流程的选择

工业过程吸收流程多种多样。从使用的吸收剂的种类看，有仅用一种吸收剂的一步吸收流程和使用两种吸收剂的两步吸收流程。一步吸收流程一般用于混合气体溶质浓度较低、分离要求不高的场所；若混合气体中溶质浓度较高且吸收要求也高，可以考虑采用两步吸收流程。

从所用的塔设备数量看，可分为单塔吸收流程和多塔吸收流程。单塔吸收流程是吸收过程中最常用的流程，若过程的分离要求较高，使用单塔操作时塔体过高，则需要采用多塔流程，最为典型的为双塔吸收流程。

从塔内气液两相的流向可分为逆流吸收流程、并流吸收流程等基本流程，由于逆流操作具有传质推动力大、分离效率高而广泛应用。工业上若无特别要求一般采用逆流吸收流程。

填料塔的分离效率受填料层上的液体喷淋量影响，液相喷淋量过小难以充分润湿填料表面时，填料塔的分离效率下降，可以采用部分溶剂循环吸收流程，以提高液相喷淋量，改善塔的操作状况。

4.5.1.2 吸收剂的选择

吸收过程是依靠气体溶质在吸收剂中的溶解差异来实现组分分离，吸收剂的溶解能力与选择性等性能，决定吸收操作效果。吸收剂的选择应考虑以下几方面：

① 溶解度：吸收剂对溶质组分的溶解度要大，以提高吸收速率并减少吸收剂的用量。

② 选择性：吸收剂对溶质组分要有良好的溶解能力，而对混合气体中的其他组分不溶解或溶解极少。

③ 挥发度：操作温度下吸收剂的蒸气压要低，以减少吸收和再生过程中吸收剂的挥发损失。

④ 黏度：吸收剂在操作温度下的黏度越低，其在塔内的流动性越好，有助于传质速率和传热速率的提高。

⑤ 其他：所选用的吸收剂应尽可能满足无毒性、无腐蚀性、不易燃易爆、不发泡、冰点低、价廉易得以及化学性质稳定等要求。

工业常用吸收剂见表 4-27。

表 4-27 工业常用吸收剂

溶　　质	吸收剂	溶　　质	吸收剂
氨	水、硫酸	硫化氢	碱液、砷碱液、有机溶剂
丙酮蒸气	水	苯蒸气	煤油、洗油
氯化氢	水	丁二烯	乙醇、乙腈
二氧化碳	水、碱液、碳酸丙烯酯	二氯乙烯	煤油
二氧化硫	水	一氧化碳	铜氨液

4.5.1.3 操作压力的选择

对于物理吸收，加压操作有利于提高吸收过程的传质推动力从而提高过程的传质速率，也可以减小气体的体积流率，减小吸收塔径，但需要专门的增压设备与容器。若为化学吸收，若过程由质量传递过程控制，则提高操作压力有利，若为化学反应过程控制，则操作压力对过程的影响不大，可以完全根据前后工序的压力参数确定吸收操作压力，但加大吸收压力依然可以减小气相的体积流率，对减小塔径有利。

4.5.1.4 操作温度的选择

对于物理吸收过程，降低操作温度利于吸收，但低温流体黏度大，且要消耗大量的制冷动力。对于化学吸收，操作温度应根据化学反应的性质而定，既要考虑温度对化学反应速度常数的影响，也要考虑对化学平衡的影响，使吸收反应具有适宜的反应速度。对于再生操作，较高的操作温度可以降低溶质的溶解度，有利于吸收剂的再生。

4.5.2 填料吸收塔工艺设计示例

用 20℃清水吸收 SO_2和空气混合气体中的 SO_2，混合气处理量为 4000m³/h，混合气中 SO_2摩尔分率为 0.04，SO_2的吸收率为 95%，混合气温度为 25℃，操作压力为常压。

4.5.2.1 填料的选择

由于整个吸收的过程，操作温度、操作压力不高，物系有腐蚀性，工业上通常选用塑料散装填料。塑料阶梯环填料的综合性能较好，故此选用塑料阶梯环填料，其参数为：

外径　$d = 38\mathrm{mm}$

比表面积　$a_t = 132.5\mathrm{m^2/m^3}$

临界表面张力　$\sigma_c = 33\mathrm{dyn/cm} = 6.1\times10^{-2}\mathrm{N/m}$

湿填料因子　$\Phi_F = 170\mathrm{m^{-1}}$

4.5.2.2 基础物性数据

(1) 溶液物性数据

以水为溶剂低浓度吸收过程，溶液的物性数据近似取纯水的物性数据。20℃水的有关物性数据如下：

密度：$\rho_L = 998.2\mathrm{kg/m^3}$

黏度：$\mu_L = 0.001\mathrm{Pa\cdot s} = 3.6\mathrm{kg/(m\cdot h)}$

表面张力：$\sigma_L = 72.6\mathrm{dyn/cm} = 940896\mathrm{kg/h^2}$

SO_2在水中的扩散系数：$D_L = 1.47\times10^{-5}\mathrm{cm^2/s} = 5.29\times10^{-6}\mathrm{m^2/h}$

(2) 气相物性数据

进塔混合气体温度为 25℃，混合气体的平均摩尔质量：$M_{Vm} = \sum y_i M_i = 0.04 \times 64.06 + 0.96 \times 29 = 30.40$

混合气体的平均密度：$\rho_{Vm} = \dfrac{PM_{Vm}}{RT} = \dfrac{101.3\times30.40}{8.314\times298} = 1.243\ \mathrm{kg/m^3}$

混合气体的黏度近似取为空气的黏度，查手册得 25℃空气的黏度为：$\mu_V = 1.83\times10^{-5}\mathrm{Pa\cdot s} = 0.066\mathrm{kg/(m\cdot h)}$

查手册得 SO_2在空气中的扩散系数为：$D_V = 1.08\times10^{-5}\mathrm{m^2/s} = 0.039\mathrm{m^2/h}$

(3) 气液相平衡数据

常压下 20℃时 SO_2在水中的亨利系数可从相关手册查得：$E = 3.55\times10^3\mathrm{kPa}$

相平衡常数：$m = E/P = 3.55\times10^3/101.3 = 35.04$

溶解度系数：$H=\dfrac{E}{p}=\dfrac{3.55\times10^3}{101.3}=35.04$

(4) 物料衡算

进塔气相摩尔比：$Y_1=\dfrac{y_1}{1-y_1}=\dfrac{0.04}{1-0.04}=0.0417$

出塔气相摩尔比：$Y_2=Y_1(1-\phi_A)=0.417\times(1-0.95)=0.00208$

进塔惰性气相流量：$V=\dfrac{4000}{22.4}\times\dfrac{273}{273+20}\times(1-0.04)=158.06\text{kmol/h}$

该吸收过程属于低浓度吸收，平衡曲线可近似为直线，最小液气比可按下式计算：

$$\left(\frac{L}{V}\right)_{\min}=\frac{Y_1-Y_2}{Y_1/m-X_2}$$

进塔液为纯水，液相组成为：

$$X_2=0$$

$$\left(\frac{L}{V}\right)_{\min}=\frac{0.0417-0.00208}{0.0417/35.04-0}=33.29$$

取操作液气比为：$\dfrac{L}{V}=1.5\left(\dfrac{L}{V}\right)_{\min}=1.5\times33.29=49.94$

$$L=49.94\times158.06=7893.52(\text{kmol/h})$$

$$V(Y_1-Y_2)=L(X_1-X_2)$$

$$X_1=158.06\times(0.0417-0.00208)/7893.52.=0.00079$$

4.5.2.3 填料塔工艺尺寸的计算

(1) 塔径的计算

泛点气速采用埃克特通用关联图计算。

气相质量流量：$w_V=4000\times1.243=4972\text{kg/h}$

低浓度水溶液，液相质量流量近似按水的流量计算：

$$w_L=7893.52\times18.02=142241.23\text{kg/h}$$

埃克特通用关联图的横坐标为：$\dfrac{w_L}{w_V}\left(\dfrac{\rho_V}{\rho_L}\right)^{0.5}=\dfrac{142241.23}{4972}\left(\dfrac{1.243}{998.2}\right)^{0.5}=1.009$

查埃克特通用关联图得：$\dfrac{u_F^2\Phi_F\psi}{g}\dfrac{\rho_V}{\rho_L}\mu_L^{0.2}=0.025$

$$\Phi_F=170\text{m}^{-1}$$

$$u_F=\sqrt{\frac{0.025g\rho_L}{\Phi_F\psi\rho_V\mu_L^{0.2}}}=\sqrt{\frac{0.025\times9.81\times998.2}{170\times1\times1.243\times1^{0.2}}}=1.072\text{m/s}$$

取
$$u=0.7u_F=0.7\times1.072=0.753\text{m/s}$$

由
$$D=\sqrt{\frac{4V_s}{\pi u}}=\sqrt{\frac{4\times4000/3600}{3.14\times0.753}}=1.37\text{m}$$

圆整塔径，取 $D=1.4\text{m}$。

（2）泛点率校核

$$u=\frac{4\times4000/3600}{3.14\times1.4^2}=0.722\text{m/s}$$

$$\frac{u}{u_F}=\frac{0.722}{1.072}\times100\%=67.36\%$$

对于散装填料，其泛点率 u/u_F 的经验值为 0.5~0.85，符合要求。

（3）填料规格校核

$\frac{D}{d}=\frac{1400}{38}=36.84>8$，在允许范围内。

（4）液体喷淋密度校核

液体喷淋密度按下式计算：

$$U=\frac{L_h}{0.785D^2}$$

式中 U——液体喷淋密度，$m^3/(m^2\cdot h)$；

L_h——液体喷淋量，m^3/h；

D——填料塔直径，m。

对于散装填料，其最小喷淋密度通常采用下式计算：

$$U_{min}=(L_w)_{min}a_t$$

式中 U_{min}——最小喷淋密度，$m^3/(m^2\cdot h)$；

$(L_w)_{min}$——最小润湿速率，$m^3/(m\cdot h)$；

a_t——填料的总比表面积，m^2/m^3。

最小润湿速率是指在塔的截面上，单位长度的填料周边的最小液体体积流量，取最小润湿速率为：$(L_w)_{min}=0.08m^3/(m\cdot h)$。

本次设计选用 DN38mm 聚丙烯阶梯环填料，其 $a_t=132.5m^2/m^3$，得最小喷淋密度为：

$$U_{min}=(L_w)_{min}a_t=0.08\times1325=10.6\times132.5=10.6m^3/(m^2\cdot h)$$

求得液体喷淋密度为：$U=\frac{L_h}{0.785D^2}=\frac{142241.23/998.2}{0.785\times1.4^2}=92.61>U_{min}$

所以液体喷淋密度符合要求，填料塔直径 $D=1400\text{mm}$ 合理。

4.5.2.4 填料塔填料高度的计算

（1）传质单元高度计算

气相总传质单元高度采用修正的恩田关联式计算：

$$\frac{a_w}{a_t}=1-\exp\left\{-1.45\left(\frac{\sigma_C}{\sigma_L}\right)^{0.75}\left(\frac{U_L}{a_t\mu_L}\right)^{0.1}\left(\frac{U_L^2a_t}{\rho_L^2g}\right)^{-0.05}\left(\frac{U_L^2}{\rho_L\sigma_La_t}\right)^{0.2}\right\}$$

查资料得：$\sigma_C=33\text{dyn/cm}=427680\text{kg/h}^2$

液体质量通量为：$U_L=\frac{142241.23}{0.785\times1.4^2}=92448.48\ \text{kg/}(m^2\cdot h)$

$$\frac{a_w}{a_t}=1-\exp\left[-1.45\times\left(\frac{427680}{940896}\right)^{0.75}\times\left(\frac{92448.48}{132.5\times3.6}\right)^{0.1}\times\left(\frac{92448.48^2\times132.5}{998.2^2\times1.27\times10^8}\right)^{-0.05}\times\left(\frac{92448.48^2}{998.2\times940896\times132.5}\right)^{0.2}\right]=0.5$$

$$a_w=66.25\text{m}^2/\text{m}^3$$

气膜吸收系数计算：

气体质量通量为：$U_V=4000\times1.243/(0.785\times1.4^2)=3231.51\ \text{kg}/(\text{m}^2\cdot\text{h})$

$$k_G=0.237\left(\frac{U_V}{a_t\mu_V}\right)^{0.7}\cdot\left(\frac{\mu_V}{\rho_V D_V}\right)^{\frac{1}{3}}\cdot\left(\frac{a_t D_V}{RT}\right)$$

$$=0.237\times\left(\frac{3231.51}{132.5\times0.066}\right)^{0.7}\times\left(\frac{0.066}{1.243\times0.039}\right)^{\frac{1}{3}}\times\left(\frac{132.5\times0.039}{8.314\times293}\right)$$

$$=0.0349\text{kmol}/(\text{m}^2\cdot\text{h}\cdot\text{kPa})$$

液膜吸收系数计算：

$$k_L=0.0095\cdot\left(\frac{U_L}{a_w\cdot\mu_L}\right)^{\frac{2}{3}}\cdot\left(\frac{\mu_L}{\rho_L\cdot D_L}\right)^{-\frac{1}{2}}\cdot\left(\frac{\mu_L\cdot g}{\rho_L}\right)^{\frac{1}{3}}$$

$$=0.0095\times\left(\frac{92448.48}{66.25\times3.6}\right)^{\frac{2}{3}}\times\left(\frac{3.6}{998.2\times5.29\times10^{-6}}\right)^{-\frac{1}{2}}\times\left(\frac{3.6\times1.27\times10^8}{998.2}\right)^{\frac{1}{3}}$$

$$=1.4901\text{m/h}$$

由 $k_Ga=k_Ga_w\psi^{1.1}$，查表 4-18 得：$\psi=1.45$

$$k_Ga=k_G\cdot a_w\cdot\psi^{1.1}=0.0349\times66.25\times1.45^{1.1}=3.479\text{kmol}/(\text{m}^3\cdot\text{h}\cdot\text{kPa})$$

$$k_La=k_L\cdot a_w\cdot\psi^{0.4}=1.4901\times66.25\times1.45^{0.4}=114.538\text{L/h}$$

$$\frac{u}{u_F}=63.76\%>50\%$$

由 $k'_Ga=\left[1+9.5\left(\frac{u}{u_F}-0.5\right)^{1.4}\right]k_Ga$，$k_L'a=\left[1+2.6\left(\frac{u}{u_F}-0.5\right)^{2.2}\right]k_La$，得

$$k'_Ga=[1+9.5\times(0.6376-0.5)^{1.4}]\times3.479=5.536\text{kmol}/(\text{m}^3\cdot\text{h}\cdot\text{kPa})$$

$$k'_La=[1+2.6\times(0.6376-0.5)^{2.2}]\times114.583=118.377\text{L/h}$$

$$K_Ga=\frac{1}{\frac{1}{k'_Ga}+\frac{1}{Hk'_La}}=\frac{1}{\frac{1}{5.536}+\frac{1}{0.0156\times118.377}}=1.385\ \text{kmol}/(\text{m}^3\cdot\text{h}\cdot\text{kPa})$$

$$H_{OG}=V/(K_GaP\Omega)=158.06/(1.385\times101.3\times0.785\times1.4^2)=0.732\text{m}$$

(2) 传质单元数的计算

$$Y_1^*=mX_1=35.04\times0.00079=0.02768$$

$$Y_2^*=mX_2=0$$

脱吸因数：$S=mV/L=35.04\times158.06/7893.52=0.702$

气相总传质单元数为：

$$N_{OG}=\frac{1}{1-S}\ln\left[(1-S)\frac{Y_1-Y_2^*}{Y_2-Y_2^*}+S\right]=\frac{1}{1-0.702}\ln\left[(1-0.702)\times\frac{0.0417-0}{0.00208-0}+0.702\right]=6.371$$

(3) 填料层高度计算

$$Z=H_{OG}N_{OG}=0.732\times6.371=4.664\text{m}$$

$$z'=(1.2\sim1.5)z$$

$$Z'=1.4\times4.664=6.53\text{m}$$

取填料层设计高度为 $Z'=7\text{m}$。

对于阶梯环填料，h/D 值为 8~15，查表 4-21 得，$h_{max}\leqslant6\text{m}$。

取 $\frac{h}{D}=8$，则 $h=8\times1200\text{mm}=9600\text{mm}$

计算得填料塔高度为 7000mm，需分两段，每段 3.5m。

4.5.2.5 填料层压降的计算

气体通过填料层的压降采用埃克特通用关联图计算，其中横坐标为：

$$\frac{w_L}{w_V}\left(\frac{\rho_{Vm}}{\rho_L}\right)^{0.5}=1.009$$

查表 4-12 得，$\Phi_p=114\text{m}^{-1}$

纵坐标为：$\frac{u^2\Phi_p\psi}{g}\times\frac{\rho_V}{\rho_L}\times\mu_L^{0.2}=\frac{0.753^2\times114\times1}{9.81}\times\frac{1.243}{998.2}\times1^{0.2}=0.0081$

查埃克特通用关联图得：$\frac{\Delta p}{Z}=147.15\text{Pa/m}$

填料层压力降 $\Delta p=1030.05\text{Pa}$

4.5.2.6 填料塔接管尺寸的计算

为防止流速过大导致管道冲蚀、磨损、振动和噪声，液体流速一般不超过 3m/s，气体流速一般不超过 50m/s。

取气体流速为 20m/s，低浓度气体吸收，气体进出口管管径为：

$$d=\sqrt{\frac{4V_s}{\pi u}}=\sqrt{\frac{4\times4000/3600}{3.14\times20}}=0.266\text{m}$$

取管子的公称直径为 273mm。

取液体流速为 2.0m/s，水进出口管管径为：

$$d=\sqrt{\frac{4V_l}{\pi u}}=\sqrt{\frac{4\times\frac{142241.23}{998.2\times3600}}{3.14\times2}}=0.158\text{m}$$

取管子的公称直径为 168mm。

4.5.2.7 布液孔数

(1) 液体分布器的选型

由于该吸收塔液相负荷较大而气相负荷相对较低，故选用槽式液体分布器。

(2) 分布点密度计算

根据表4-25中推荐值，$D \geq 1200$mm时，喷淋点密度为42点/m^2，由于该塔液相负荷较大，设计取喷淋点密度为120点/m^2。

总布液孔数为：$n = 120 \times \pi/4 \times 1.4^2 = 185$ 点

(3) 布液计算

取布液孔直径为5mm，则液位保持管中的液位高度，可由式得：

$$L_s = \frac{\pi}{4} d_0^2 n\phi \sqrt{2g\Delta H}$$

$$d_0 = \sqrt{4 \times \frac{L_s}{\pi n\phi \sqrt{2g\Delta H}}} = \sqrt{4 \times \frac{\frac{142241.23}{998.2 \times 3600}}{3.14 \times 185 \times 0.6 \times \sqrt{2 \times 9.81 \times 0.16}}} = 0.017\text{m}$$

4.6 甲醇-水填料精馏塔设计示例

4.6.1 设计条件

(1) 设计要求

处理量：7000t/a；

原料液状态：常温常压；

进料浓度：40%(甲醇的质量分数)；

塔顶出料浓度：95%(甲醇的质量分数)；

塔釜出料浓度：0.03%(甲醇的质量分数)；

年生产时间以7200h计算。

(2) 操作条件

塔顶压强：常压；

进料热状况：将原料液通过预热器加热至泡点后送入精馏塔内；

回流比：自选；

塔顶蒸汽：采用全凝器冷凝，冷凝液在泡点下一部分回流至塔内，其余部分经产品冷却器冷却后送入储罐；

塔釜：采用间接蒸汽加热，塔底产品冷却后送至储罐；

填料类型：采用 DN25mm 金属环矩鞍散堆填料。

4.6.2 工艺方案

由贮槽流出的原料液经高压泵进入预热器预热到一定温度之后进入精馏塔，塔顶冷凝器将上升蒸气冷凝成液体，其中一部分作为塔顶产品取出，另一部分重新引回塔顶作为回流液。最终甲醇产品再进入一个冷却器进行冷却后进入甲醇贮槽。塔釜设有再沸器，加热的液体产生蒸气再次回到塔底，沿塔上升，同样在每层塔板上进行气液两相的热质交换。塔釜的另一部分液体经过冷却器后进入全厂水管道系统。

加热蒸汽分为两路，分别进入预热器和再沸器作为加热介质。降温后的液体水或者是部分水蒸气随管道进入全厂水管道系统。同样，冷却水分为三路，分别进入冷凝器、甲醇产品的冷却器和塔釜的冷却器，充分换热均匀之后进入全厂水管道系统。

加热方式分为直接蒸汽和间接蒸汽加热。本设计选用的是间接蒸汽加热。甲醇-水溶液的平衡数据见表 4-28，t-x-y 图见图 4-11。

表 4-28　甲醇-水溶液的平衡数据(101.3kPa)

平衡温度 t/℃	100	92.9	90.3	88.9	85.0	81.6	78.0
液相甲醇 x/%	0	5.31	7.76	9.26	13.15	20.83	28.18
气相甲醇 y/%	0	28.34	40.01	43.53	54.55	62.73	67.75
平衡温度 t/℃	76.7	73.8	72.7	71.3	70.0	66.9	64.7
液相甲醇 x/%	33.33	46.20	52.92	59.37	68.49	87.41	1.00
气相甲醇 y/%	69.18	77.56	79.71	81.83	84.92	91.94	1.00

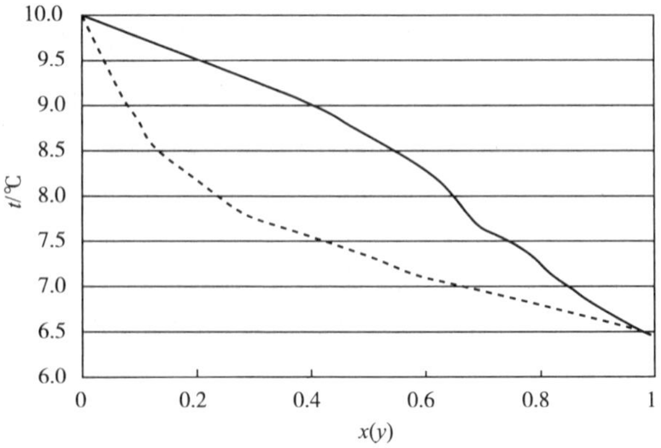

图 4-11　甲醇-水 t-x-y 图

4.6.3　设计计算

4.6.3.1　物料衡算

已知：$F_0=7000\text{t/a}$，$x'_F=0.4$，$x'_D=0.95$，$x'_W=0.0003$，则

$$M_{CH_3OH}=32\text{kg/kmol},\ M_{H_2O}=18\text{kg/kmol}$$

(1) 甲醇摩尔分率

$$x_F=\frac{\frac{0.4}{32}}{\frac{0.4}{32}+\frac{0.6}{18}}=\frac{0.0125}{0.0125+0.0333}=0.273$$

$$x_D=\frac{\frac{0.95}{32}}{\frac{0.95}{32}+\frac{0.05}{18}}=\frac{0.02969}{0.02969+0.00278}=0.914$$

$$x_W=\frac{\frac{0.0003}{32}}{\frac{0.0003}{32}+\frac{0.9997}{18}}=\frac{0.000009375}{0.000009375+0.0555389}=0.000169$$

（2）平均相对分子质量

$$M_F = 32\times0.273+18\times0.727 = 8.736+13.086 = 21.822\text{kg/kmol}$$

$$M_D = 32\times0.914+18\times0.086 = 29.248+1.548 = 30.796\text{kg/kmol}$$

$$M_W = 32\times0.000169+18\times0.999831 = 0.00541+17.997 = 18.00\text{kg/kmol}$$

（3）原料液、塔顶馏出液和塔底釜残液摩尔流量

$$F = \frac{7000\times1000}{7200\times21.822} = 44.55\text{kmol/h}$$

将以上所得到的数据代入：

$$\begin{cases} D+W=F \\ Fx_F = Dx_D + Wx_W \end{cases} \Rightarrow D = 13.25\text{kmol/h},\ W = 31.3\text{kmol/h}$$

（4）原料液、塔顶馏出液和塔底釜残液质量流量

$$F = 972.17\text{kg/h},\ D = 408.05\text{kg/h},\ W = 563.4\text{kg/h}$$

各段质量分数、平均相对分子质量、质量流量、摩尔流量数据见表 4-29。

表 4-29　各段质量分数、平均相对分子质量、质量流量、摩尔流量数据

塔顶	$x_D=91.4\%$	$M_D=30.796$kg/kmol	$D=13.25$kmol/h	$D=408.05$kg/h
进料	$x_F=27.3\%$	$M_F=21.822$kg/kmol	$F=44.55$kmol/h	$F=972.17$kg/h
塔釜	$x_W=0.169\%$	$M_W=18.00$kg/kmol	$W=31.3$kmol/h	$W=563.4$kg/h

4.6.3.2　理论板的确定

（1）精馏塔塔顶温度的确定

根据气液平衡数据表，利用内插法求出塔顶温度 t_D：

$$\frac{0.9-0.914}{0.9-0.95} = \frac{66.0-t_D}{66.0-65.0} \Rightarrow t_D = 65.72℃$$

（2）精馏塔塔釜温度的确定

根据气液平衡数据表，利用内插法求出塔釜温度 t_W：

$$\frac{0-0.00169}{0-0.02} = \frac{100-t_W}{100-96.4} \Rightarrow t_W = 99.70℃$$

（3）精馏塔进料液温度的确定

同样，根据气液平衡数据表，利用内插法求出塔釜温度 t_F：

$$\frac{0.2-0.273}{0.2-0.3} = \frac{81.7-t_F}{81.7-78} \Rightarrow t_F = 80.70℃$$

（4）回流比的确定

由于本设计采用的是泡点进料，$q=1$，即 $x_F=x_q$，最小回流比图解法见图 4-12。

连接点（x_D，x_D）即点（0.914，0.914）与 $x=x_F$ 和平衡线交点作直线，交 y 轴于一点（0，0.5304），精馏段操作线截距 $\frac{x_D}{R_{mn}+1}=0.5304$，所以 $R_{min}=0.723$。

操作回流比可取为最小回流比的 1.1~2.0 倍，这里取 1.7 倍。

$$R = 1.7R_{min} = 1.7\times0.723 = 1.23$$

所以，回流比确定为 1.23。

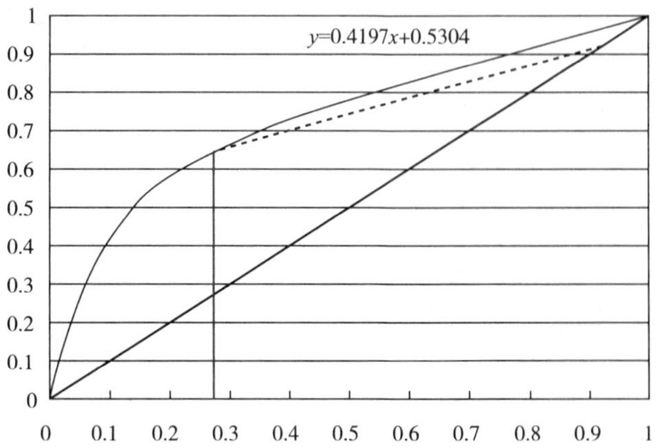

图 4-12 图解法求最小回流比

(5) 精馏段操作线方程

由 $R=\dfrac{L}{D}=1.23$，$D=13.25\text{kmol/h}$，可得 $L=16.298\text{kmol/h}$，$V=L+D=29.548$。

由 $y=\dfrac{R}{R+1}x+\dfrac{1}{R+1}x_D$ 得，精馏段操作线方程是：

$$y=0.5515x+0.4099$$

(6) 提馏段操作线方程

$$L'=L+F=16.298+44.55=60.848\text{kmol/h}$$
$$V'=V=29.548\text{kmol/h}$$

提馏段操作线方程是：

$$y=2.0597x-0.0018$$

(7) 求理论板数

如图 4-13，采用图解法求理论板数。理论板总数为 11，精馏段理论板层数为 4 块，因再沸器相当于一层理论板，故提馏段理论板层数为 6 块，进料板是第 5 块，所以精馏塔理论板数为 11 块，包括再沸器。

4.6.3.3 精馏塔塔体工艺尺寸计算

(1) 塔物性数据和流量计算

计算物性数据所需要的公式(x、y 均是以甲醇为基准的摩尔分率)：

① 气相平均相对分子质量：$M_V=yM_{CH_3OH}+(1-y)M_{H_2O}$

② 液相平均相对分子质量：$M_L=xM_{CH_3OH}+(1-x)M_{H_2O}$

③ 气相密度：$\rho_V=\dfrac{M_V}{22.4}\times\dfrac{T_0}{T}\times\dfrac{p}{p_0}$

本设计过程中，$p=p_0=101.325\text{kPa}$。

④ 液相密度：$\dfrac{1}{\rho_L}=\dfrac{\alpha_{CH_3OH}}{\rho_{CH_3OH}}+\dfrac{\alpha_{H_2O}}{\rho_{H_2O}}$，其中 α 表示的是质量分数

⑤液相黏度：$\lg\mu_L=x\lg\mu_{CH_3OH}+(1-x)\lg\mu_{H_2O}$

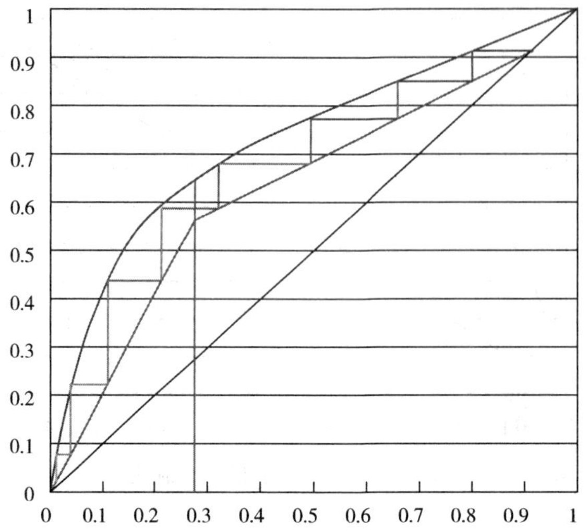

图 4-13　图解法求理论板数

⑥液相表面张力：$\sigma_L = x\sigma_{CH_3OH} + (1-x)\sigma_{H_2O}$

甲醇和水在塔顶、进料和塔釜温度下的物性数据见表 4-30。

表 4-30　甲醇和水在塔顶、进料和塔釜温度下的物性数据

项　　目		液相密度/(kg/m^3)	液体黏度/(mPa·s)	液体表面张力/(mN/m)
塔顶温度 65.72℃	甲醇	754.322	0.3248	16.68
	水	980.111	0.4329	65.11
进料温度 80.7℃	甲醇	736.511	0.2753	14.96
	水	971.345	0.3537	62.47
塔釜温度 99.7℃	甲醇	712.381	0.2287	12.83
	水	958.607	0.2748	58.86

利用上述公式以及所得的标准状态下的甲醇和水的物性数据，可以计算得到塔顶、进料和塔釜条件下工艺参数，汇总于表 4-31。

表 4-31　塔顶、进料和塔釜工艺参数

项　　目	塔顶温度 65.72℃	塔釜温度 99.70℃	进料温度 80.7℃
气相平均相对分子质量	29.2	18.16	27.03
液相平均相对分子质量	30.796	18.02	21.822
气相密度/(kg/m^3)	1.0521	0.5939	0.9315
液相密度/(kg/m^3)	763.165	957.614	861.474
液相黏度/(mPa·s)	0.3329	0.2747	0.3303
液相表面张力/(mN/m)	20.845	58.786	49.500
摩尔流量/(kmol/h)	$D=13.25$	$W=31.3$	$F=44.55$
质量流量/(kg/h)	$D=408.05$	$W=563.4$	$F=972.17$

（2）精馏段的流量和物性数据计算

气相平均相对分子质量：$M_{V1}=\frac{M_{VD}+M_{VF}}{2}=\frac{29.2+27.03}{2}=28.115\text{kg/kmol}$

液相平均相对分子质量：$M_{L1}=\frac{M_{LD}+M_{LF}}{2}=\frac{30.796+21.822}{2}=26.309\text{kg/kmol}$

气相密度：$\rho_{V1}=\frac{\rho_{VD}+\rho_{VF}}{2}=\frac{1.0521+0.9315}{2}=0.9918\text{kg/m}^3$

液相密度：$\rho_{L1}=\frac{\rho_{LD}+\rho_{LF}}{2}=\frac{763.165+861.474}{2}=812.3195\text{kg/m}^3$

液相黏度：$\mu_{L1}=\frac{\mu_{LD}+\mu_{LF}}{2}=\frac{0.3329+0.3303}{2}=0.3316\text{mPa}\cdot\text{s}$

液相表面张力：$\sigma_{L1}=\frac{\sigma_{LD}+\sigma_{LF}}{2}=\frac{20.845+49.500}{2}=35.173\text{mN/m}$

气相流量：$V=29.548\text{kmol/h}$

$$w_V=29.548\times28.115=830.742\text{kg/h}$$

液相流量：$L=16.298\text{kmol/h}$

$$w_L=16.298\times26.309=428.784\text{kg/h}$$

（3）提馏段的流量和物性数据计算

气相平均相对分子质量：$M_{V2}=\frac{M_{VF}+M_{VW}}{2}=\frac{27.03+18.16}{2}=22.60\text{kg/kmol}$

液相平均相对分子质量：$M_{L2}=\frac{M_{LF}+M_{LW}}{2}=\frac{21.822+18.02}{2}=19.92\text{kg/kmol}$

气相密度：$\rho_{V2}=\frac{\rho_{VF}+\rho_{VW}}{2}=\frac{0.5939+0.9315}{2}=0.7627\text{kg/m}^3$

液相密度：$\rho_{L2}=\frac{\rho_{LF}+\rho_{LW}}{2}=\frac{861.474+957.614}{2}=909.544\text{kg/m}^3$

液相黏度：$\mu_{V2}=\frac{\mu_{LW}+\mu_{LF}}{2}=\frac{0.2747+0.3303}{2}=0.3025\text{mPa}\cdot\text{s}$

液相表面张力：$\sigma_{L2}=\frac{\sigma_{LW}+\sigma_{LF}}{2}=\frac{58.786+49.500}{2}=54.143\text{mN/m}$

气相流量：$V'=29.548\text{kmol/h}$

$$w'_V=29.548\times22.6=667.785\text{kg/h}$$

液相流量：$L'=60.848\text{kmol/h}$

$$w'_L=60.848\times19.92=1212.092\text{kg/h}$$

（4）塔径的计算

填料塔直径依据流量公式计算，即：

$$D=\sqrt{\frac{4V_s}{\pi u}}$$

式中的气体体积流量 V_s 由设计任务给定，因此主要是确定空塔气速 u。本设计采用泛点气速法确定，泛点气速 u_F 是填料塔操作气速的上限，填料塔的操作空塔气速与泛点气速之间的关系：

对于 DN25mm 金属环矩鞍散装填料：$u/u_F=0.5\sim0.85$

泛点气速采用贝恩-霍根关联式计算，即：

$$\lg\left[\frac{u_F^2}{g}\left(\frac{a}{\varepsilon^3}\right)\left(\frac{\rho_V}{\rho_L}\right)\mu_L^{0.2}\right]=A-K\left(\frac{w_L}{w_V}\right)^{0.25}\left(\frac{\rho_V}{\rho L}\right)^{0.125}$$

查得，DN25mm 金属环矩鞍散装填料，$a=185\text{m}^2/\text{m}^3$，$\varepsilon=0.96$，$A=0.06225$，$K=1.75$。

① 精馏段塔径计算

将 $\rho_{V1}=0.9918\text{kg/m}^3$，$\rho_{L1}=812.3195\text{kg/m}^3$，$\mu_{L1}=0.3316\text{mPa}\cdot\text{s}$，$w_L=428.784\text{kg/h}$，$w_V=830.742\text{kg/h}$，代入上式可以求得：$u_F=3.692\text{m/s}$。

空塔气速：$u=0.7u_F=0.7\times3.692=2.585\text{m/s}$

$$t=\frac{t_F+t_D}{2}=\frac{80.7+65.72}{2}=73.21℃$$

体积流量：$V_s=\dfrac{29.548\times8.314\times(73.21+273.15)\times1000}{0.9918\times100000\times3600}=0.238\text{m}^3/\text{s}$

$$D=\sqrt{\frac{4\times0.238}{3.14\times2.585}}=0.3425\text{m}$$

圆整后，$D=400\text{mm}$，对应的空塔气速 $u=1.89\text{m/s}$。

校核：$\dfrac{D}{d}=\dfrac{400}{25}=16>8$，符合条件。

② 提馏段塔径计算

将 $\rho_{V2}=0.7627\text{kg/m}^3$，$\rho_{L2}=909.544\text{kg/m}^3$，$\mu_{L2}=0.3025\text{mPa}\cdot\text{s}$，$w'_L=1212.092\text{kg/h}$，$w'_V=667.785\text{kg/h}$，代入上式可以求得：$u_F=3.448\text{m/s}$

空塔气速：$u=0.8u_F=0.8\times3.448=2.759\text{m/s}$

$$t=\frac{t_F+t_W}{2}=\frac{80.7+99.7}{2}=90.2℃$$

体积流量：$V_s=\dfrac{29.548\times8.314\times(90.2+273.15)\times1000}{0.7627\times100000\times3600}=0.3251\text{m}^3/\text{s}$

$$D=\sqrt{\frac{4\times0.3251}{3.14\times2.759}}=0.3874\text{m}$$

圆整后，$D=400\text{mm}$，对应的空塔气速 $u=2.59\text{m/s}$。

校核：$\dfrac{D}{d}=\dfrac{400}{25}=16>8$，符合条件。

③ 全塔塔径的确定

精馏段塔径圆整后，$D=400\text{mm}$，提馏段塔径圆整后，$D=400\text{mm}$。因此，选用 $D=400\text{mm}$ 为精馏塔的塔径。

④ 喷淋密度

填料塔中气液两相间的传质主要是在填料表面流动的液膜上进行的。要形成液膜，填料表面必须被液体充分润湿，而填料表面的润湿状况取决于塔内的液体喷淋密度及填料材质的表面润湿性能。

液体喷淋密度是单位塔截面积上，单位时间内喷淋的液体体积量，以 U 表示。

$$精馏段：U=\frac{\frac{428.784}{812.3195}}{\frac{\pi}{4}D^2}=4.201\text{m}^3/(\text{m}\cdot{}^2\text{h})$$

$$提馏段：U=\frac{\frac{1212.092}{909.544}}{\frac{\pi}{4}D^2}=10.605\text{m}^3/(\text{m}^2\cdot\text{h})$$

（5）塔高的计算

对于 DN25mm 金属环矩鞍填料来说，一般取的 $HETP$ 为 355~485mm。在塔高的计算中，本设计选用 $HETP=450$mm。

① 精馏段的填料层高度

在精馏段，空塔气速 $u=1.89$m/s，精馏塔的塔板数是 4。

$$Z=HETP\times N_T=0.45\times4=1.8\text{m}$$

采用上述方法计算出填料层高度后，取安全系数为 1.3，则：

$$Z'=1.3Z=1.3\times1.8=2.34\text{m}$$

精馏段填料层不需要分段。

②提馏段的填料层高度

在提馏段，空塔气速 $u=2.59$m/s，精馏塔的塔板数是 6。

$$Z=HETP\times N_T=0.45\times6=2.7\text{m}$$

采用上述方法计算出填料层高度后，取安全系数为 1.3，则：

$$Z'=1.3Z=1.3\times2.7=3.51\text{m}$$

提馏段填料层不需要分段。

③ 精馏塔的填料层高度

$$Z=2.34+3.51=5.85\text{m}$$

4.6.3.4 填料层压力降的计算

本设计中，散装填料的压降值由埃克特通用关联图来计算。先根据有关物性数据求出横坐标 $\frac{w_L}{w_V}\left(\frac{\rho_{Vm}}{\rho_L}\right)^{0.5}$ 值，再根据操作空塔气速、压降填料因子以及有关的物性数据，求出纵坐标 $\frac{u^2\Phi_p\psi}{g}\left(\frac{\rho_V}{\rho_L}\right)\mu^{0.2}$ 值。通过作图得出交点，读出过交点的等压线值，得出每米填料层压降值。

查得 DN25mm 金属环矩鞍散堆填料的压降填料因子 $\Phi_F=138\text{m}^{-1}$。

（1）精馏段的压降

$$横坐标：\frac{w_L}{w_V}\left(\frac{\rho_V}{\rho_L}\right)^{0.5}=\frac{428.784}{830.742}\times\left(\frac{0.9918}{813.742}\right)^{0.5}=0.0180$$

纵坐标：$\dfrac{u^2\Phi_p\psi}{g}\left(\dfrac{\rho_V}{\rho_L}\right)\mu^{0.2}=\dfrac{1.89^2\times138\times1000}{9.81\times812.3195}\times\left(\dfrac{0.9918}{812.3195}\right)0.3316^{0.2}=0.0606$

查埃克特通用关联图，可得：$\dfrac{\Delta P_1}{Z}=40\times9.81=392.4\text{Pa/m}$

因此，精馏段的压降是：$\Delta p_1=392.4\times2.32=918.22Pa$

(2) 提馏段的压降

横坐标：$\dfrac{w_L}{w_V}\left(\dfrac{\rho_V}{\rho_L}\right)^{0.5}=\left(\dfrac{1212.092}{667.785}\right)\times\left(\dfrac{0.7627}{909.544}\right)^{0.5}=0.0525$

纵坐标：$\dfrac{u^2\Phi_p\psi}{g}\left(\dfrac{\rho_V}{\rho_L}\right)\mu^{0.2}=\dfrac{2.59^2\times138\times1000}{9.81\times909.544}\times\left(\dfrac{0.7627}{909.544}\right)\times0.3025^{0.2}=0.0685$

查埃克特通用关联图，可得：$\dfrac{\Delta p_2}{Z}=48\times9.81=470.88\text{Pa/m}$

因此，提馏段的压降是：$\Delta p_2=470.88\times3.51=1652.79\text{Pa}$

全塔的压降：$\Delta p=918.22+1652.79=2571.01\text{Pa}$

计算得塔体工艺参数见表4-32。

表4-32 塔体工艺参数

参 数	精馏段	提馏段	全 塔
空塔气速/(m/s)	1.89	2.59	—
塔径/m	0.4	0.4	0.4
每米填料层压降/(Pa/m)	392.4	470.88	—
总压降/Pa	918.22	1652.79	2571.01
填料层高度/m	2.34	3.51	5.85

4.6.3.5 塔主要接管的计算

(1) 进料管

选用进料管流速 $u_F=0.6\text{m/s}$，则：

$$d_F=\sqrt{\frac{4F}{3600\pi w_F\rho_{LF}}}=\sqrt{\frac{4\times972.17}{3600\times3.14\times0.6\times861.474}}=0.0258\text{m}$$

圆整后，选用的进料管是 $\phi=32\text{mm}$。

(2) 回流管

选用回流管流体流速 $u_R=0.4\text{m/s}$，则：

$$d_R=\sqrt{\frac{4L}{3600\pi w_R\rho_{L1}}}=\sqrt{\frac{4\times428.784}{3600\times3.14\times0.4\times812.3195}}=0.02161\text{m}$$

圆整后，选用的回流管是 $\phi=32\text{mm}$。

(3) 塔顶蒸汽管

选用蒸汽流速 $u_V=20\text{m/s}$，则：

$$d_V=\sqrt{\frac{4V}{3600\pi w_V\rho_V}}=\sqrt{\frac{4\times830.742}{3600\times3.14\times20\times0.9918}}=0.1217\text{m}$$

圆整后，选用的塔顶蒸汽管是 $\phi=127\text{mm}$。

(4) 塔釜出料管

选用塔釜液体流速 $u_W=0.6\text{m/s}$，则：

$$d_W=\sqrt{\frac{4W}{3600\pi w_W\rho_L}}=\sqrt{\frac{4\times563.4}{3600\times3.14\times0.6\times957.614}}=0.01863\text{m}$$

圆整后，选用的塔釜出料管是 $\phi=32\text{mm}$。

4.7 填料塔设计任务书示例

【示例 1】

(时间：二周)

一、设计题目

题目：甲醇-水填料精馏塔的设计

工艺参数：原料含甲醇 38%+0.09%×学号末尾两位(质量分数，下同)；塔顶产品中甲醇含量≥99%，塔底残液中甲醇含量≤1%。

塔的生产能力：质量流量=(8+0.1×学号末尾两位)万 t/a，每年按 300d 计算，每天 24h 连续运转。

基本条件：塔顶压强为常压，单板压降≤0.7kPa，进料热状态自选，回流比自选，再沸器采用 0.3MPa 蒸汽加热。

二、设计内容

1. 设计方案的确定及流程说明。
2. 塔的工艺计算、物料衡算。
3. 塔高、塔径的确定。
4. 填料层压降的计算。
5. 液体分布器简要计算。
6. 接管尺寸计算。
7. 绘制装置工艺流程图、塔设备结构简图。
8. 设计结果一览表。
9. 对本设计的评述或有关问题的分析讨论。

三、设计要求

1. 设计完成后，须提交设计成果，其中设计成果包括设计说明书一份。
2. 设计说明书包括：封面、目录、设计任务书、设计计算书、设计结果汇总表、参考文献、结论、装置工艺流程图、塔设备结构简图等。
3. 设计计算书主要包括：设计内容。

四、参考书目

1. 夏清．化工原理：下册．第 2 版．天津：天津大学出版社，2005.

2. 贾绍义，柴诚敬．化工原理课程设计．第1版．天津：天津大学出版社，2013.
3. 王瑶，匡国柱．化工单元过程及设备课程设计．第1版．北京：化学工业出版社，2002.
4. 李功祥．常用化工单元设备设计．第1版．广州：华南理工大学出版社，2013.

【示例2】

（时间：二周）

一、设计题目

题目：水吸收氨填料塔的设计

工艺参数：原料含氨4%+0.05%×学号末尾两位（体积分数）；塔顶氨含量<0.02%（体积分数）。

塔的生产能力：质量流量=（4000+0.15×学号末尾两位）kg/h。

基本条件：塔顶压强为常压，操作温度20℃。

二、设计内容

1. 设计方案的确定及流程说明。
2. 塔的工艺计算、物料衡算等。
3. 塔高、塔径。
4. 填料层压降的计算。
5. 液体分布器简要计算。
6. 接管尺寸计算。
7. 绘制装置工艺流程图、塔设备结构简图。
8. 设计结果一览表。
9. 对本设计的评述或有关问题的分析讨论。

三、设计要求

1. 设计完成后，须提交设计成果，其中设计成果包括设计说明书一份。
2. 设计说明书包括：封面、目录、设计任务书、设计计算书、设计结果汇总表、参考文献、结论、装置工艺流程图、塔设备结构简图等。
3. 设计计算书主要包括：设计内容。

四、参考书目

1. 夏清．化工原理：下册．第2版．天津：天津大学出版社，2005.
2. 贾绍义，柴诚敬．化工原理课程设计．第1版．天津：天津大学出版社，2013.
3. 王瑶，匡国柱．化工单元过程及设备课程设计．第1版．北京：化学工业出版社，2002.
4. 李功祥．常用化工单元设备设计．第1版．广州：华南理工大学出版社，2013.

【示例3】

（时间：二周）

一、设计题目

题目：水吸收二氧化硫填料塔的设计

工艺参数：原料含二氧化硫 5%+0. 1%×学号末尾两位(体积分数)；二氧化硫回收率不低于 95%。

塔的生产能力：处理炉气量=(2500+10×学号末尾两位)m^3/h。

采用清水吸收，用量为最小用量的倍数自己确定，填料种类及规格自选。

基本条件：塔顶压强为常压，操作温度 25℃，每年按 330d 计，每天按 24h 连续运转。

二、设计内容

1. 设计方案的确定及流程说明。
2. 塔的工艺计算、物料衡算。
3. 塔高、塔径的确定。
4. 填料层压降的计算。
5. 液体分布器简要计算。
6. 接管尺寸计算。
7. 绘制装置工艺流程图、塔设备结构简图
8. 设计结果一览表。
9. 对本设计的评述或有关问题的分析讨论。

三、设计要求

1. 设计完成后，须提交设计成果，其中设计成果包括设计说明书一份。
2. 设计说明书包括：封面、目录、设计任务书、设计计算书、设计结果汇总表、参考文献、结论、装置工艺流程图、塔设备结构简图等。
3. 设计计算书主要包括：设计内容。

四、参考书目

1. 夏清．化工原理：下册．第 2 版．天津：天津大学出版社，2005.
2. 贾绍义，柴诚敬．化工原理课程设计．第 1 版．天津：天津大学出版社，2013.
3. 王瑶，匡国柱．化工单元过程及设备课程设计．第 1 版．北京：化学工业出版，2002.
4. 李功祥．常用化工单元设备设计．第 1 版．广州：华南理工大学出版社，2013.

【示例 4】

(时间：二周)

一、设计题目

题目：水吸收丙酮填料塔的设计

工艺参数：原料含丙酮 4%+0. 1%×学号末尾两位(体积分数)；丙酮回收率不低于 95%。

塔的处理量：体积流量=(4000+10×学号末尾两位)m^3/h。

采用清水吸收，用量为最小用量的倍数自己确定，填料种类及规格自选。

基本条件：塔顶压强为常压，操作温度 25℃，每年按 330d 计，每天按 24h 连续运转。

二、设计内容

1. 设计方案的确定及流程说明。
2. 塔的工艺计算、物料衡算。
3. 塔高、塔径的确定。

4. 填料层压降的计算。

5. 液体分布器简要计算。

6. 接管尺寸计算。

7. 绘制装置工艺流程图、塔设备结构简图

8. 设计结果一览表。

9. 对本设计的评述或有关问题的分析讨论。

三、设计要求

1. 设计完成后，须提交设计成果，其中设计成果包括设计说明书一份。

2. 设计说明书包括：封面、目录、设计任务书、设计计算书、设计结果汇总表、参考文献、结论、装置工艺流程图、塔设备结构简图等。

3. 设计计算书主要包括：设计内容。

四、参考书目

1. 夏清．化工原理：下册．第2版．天津：天津大学出版社，2005.

2. 贾绍义，柴诚敬．化工原理课程设计．第1版．天津：天津大学出版社，2013.

3. 王瑶，匡国柱．化工单元过程及设备课程设计．第1版．北京：化学工业出版，2002.

4. 李功祥．常用化工单元设备设计．第1版．广州：华南理工大学出版社，2013.

第 5 章　AutoCAD 在化工设计中的应用

5.1　AutoCAD 2014 功能概述

AutoCAD 是由美国 Autodesk 公司开发的通用计算机辅助绘图与设计软件包，用于二维绘图、详细绘制、设计文档和基本三维设计，具有功能强大、易于掌握、使用方便、体系结构开放等特点，现已成为国际上广为流行的绘图工具，深受广大工程技术人员的喜爱。AutoCAD自 1982 年问世以来，已经进行了多次升级，功能日趋完善，AutoCAD 2014 为 2014 年推出的版本，已成为工程设计领域应用最为广泛的计算机辅助绘图与设计软件之一。

5.1.1　绘制并编辑图形

AutoCAD 提供了丰富的绘图命令，通过这些命令可以绘制直线、构造线、多段线、圆、矩形、多边形、椭圆等基本图形，还可将绘制的图形转换为面域，对其进行填充，还有借助编辑命令绘制各种复杂的二维图形。图 5-1-1 为使用 AutoCAD 绘制的二维图形。

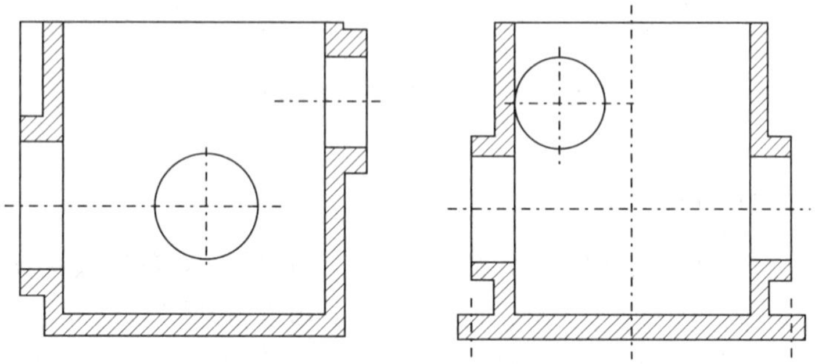

图 5-1-1　二维图形

AutoCAD 2014 还可以通过拉伸、设置标高和厚度等操作轻松将一些二维图形转换为三维图形。AutoCAD 提供的三维绘图命令让用户可以很方便地绘制圆柱体、球体、长方体等基本实体以及三维网格、旋转网格等网格模型。在此基础上再结合编辑命令，就可以绘制出各种各样的更复杂三维图形。图 5-1-2 所示为使用 AutoCAD 绘制的三维图形。

图 5-1-2　三维图形

在工程设计中，常使用轴测图来描述物体的特征。轴测图是用二维绘图技术来模拟三维对象沿特定视点产生的三维平行投影效果，但在绘制方法上又不同于二维图形的绘制。因此，轴测图看似三维图形，但实际上是二维图形。在使用 AutoCAD 2014 绘制轴测图时，仅需要切换到 AutoCAD 的轴测模式下，就可以方便地绘制出轴测图。轴测模式下，直线将绘制成与坐标轴成 30°、90°、150°等角度的直线，圆将绘制成椭圆形。

5.1.2 标注图形的尺寸

尺寸标注是向图形中添加测量注释的过程，是整个绘图过程中不可或缺的一步。AutoCAD 提供了标注功能，可通过该功能在图形的各个方向上创建各种类型的标注，也能方便、快速地以一定格式创建符合行业或项目标准的标注。

标注显示了对象的测量值，包括对象之间的距离、角度，或者特征与指定原点的距离等。AutoCAD 中提供了 3 种基本标注类型：线性、半径和角度，可进行水平、垂直、对齐、旋转、坐标、基线或连续等标注。除此之外，还可进行引线标注、公差标注，以及自定义粗糙度标注。标注的对象有二维图形和三维图形，图 5-1-3 为使用 AutoCAD 标注的二维图形和三维图形。

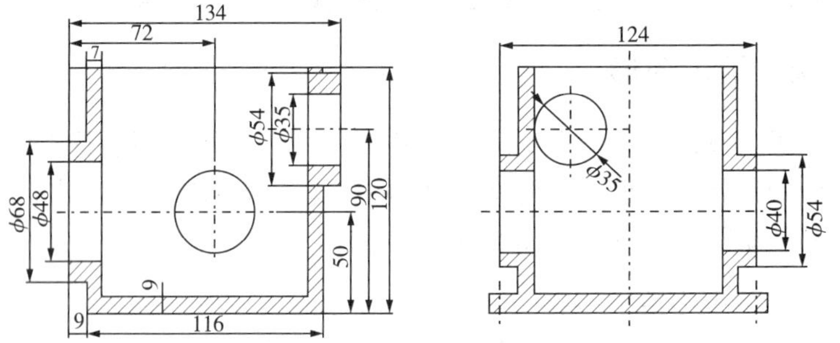

图 5-1-3 使用 AutoCAD 标注尺寸

5.1.3 三维图形的渲染

在 AutoCAD 中，通过运用雾化、光源和材质，可将模型渲染为具有真实感的图像。若是为了演示，可以渲染全部对象；若时间有限，或显示设备和图形设备无法提供足够的灰度等级和颜色，或者仅需快速查看设计的整体效果，不必精细渲染，就可简单消隐或设置视觉样式。使用 AutoCAD 进行渲染的效果如图 5-1-4 所示。

图 5-1-4 渲染图形

5.1.4 输出与打印图形

对 AutoCAD 绘制的图形，用户可以将所绘图形以不同格式通过绘图仪或打印机输出，或者将 AutoCAD 图形以其他格式输出后供其他软件使用。因此，当图形绘制完成之后输出方法有许多种，例如，可以将图形打印在图纸上，或是创建文件供其他软件使用。

5.2 AutoCAD 2014 安装与启动

5.2.1 安装 AutoCAD 2014

本节简要介绍如何安装和启动 AutoCAD 2014。AutoCAD 2014 软件包以光盘或压缩包的形式提供，所含文件中的安装文件都含有 SETUP. EXE 的字样。执行 SETUP. EXE 文件(将 AutoCAD 2014安装盘放入 DVD-ROM 后一般会自动执行 SETUP. EXE 文件)，首先弹出初始化界面，如图 5-2-1 所示。

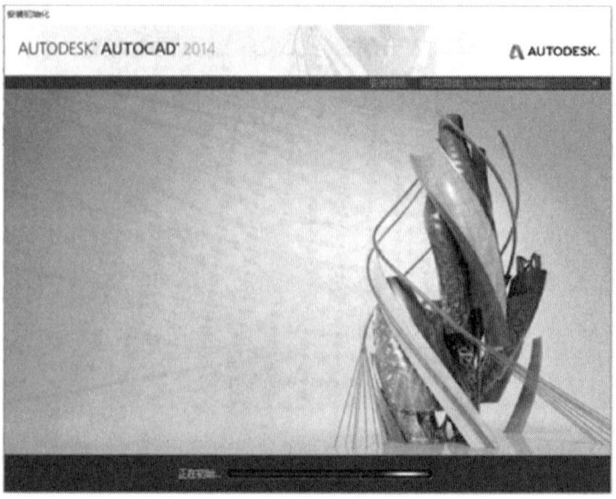

图 5-2-1　安装初始化界面

经过初始化后，弹出的安装选择界面，如图 5-2-2 所示。

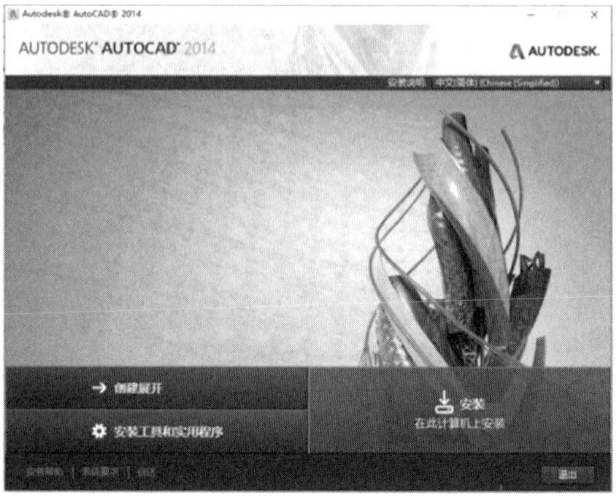

图 5-2-2　安装选择界面

此时单击“安装在此计算机上安装”选项，即可安装，直至安装完毕。需要说明的是，安装 AutoCAD 2014 时，用户可根据提示信息进行必要的选择。

5.2.2 启动 AutoCAD 2014

安装完成后，系统会自动在 Windows 桌面上生成对应的快捷方式图标( )，若要启动 AutoCAD 2014，可双击该快捷方式图标，或者通过点击 Windows 资源管理器、Windows 任务栏上的“开始”按钮等。

5.3 AutoCAD 2014 工作界面

AutoCAD 2014 的工作界面(又称为工作空间)有 3 种形式：草图与注释、三维建模和三维基础。草图与注释、三维建模和三维基础的工作界面分别如图 5-3-1 至图 5-3-3 所示。

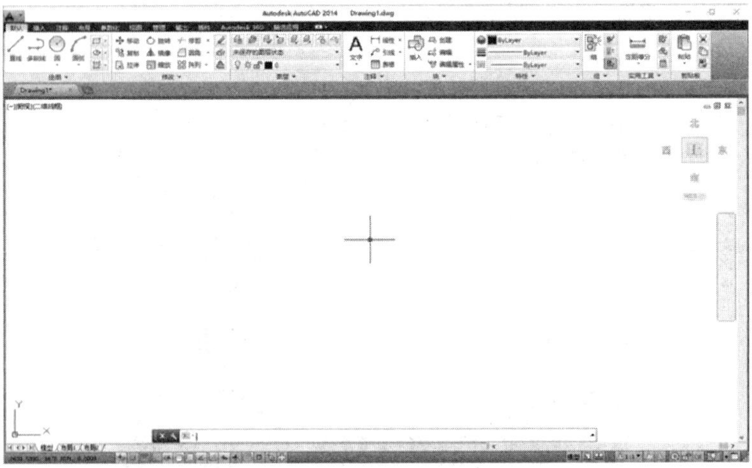

图 5-3-1　草图与注释工作界面

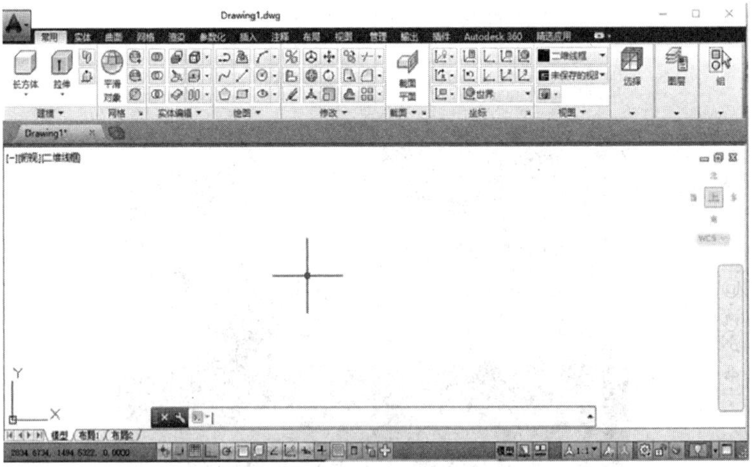

图 5-3-2　三维建模工作界面

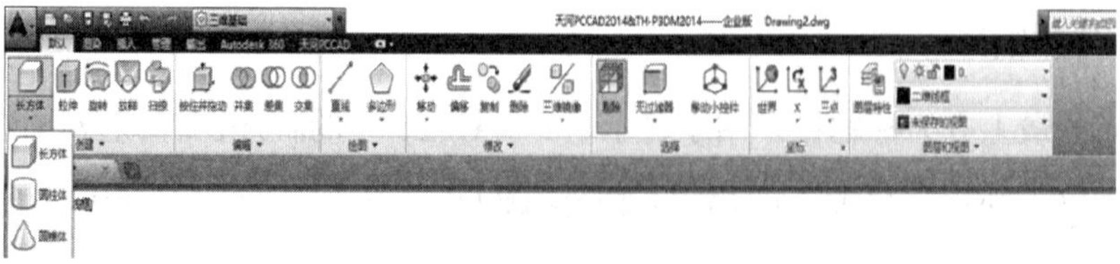

图 5-3-3　三维建模工作界面(部分)

说明：

如果在各界面中显示有网格线，通过单击工作界面中位于最下面一行按钮的第 3 个按钮 ▦(栅格显示)可以实现显示或不显示栅格线的切换。

说明：

(1) 初次启动 AutoCAD 2014 时，默认的工作界面是二维草图与注释工作界面。

切换工作界面的方法之一为：单击状态栏(位于绘图界面的最下面一栏)上的“切换工作空间”按钮(⚙)，AutoCAD 将弹出对应的菜单，如图 5-3-4 所示，从中选择对应的绘图工作空间即可。

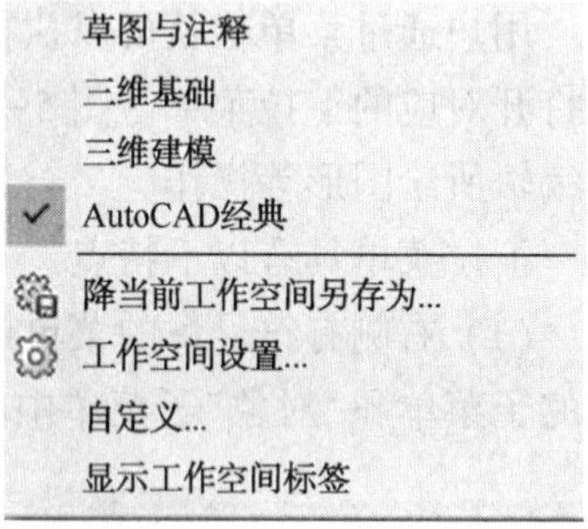

图 5-3-4　切换工作空间菜单

(2) 初次启动 AutoCAD 2014 后，如果在工作界面上还显示其他绘图辅助窗口，可将其关闭，在绘图过程中需要时再打开即可。

AutoCAD 2014 默认的工作界面如图 5-3-5 所示。AutoCAD 2014 工作界面组成包括标题栏、菜单栏、多个工具栏、绘图窗口、光标、坐标系图标、模型/布局选项卡、命令窗口(又称为命令行窗口)、状态栏、滚动条和菜单浏览器等。下面简要介绍它们的功能。

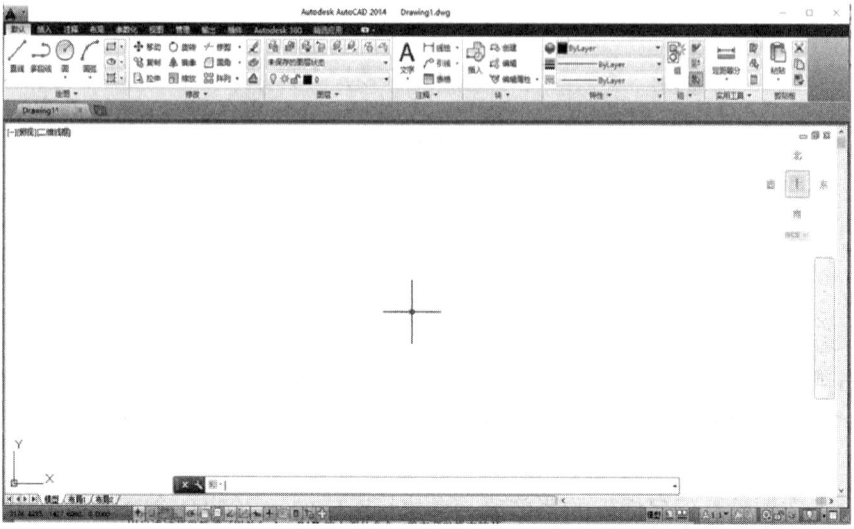

图 5-3-5　AutoCAD 2014 工作界面

5.3.1 标题栏

工作界面的最上方为标题栏，用于显示 AutoCAD 2014 的程序图标以及当前所操作图形文件的名称。位于标题栏右上角的按钮（）用于实现 AutoCAD 2014 窗口的最小化、最大化和关闭操作。

5.3.2 绘图文件选项卡

绘图文件选项卡用于显示当前已打开或绘制的图形文件的模型界面或布局界面，用户还可以方便地通过它切换当前要操作的图形文件。

5.3.3 菜单栏

用户通过菜单栏就可以执行 AutoCAD 的大部分命令。单击菜单栏中的某一个选项，可以打开对应的下拉菜单。图 5-3-6 所示为 AutoCAD 2014 的“修改”下拉菜单及其子菜单，用于编辑所绘图形等操作。

下拉菜单具有以下特点。

（1）右侧有符号▶的菜单项，表示它还有子菜单。图 5-3-6 所示为与“对象”菜单项对应的子菜单和“对象”子菜单中的“多重引线”子菜单。

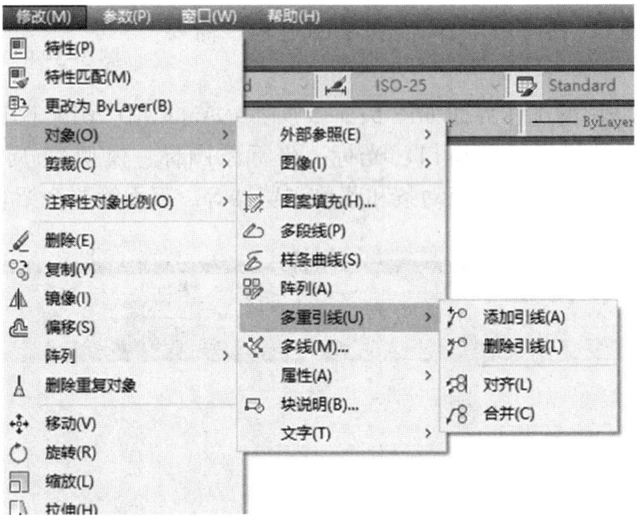

图 5-3-6 “修改”下拉菜单及其子菜单

（2）右侧有符号…的菜单项，被单击后将显示出一个对话框。例如，单击“绘图”菜单中的“表格”项，会弹出如图 5-3-7 所示的“插入表格”对话框，该对话框用于插入表格时的相应设置。

（3）单击右侧没有任何标识的菜单项，会执行对应的 AutoCAD 命令。

此外，AutoCAD 2014 还提供了快捷菜单，用于快速执行 AutoCAD 的常用操作，通过单击鼠标右键即可打开快捷菜单。单击鼠标右键后打开的快捷菜单随当前的不同操作或光标所处的不同位置而异。例如，当光标位于绘图窗口时，单击鼠标右键弹出的快捷菜单如图 5-3-8 所示（读者得到的快捷菜单可能与此图显示的菜单不一样，因为快捷菜单中位于前面两行的菜单内容与前面的操作有关）。

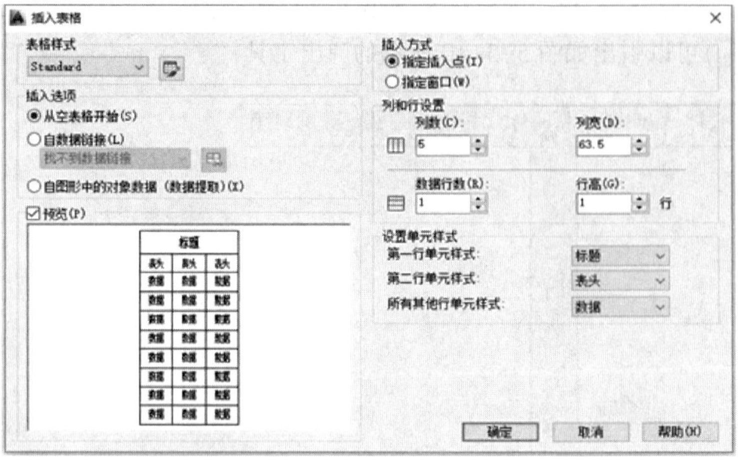

图 5-3-7 “插入表格”对话框

图 5-3-8 快捷菜单

5.3.4 工具栏

AutoCAD 提供的工具栏有 50 多个，每个工具栏上都有一些命令按钮。将光标放到命令按钮上稍做停留，AutoCAD 会弹出工具提示（即文字提示标签），以说明该按钮的功能以及对应的绘图命令。例如，绘图工具栏以及与绘制矩形按钮（ ）对应的工具提示如图 5-3-9（a）所示。将光标放到工具栏按钮上，并在显示出工具提示后再停留一段时间（约 2s），又会显示出扩展的工具提示，如图 5-3-9（b）所示。

扩展的工具提示对与该按钮对应的绘图命令提供了更为详细的说明。

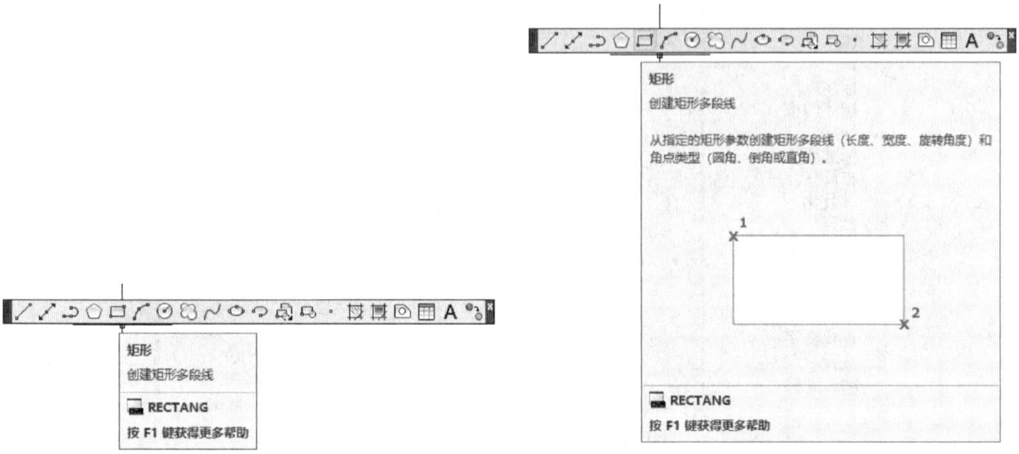

(a)显示绘制矩形工具提示 (b)显示绘制矩形扩展的工具提示

图 5-3-9 显示工具提示和扩展的工具提示

说明：

是否显示工具提示以及扩展的工具提示可根据需要自行设置。

单击工具栏中命令按钮右下角有小黑三角形的按钮，引出一个包含相关命令的弹出工具栏。将光标放在该按钮上，按下鼠标左键，即可显示弹出工具栏。例如，单击“标准”工具栏中的“窗口缩放”按钮( )可以引出如图 5-3-10 所示的弹出工具栏。

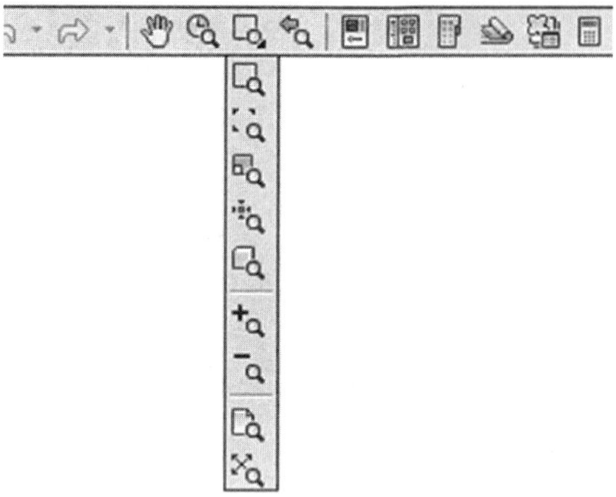

图 5-3-10 显示弹出工具栏

单击工具栏上的某一按钮可以启动对应的 AutoCAD 命令。AutoCAD 2014 在默认情况下没有显示打开的工具栏，用户可以根据描述打开或关闭任一工具栏，操作方法如下：

(1) 单击菜单“工具”|“工具栏”| AutoCAD。或在已打开的工具栏上单击鼠标右键，AutoCAD 弹出列有工具栏目录的快捷菜单，如图 5-3-11 所示(为节省篇幅，将此工具栏分为 3 列显示)。

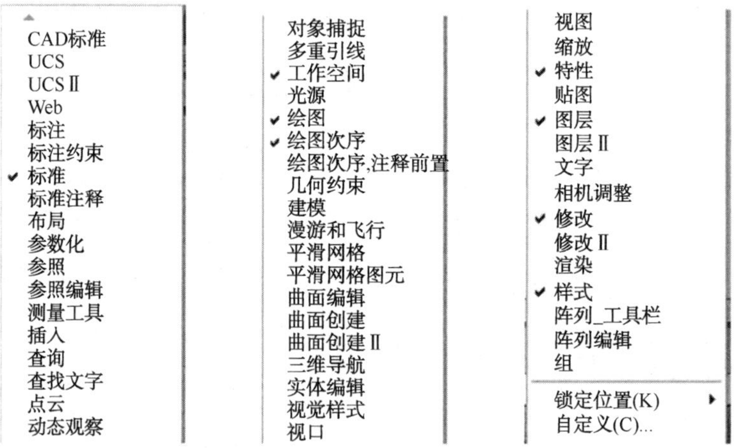

图 5-3-11 工具栏快捷菜单

(2) 通过在此快捷菜单中选择，即可打开或关闭某一工具栏。在快捷菜单中，前面有√的菜单项表示已打开了对应的工具栏。

为了方便用户将各工具栏拖放到工作界面的任意位置，AutoCAD 提供了可浮动的工具栏。碍于计算机绘图时的绘图区域有限，绘图时，根据需要只打开那些当前使用或常用的工具栏(如标注尺寸时打开“标注”工具栏)，并将其放到绘图窗口的适当位置。

除此之外，AutoCAD 还提供了快速访问工具栏(其位置如图 5-3-12 所示)，该工具栏用于放置那些需要经常使用的命令按钮，默认有“新建”按钮( )、“打开”按钮( )，“保存”按钮( )及“打印”按钮( )等。

用户可以为快速访问工具栏添加命令按钮。其操作方法为：在快捷访问工具栏上单击鼠标右键，AutoCAD 弹出快捷菜单，如图 5-3-12 所示。

从快捷菜单中选择“自定义快速访问工具栏”，弹出“自定义用户界面”对话框，如图 5-3-13 所示。

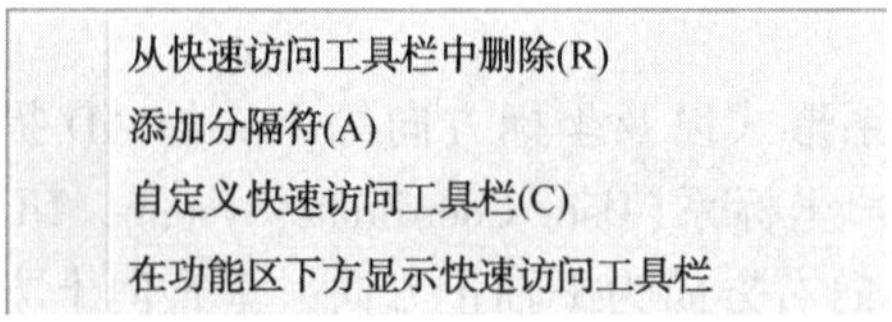

图 5-3-12 快捷菜单图

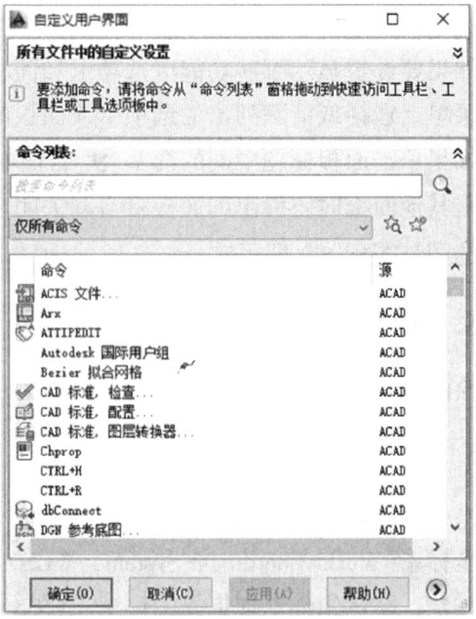

图 5-3-13 “自定义用户界面”对话框

从“自定义用户界面”对话框的“命令”列表框中找到要添加的命令后，将其拖到快速访问工具栏，即可为该工具栏添加对应的命令按钮。

说明：

为在“命令”列表框中快速找到所需的命令，可通过命令过滤下拉列表框(如图 5-3-11 所示的“仅所有命令”所在的下拉列表框)指定命令范围。

5.3.5 功能区

AutoCAD 2014 功能区是一个简洁紧凑的选项面板，包括创建或修改图形所需的所有工具。功能区由选项卡、面板及面板上的命令按钮组成等，如图 5-3-14 所示。

一些功能区面板提供了与该面板相关的对话框的访问机会。可单击面板右下角处由箭头图标 ↘ 表示的对话框启动器来显示相关的对话框。

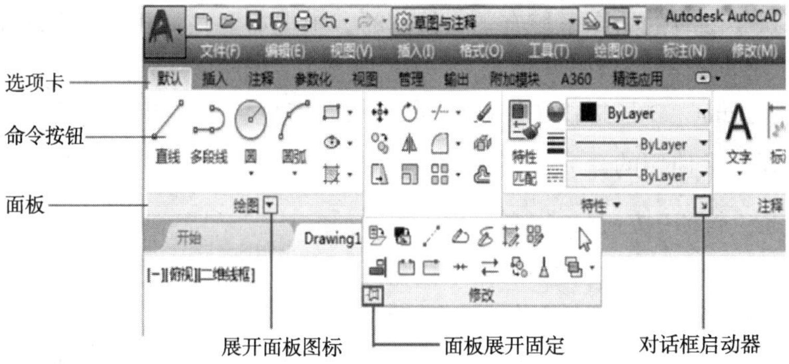

图 5-3-14 “功能区”的构成

说明：

如果要设置显示哪些功能区选项卡和面板，可在功能区上单击鼠标右键，然后在弹出的快捷菜单上选择或清除列出的选项卡或面板的名称。

如果单击面板标题中间的箭头 ▼，面板将展开以显示其他工具和控件。默认情况下，当单击其他面板时，滑出的面板将自动关闭。如果要使面板保持展开状态，单击滑出面板左下角的图钉图标即可。

5.3.6 绘图窗口

绘图窗口类似于手工绘图时的图纸，为 AutoCAD 2014 的绘图区。

5.3.7 坐标系图标

坐标系图标用于表示当前绘图所使用的坐标系形式以及坐标方向等。AutoCAD 提供了世界坐标系(World Coordinate System，WCS)和用户坐标系(User Coordinate System，UCS)两种坐标系，默认坐标系为世界坐标系。(默认水平向右方向为 x 轴正方向，垂直向上方向为 y 轴正方向)

说明：

若要设置坐标系图标的样式，可通过执行“视图”|“显示”|“UCS 图标”|“特性”命令。

5.3.8 模型/布局选项卡

用于实现模型空间与图纸空间之间的切换。

5.3.9 命令窗口

命令窗口是 AutoCAD 显示用户从键盘输入的命令和 AutoCAD 提示信息的地方。默认设置下，AutoCAD 在命令窗口保留所执行的最后 3 行命令或提示信息。可通过拖动窗口边框的方式改变命令窗口的大小，使其显示多于 3 行或少于 3 行的信息。

用户可以隐藏命令窗口，操作步骤为：

（1）单击菜单“工具”|“命令行”，AutoCAD 弹出“命令行—关闭窗口”对话框，如图 5-3-15 所示。

（2）单击对话框中的“是”按钮，即可隐藏命令窗口。

（3）隐藏命令窗口后，可以通过单击菜单“工具”|“命令行”再显示出命令窗口。

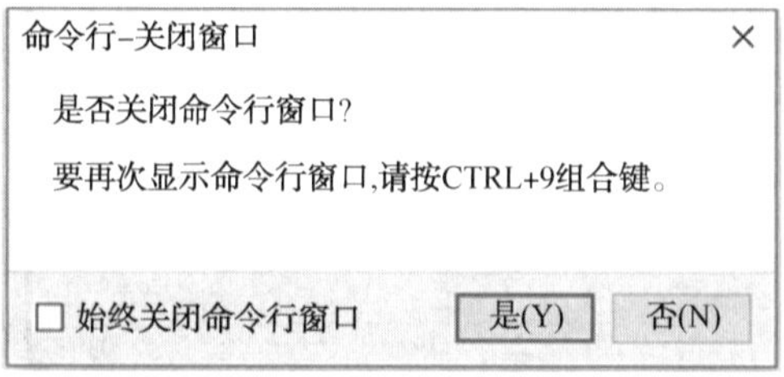

图 5-3-15 “命令行—关闭窗口”对话框

说明：利用快捷键 Ctrl+9，可以快速实现隐藏与显示命令窗口之间的切换。

5.4 AutoCAD 2014 图形文件管理

5.4.1 创建图形文件

有两种方法：一是在 AutoCAD 快捷工具栏中单击“新建”按钮，二是单击“菜单浏览器”按钮，在弹出的菜单中选择“新建”|“图形”命令，将打开“选择样板”对话框，如图 5-4-1 所示。

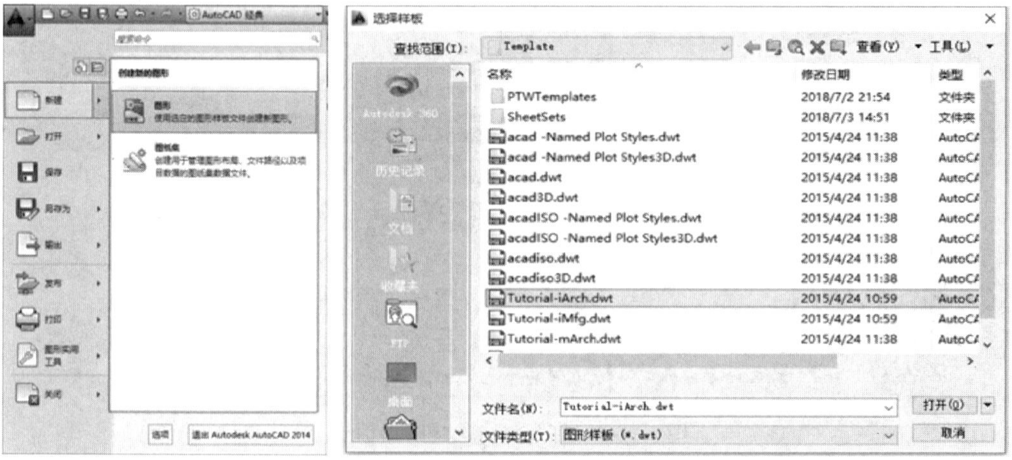

图 5-4-1 打开“选择样板”对话框

在“选择样板”对话框中，可在样板列表框中选中某一个样板文件。这时在右侧的“预览”框中将显示出该样板的预览图像，单击“打开”按钮，可以将选中的样板文件作为样板来创建新图形。样板文件中通常包含一些与绘图相关的通用设置，如图层、线型、文字样式等，使用样板创建新图形不仅提高了绘图的效率，而且还保证了图形的一致性。例如，以样板文件 Tulorial-iMfg 创建新图形文件后，可以得到如图 5-4-2 所示的效果。

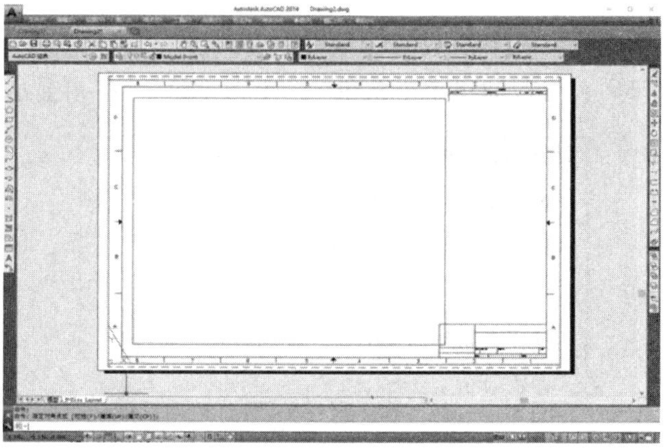

图 5-4-2　新建图形

5.4.2　打开图形文件

两种方法：一是在快捷工具栏中单击“打开”按钮 ，二是单击“菜单浏览器”按钮 ，在弹出的菜单中选择“打开”|“图形”命令，可以打开已有的图形文件，此时将打开“选择文件”对话框，如图 5-4-3 所示。

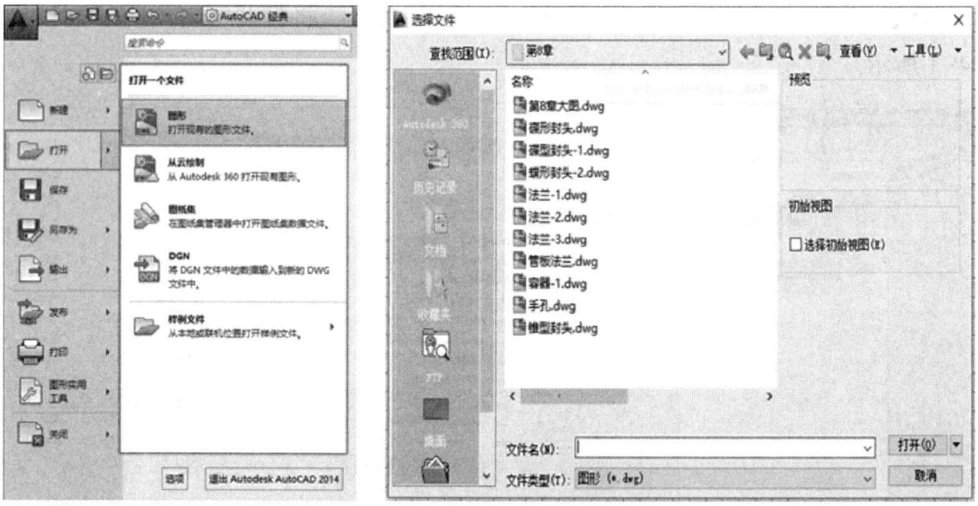

图 5-4-3　打开“选择文件”对话框

在“选择文件”对话框的文件列表框中，选择需要打开的图形文件，在右侧的“预览”框中将显示出该图形的预览图像。默认情况下，打开的图形文件的格式都为 . dwg 格式。图形文件打开方式有 4 种：“打开”“以只读方式打开”“局部打开”和“以只读方式局部打开”。采用“打开”和“局部打开”方式打开图形，可对图形文件进行编辑；而“以只读方式打开”和“以只读方式局部打开”方式则无法编辑图形文件。

5.4.3 保存图形文件

在 AutoCAD 中，可以使用多种方式将所绘图形以文件形式存入磁盘。

(1) 在快速访问工具栏中单击“保存”按钮 。

(2) 单击“菜单浏览器”按钮 ，在弹出的菜单中选择“保存”命令，以当前使用的文件名保存图形。

(3) 也可以单击“菜单浏览器”按 ，在弹出的菜单中选择“另存为”“图形”命令，将当前图形以新的名称保存，如图 5-4-4 所示。

在第一次保存新创建的图形时，系统将打开“图形另存为”对话框，如图 5-4-5 所示。默认情况下，文件以“AutoCAD 2014 图形(*.dwg)”格式保存，若要保存为其他格式，在“文件类型”下拉列表框中选择其他格式即可。

图 5-4-4 保存图形图

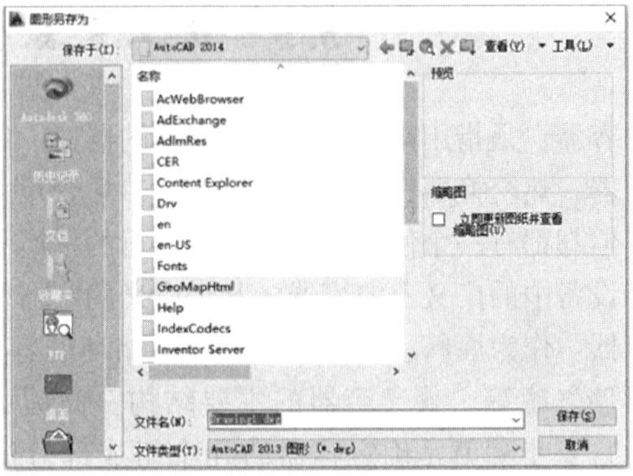

图 5-4-5 “图形另存为”对话框

5.4.4 关闭图形文件

方法有二：一是单击“菜单浏览器”按钮 ，在弹出的菜单中选择“关闭”“当前图形”命令，如图 5-4-6 所示。二是在绘图窗口中单击“关闭”按钮 ，可以关闭当前图形文件。

执行 CLOSE 命令后，如果当前图形没有保存，系统将弹出 AutoCAD 警告对话框，询问是否保存文件，如图 5-4-7 所示，单击“是”按钮或直接按 Enter 键，将保存当前图形文件并关闭当前文件；单击“否”按钮，将关闭当前图形文件，但不保存文件；单击“取消”按钮，将取消关闭当前图形文件，即不保存也不关闭当前图形文件。

图 5-4-6　关闭图形图

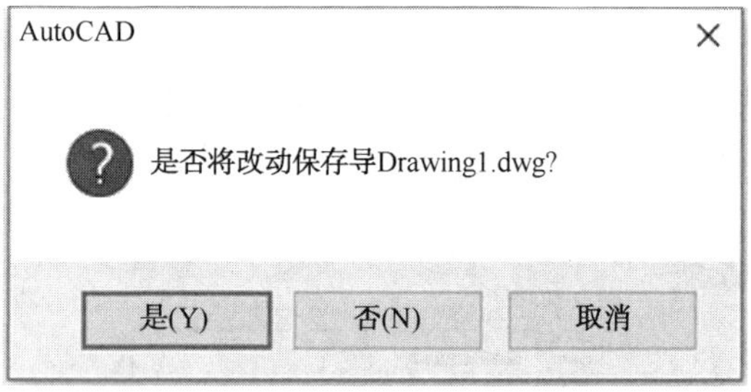

图 5-4-7　提示保存图形

5.5　化工容器 AutoCAD 绘制

容器，是指用来容纳或储存物体的器皿。在化学工业生产中的任何一个单元操作设备如反应器、热交换器、塔器等化工设备，尽管尺寸大小、形状结构、内部构件的形式都各不相同，但却都有一个使单元操作能够进行的场所——一个能够容纳物料的外壳，这个外壳就是化工设备中的广义上的容器。鉴于广义的容器概念包含太多的设备，本章仅介绍狭义上的化工容器：作为原料、中间产物、产品储存的容器，如大型炼油厂的原油储罐、油制气厂的球形储气罐等。狭义容器的主要结构：筒体、封头、接管、法兰及支座。因此绘制好容器的首要步骤就是确定容器的几个组成部分的尺寸，而后再根据各个组成部分的相互关系，绘制出符合条件的容器。需要注意的是，在几个组成部分中，筒体和封头需准确绘制，标明所有的细节。而在装配图中，接管上的法兰、人孔、支座若为标准件，一般可采用简化画法，只需标明外轮廓线即可，但其装配位置(如中心位置，接管法兰面距筒体长度等)需准确标出。

5.5.1　储槽绘制前的准备工作

现在要绘制的是体积为 6.4m^{3}储槽，如图 5-5-1 所示(实际图纸中明细栏内容应尽量添齐)。俗话说得好，磨刀不误砍柴工。在利用 AutoCAD 绘制上面的容器储槽前的一些准备工作做得越细致，在以后的绘制工作中就越顺利，绘制速度也就越快。一般来说，在进入AutoCAD计算机绘制容器之前，应先完成以下几项准备工作：

(1) 完成工艺计算及强度计算，确定筒体和封头的直径、高度、厚度。本例中的具体数据请参看图 5-5-1，在此不再一一列出，下面具体的绘制过程中用到时再作详细介绍。

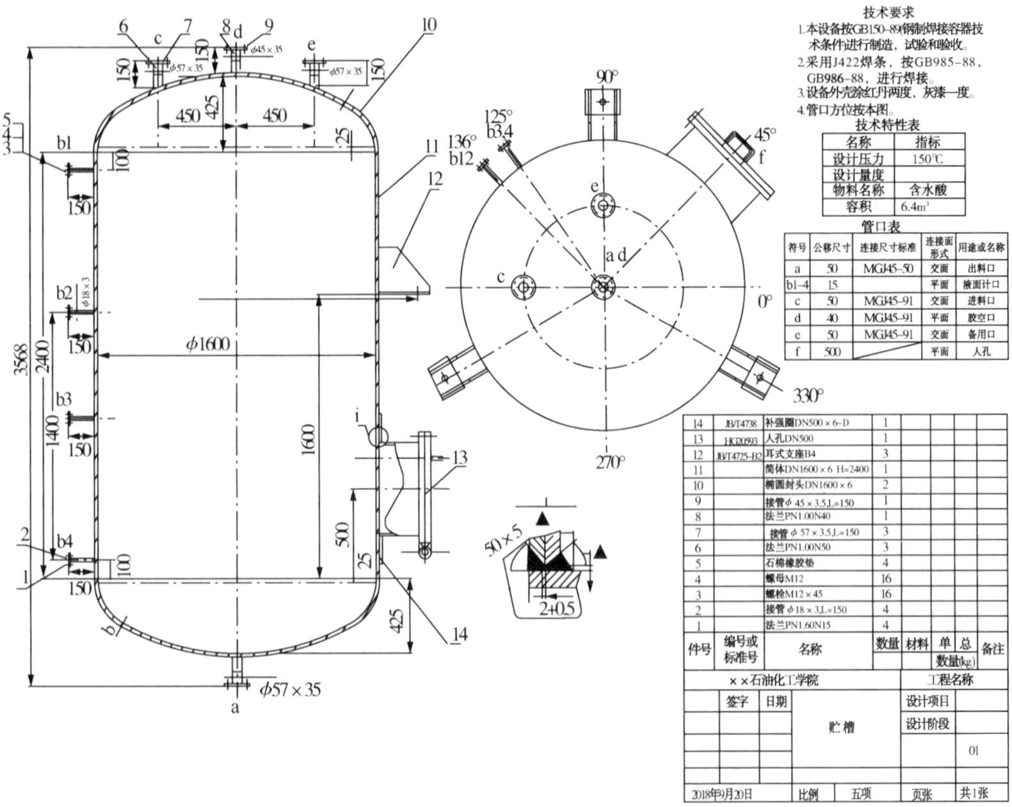

图 5-5-1 某容器设备全局图

(2) 完成各种接管如进料管、出料管、备用管、液位计接管、人孔等的计算或标准选定，并确定其相对位置。和第一步一样，本例中各元件的具体位置请参看图 5-5-1，在此不再一一列出，在下面具体的绘制过程中用到时再作详细介绍。

(3) 根据前两步获得的基本信息，绘制草图，确定设备的总高、总宽。并对图幅的布置进行初步的设置。

(4) 查取各种标准件的具体尺寸，尤其是其外观尺寸及安装尺寸，为具体绘制做好准备。

完成了上述几项基本工作后，可启动 AutoCAD，进入下一步工作。

5.5.2 设置图层、比例及图框

(1) 设置图层

将不同性质的图线置于不同的图层是为了后面绘制过程的方便，用不同的颜色区别开不同性质的图线，能让绘图者一目了然。在图层中还可以设置线条的宽度、类型等信息，可用“图层特性管理器”对话框方便地设置和控制图层。利用对话框可直接设置及改变图层的参数和状态，比如设置层的颜色、线型、可见性，建立新层、设置当前层、冻结或解冻图层、锁定或解锁图层以及列出所有存在的层名等操作。

从下拉菜单“格式”中选取“图层”或在工具栏中直接单击图层图标，均会出现图层特性管理器对话框，可根据具体的需要，从对话框中进行图层设置。本图中共设置 10 个图层，因 0 图层是不能重命名的图层，故实际使用的是 9 个图层，每一个图层均以中文名表示，中文名基本上代表了图层的主要内容。若要修改图层名，鼠标单击已选中的图层的名称，如图 5-5-2 中“中心线”图层已选中，若要修改其名称，则只要鼠标在“中心线”三字上单击，再输入新的名称即可。颜色和线宽的设置和名称修改操作大同小异，不再赘述。为了符合化工制图中对线宽的要求，本图层设置中除主结构线的线宽为 0.4mm 以外，其余均为 0.25mm。各个图层的具体内容见图 5-5-2。

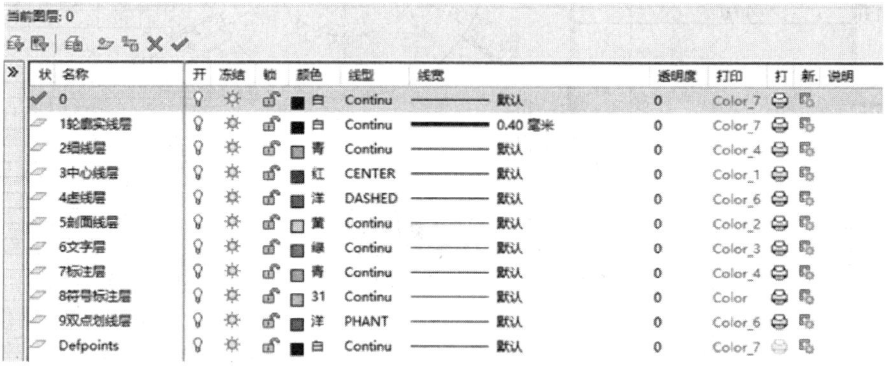

图 5-5-2　图层设置效果

需要注意的是，各个图层的线宽虽然可以自定义，但在绘制过程中，一般不选用状态栏中的线宽状态，故屏幕上是没有显示的。仅不同线型在绘制过程中会有所显示。除非需要将该图复制到 Word 文档时，会选择线宽状态。但线宽仅显示大于 0.3mm，因为小于 0.3mm 的线条，在屏幕上显示的宽度是一样的。并且采用线宽状态时，两条距离较近的线有时会重叠在一起，这一点需要引起读者注意。当然，定义的线宽在用绘图仪输出时是可以体现出来的。

(2) 设置比例及图纸大小

根据工艺计算及草图绘制，容器的总高 3768mm 左右，总宽大于 2060mm。考虑到还需用俯视图表达管口位置，其宽度也大于 2060mm，在除去明细栏等文字说明内容的情况下，图纸的总宽将在 4000mm 以上，总高将在 3768mm 以上，而明细栏的宽度为 180mm。综合考虑上述数据，若选用 A2 号图纸，比例为 1∶10，符合绘图要求。

因此，确定选用 A2 号图纸，其大小为 594mm×420mm，选用绘图比例为 1∶10。

(3) 绘制图框

根据前面的选定，图框由两个矩形组成：外框和内框。外框用细实线绘制，大小为 594mm×420mm，线宽为 0.25mm；内框用粗实线绘制，大小为 574mm×400mm，线宽为 0.4mm(和主结构图层线一样，故二者可在同一图层)。

① 绘制外图框

点击图层特性框的下拉符号“ ▼”处，选择细实线图层，在细实线上点击，见图 5-5-3，系统就进入细实线图层，然后点击绘图工具栏中的矩形绘图工具，按照下面命令中的具体操作，就可以绘制出符合条件的外图框。利用矩形绘制工具，绘制一个长为 594mm，宽为

420mm 的矩形，见图 5-5-4。

图 5-5-3　图层选择示意图

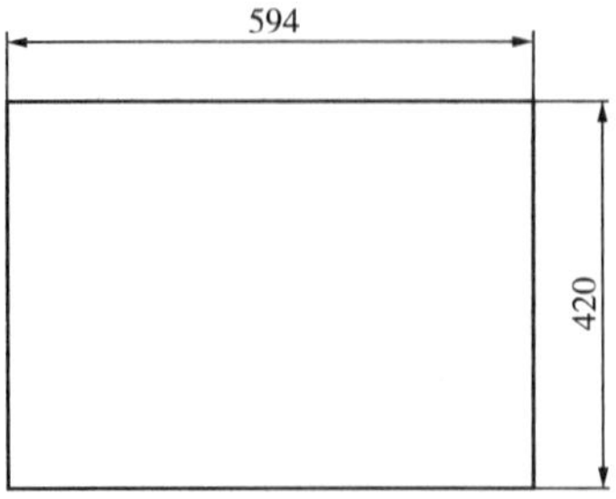

图 5-5-4　绘制外图框

② 绘制内图框

内框的大小为 574mm×400mm，用粗实线绘制。外框只要尺寸正确可以任意绘制，而内框则不能任意绘制，需借助辅助线确定矩形框的第一点，然后通过捕捉该点绘制大小为 574mm×400mm 的矩形，具体命令及操作过程如下：

- 绘辅助线，确定内框某一点。

命令：_line

指定第一点：(点击外框的左下点 A，见图 5-5-5)

指定下一点或[放弃(U)]：@ 10，10（确定 B 点，因为内框比外框长度和宽度均小 20mm）

指定下一点或[放弃(U)]：(回车，绘制好辅助线，见图 5-5-5)

- 绘制内框。

命令：_rectang

指定第一个角点或[倒角(C)/标高(E)/圆角(F)/厚度(T)/宽度(W)]：(捕捉辅助线的上端的 B 点，鼠标点击)

指定另一个角点或[尺寸(D)]：d

指定矩形的长度〈594. 0000〉：574

指定矩形的宽度〈420. 0000〉：400

指定另一个角点或[尺寸(D)]：(鼠标在右上角点击)

命令：(选择辅助线)

命令：_erase 找到 1 个(点击“Delete”键，删除辅助线，最后见图 5-5-6)

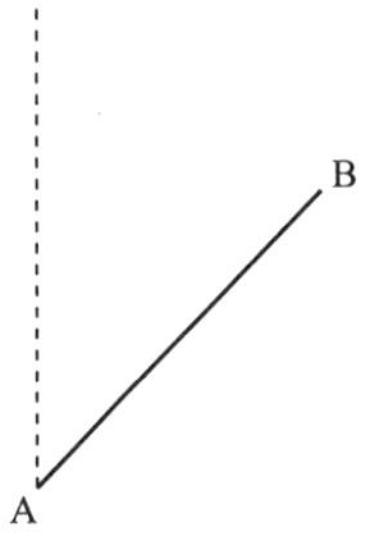

图 5-5-5　绘制辅助线示意图

图 5-5-6　绘制内框示意图

5.5.3 画中心线

首先进入中心线图层，根据设备的具体尺寸及绘图比例和图幅布置，绘制中心线。在绘制前，须对中心线进行定位，需确定筒体中心线的第一点、筒体中心线和封头与直边交界线的交点以及俯视图中圆心的位置，只有先确定这些基准点的位置，才可以方便地进行后续工作的绘制，具体命令及操作如下。

(1) 确定基准位置

命令：_line

指定第一点：(捕捉内图框的左上角定点 P0)

指定下一点或[放弃(U)]：@140，-15(此乃根据图幅的大小、图纸的比例及容器的总尺寸确定的，如果最后在绘制过程发现不妥，可采用整体移动的方法加以调整，不过建议在绘制前，尽量计算准确，该计算过程与采用手工绘制时完全一样，在此不再讲述)

指定下一点或[放弃(U)]：(回车，确定筒体中心线的第一点，见图 5-5-7 中上方第一条线，确定 P1 点)

命令：(回车，可直接调用原命令)

LINE 指定第一点：(捕捉内图框的左上角定点 P0)

指定下一点或[放弃(U)]：@140，-75(绘制 P3 点)

指定下一点或[放弃(U)]：(回车，确定筒体中心线和封头与直边交界线的交点)

命令：(回车，可直接调用原命令)

LINE 指定第一点：(捕捉内图框的左上角定点 P0)

指定下一点或[放弃(U)]：@340，-120(确定 P2 点)

指定下一点或[放弃(U)]：(回车，确定俯视图中的圆心，见图 5-5-7 中上方第二条线)

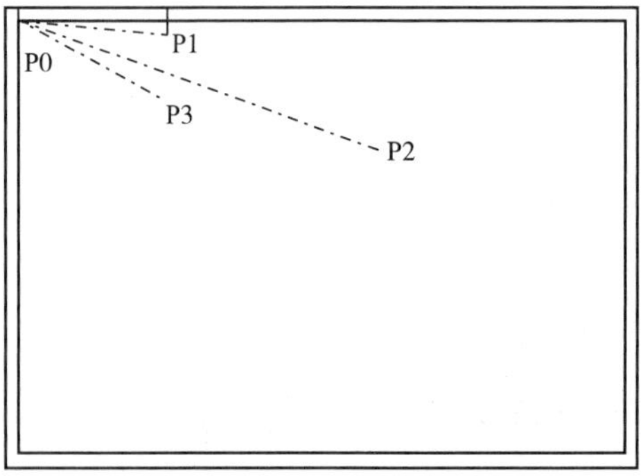

图 5-5-7　绘制确定中心线位置的辅助线

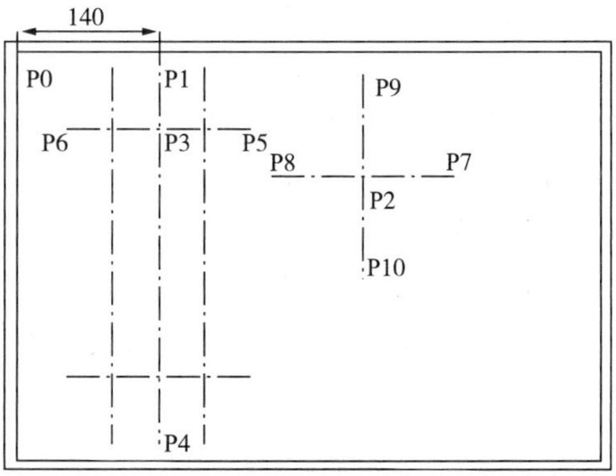

图 5-5-8　绘制基本中心线

(2) 绘制基本中心线

命令：_line

指定第一点：(鼠标捕捉 P1 点，此点乃筒体中心线的起点)

指定下一点或[放弃(U)]：@0，-370(由于绘图比例为 1∶10，容器总长 3550mm 左右，故取中心线的总长度为 370mm，后面的有关数据的选择和计算均和此相仿，亦和手工绘制相仿，以后一般不再叙述，确定 P4 点）指定下一点或[放弃(U)]：（回车，绘制好筒体中心线，见图 5-5-8 中左边第二条垂直线）

命令：_line

指定第一点：（鼠标捕捉第三条辅助线的下端点 P3，此点乃筒体中心线和封头与直边交界线的交点）

指定下一点或[放弃(U)]：@ 90，0(向右绘制封头与直边交界线的右边部分，最后需删除，确定 P5 点，绘制好线段 P3P5)

指定下一点或[放弃(U)]：@ -180，0(绘制整个封头与直边交界线，确定 P6 点，绘制好 P6P5)

指定下一点或[闭合(C)/放弃(U)]：（回车）

命令：指定对角点(从左上方往右下方拉，选中原绘制的右边交界线部分 P3P5)

命令：_erase 找到 1 个(删除右边的交界线，由于交界线是用点划线绘制，如果重复不同的长度进行绘制，可能得不到点画线的效果，如果是实线的话，就不必进行该操作，也不影响绘图效果，结果见图 5-5-8 中左边上面第一条水平线)

命令：_offset（准备绘制下面一条封头和直边的交界线）

指定偏移距离或[通过(T)/删除(E)/图层(L)]〈通过〉：245(筒体高度为 2400mm，两个直边高度之和为 50mm)

选择要偏移的对象，或[退出(E)/放弃(U)]<退出>：（点击已绘好的上面一条交射线 P6P5)

指定要偏移的那一侧上的点，或[退出(E)/多个(M)/放弃(U)]<退出>：（在交界线 P6P5 的下方点击)

选择要偏移的对象，或[退出(E)/放弃(U)]<退出>：（回车，绘制好下面一条交界线）

命令：_offset（准备绘制 e、c 接管的中心线，长度可在最后进行修剪）

指定偏移距离或[通过(T)/删除(E)/图层(L)]<245.0000>：45（两接管管心距中心线为 450mm）

选择要偏移的对象，或[退出(E)/放弃(U)]<退出>：（点击筒体中心线 P1P4)

指定要偏移的那一侧上的点，或[退出(E)/多个(M)/放弃(U)]〈退出〉：（在筒体中心线右边点击，绘制好 e 管的中心线，需要说明的是 e 在主视图中做了向右 90°旋转处理)

选择要偏移的对象，或[退出(E)/放弃(U)]<退出>：（点击筒体中心线）

指定要偏移的那一侧上的点，或[退出(E)/多个(M)/放弃(U)]<退出>：（在筒体中心线左边点击，绘制好 C 管的中心线)

选择要偏移的对象，或[进出(E)/放弃(U)]<退出>：（回车，结束偏移）

命令：_line

指定第一点：（鼠标捕捉第二条辅助线的下端点 P2，此点为俯视图圆心位置）

指定下一点或[放弃(U)]：@90，0(确定 P7，绘制好 P2P7)

指定下一点或[放弃(U)]：@ -180，0(确定 P8，绘制好 P7P8)

指定下一点或[闭合(C)/放弃(U)]：（回车）

命令：指定对角点：（选中 P2P7)

命令：_erase 找到 1 个(绘制好俯视图的水平中心线)

命令：_line

指定第一点：(鼠标捕捉第二条辅助线的下端点 P2)

指定下一点或[放弃(U)]：@0，100(确定 P9，绘制好 P2P9)

指定下一点或[放弃(U)]：@0，200(确定 P10，绘制好 P9P10)

指定下一点或[闭合(C)/放弃(U)]：

命令：指定对角点：(选中 P2P9)

命令：_erase 找到 1 个(绘制好俯视图的垂直中心线，见图 5-5-8 中右边第一条垂直线)

将原来的 3 条辅助线删除，删除过程的具体命令和操作较简单，不再赘述，最后结果见图 5-5-8。

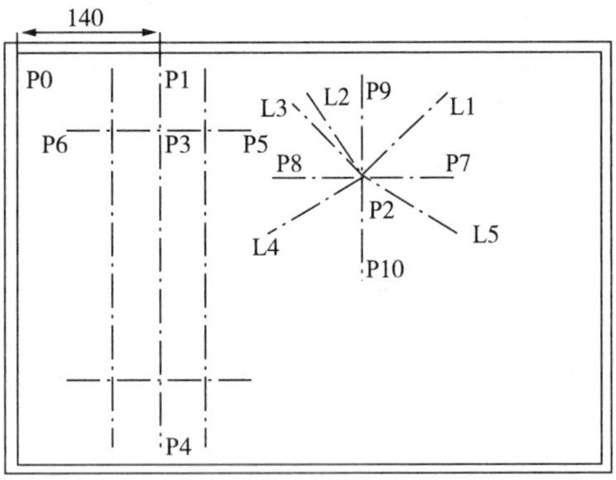

图 5-5-9　绘制完主要中心线示意图

(3) 绘制俯视图中的管口中心线

命令：_line

指定第一点：(捕捉俯视图中的圆心 P2，见图 5-5-9)

指定下一点或[放弃(U)]：@ 120<45(人孔中心线在 45°角上)

指定下一点或[放弃(U)]：(回车，绘制好人孔中心线 L1)

命令：(回车，可直接调用原命令)

LINE 指定第一点：(捕捉俯视图中的圆心)

指定下一点或[放弃(U)]：@ 100<125(液位计 b3、b4 接管中心线在 125°角上)

指定下一点或[放弃(U)]：(回车，绘制好 b3、b4 接管中心线 L2)

命令：(回车，可直接调用原命令)

LINE 指定第一点：(捕捉俯视图中的圆心)

指定下一点或[闭合(C)/放弃(U)]：@ 100<135 (液位计 b1、b2 接管中心线在 135°角上)

指定下一点或[闭合(C)/放弃(U)]：(回车，绘制好 b1、b2 接管中心线 L3)

命令：(回车，可直接调用原命令)

LINE 指定第一点：(捕捉俯视图中的圆心)

指定下一点或[放弃(U)]：@ 110<210 (三个支座中的其中一个在 210°角上)

指定下一点或[放弃(U)]：(回车，绘制好其中一个支座的中心线 L4)

命令：(回车，可直接调用原命令)

LINE 指定第一点：(捕捉俯视图中的圆心)

指定下一点或[放弃(U)]：@ 110<330(三个支座中的其另一个在 330°角上)

指定下一点或[放弃(U)]：(回车，绘制好其另一个支座的中心线 L5，最后结果见图5-5-9)

5.5.4 画主体结构

(1) 筒体主结构线

绘制筒体主结构线的时候，只需将筒体在全部情况下的矩形框绘制出来即可。在绘制时首先利用筒体中心线和封头与直边交界线(上面那条)的交点作为基点，向下作一条垂直的长度为25mm的直线，利用该直线的下端点。作为绘制筒体主结构线的起点，利用相对坐标、偏移、镜像等工具，完成最后的绘制工作。在绘制筒体厚度时，作了夸张的处理技术(全图的比例为1∶10，筒体厚度采用1∶4，其他接管厚度等处理基本上均采用此处理方法)，否则筒体的厚度将很难看清楚。

下面是具体的操作过程及其命令解释。

命令：_line

指定第一点：(捕捉筒体中心线和上面那条封头与直边交界线的交点P0，在图5-5-9中为P3，现设为P0，方便其他点的标记)

指定下一点或[放弃(U)]：@0，-2.5(2.5=25/10，封头直边为25，绘制好P0P1，此线为辅助线，最后删除)

指定下一点或[放弃(U)]：@81.5，0(81.5=800/10+6/4=80+1.5，800为筒体的半径，确定P2)

指定下一点或[闭合(C)/放弃(U)]：@0，-240(240=2400/10，2400为筒体长度，确定P3)

指定下一点或[闭合(C)/放弃(U)]：(捕捉中心线上的垂足，确定P4)

指定下一点或[闭合(C)/放弃(U)]：(回车，绘制好右边部分的外框)

命令：_offset

指定偏移距离或[通过(T)/删除(E)/图层(L)]<1.0000>：1.5(为筒体厚度在图上的数据)

选择要偏移的对象，或[退出(E)/放弃(U)]<退出>：(点击已画外框的垂直线P2P3)

指定要偏移的那一侧上的点，或[退出(E)/多个(M)/放弃(U)]<退出>：(在上面垂直线的左边点击)

选择要偏移的对象，或[退出(E)/放弃(U)]<退出>：(回车，绘制好内框的垂直线)

命令：_miiror 找到4个(选择已画好的筒体结构线)

指定镜像线的第一点，指定镜像线的第二点：(在筒体中心线上从上到下点击两次)

是否删除源对象？[是(Y)/否(N)]<N>：(回车，绘制好左边的筒体结构线)

对接管的中心线进行修剪并删除辅助线，本轮绘制的最后结果见图5-5-10。

(2)封头主结构线

封头有上下两个，在绘制时，先不要考虑接管的问题，接管问题可通过修剪、打断等工具加以解决。因两个封头情况相似，只介绍上面一个封头的具体绘制方法，另一头的绘制方法只说明和上面一个的不同之处。椭圆形封头由直边和半椭圆球组成。首先绘制封头左边的内外两条直边，然后利用直边的上端作为半椭圆的起点绘制内半椭圆，再利用偏移技术生成外半椭圆。具体操作过程及命令如下。

命令：_line

指定第一点：（捕捉图 5-5-11 中的 A 点，该图是将图 5-5-10 中的右上角放大所得）

指定下一点或[放弃(U)]：（在上面的交界线上捕捉垂足 A1 点）

指定下一点或[放弃(U)]：（回车，绘制好直边 AA1）

命令：_line

指定第一点：（捕捉图 5-5-11 中的 B 点，该图是将图 5-5-10 中的右上角放大所得，在图 5-5-10 中为 P2）

指定下一点或[放弃(U)]：（在上面的交界线上捕捉垂足 B1 点）

指定下一点或[放弃(U)]：（回车，绘制好直边 BB1）

命令：_ellipse

指定椭圆的轴端点或[圆弧(A)/中心点(C)]：_a

指定椭圆弧的轴端点或[中心点(C)]：（捕捉图 5-5-11 中的 A1 点，作为内半椭圆的起点）I

指定轴的另一个端点@ -160，0（160=1600/10，1600 为椭圆的长轴长度）

指定另一条半轴长度或[旋转(R)]：40（40 = 400/10，该椭圆封头为标准型封头，短轴为长轴的一半，故短轴的一半为 400）

指定起始角度或[参数(P)]：0

指定终止角度或[参数(P)/包含角度(I)]：180（表明是半个椭圆）

命令：_offset

指定偏移距离或[通过(T)/删除(E)/图层(L)]<1.5000>：（默认为 1.5）

选择要偏移的对象，或[退出(E)/放弃(U)]<退出>：（选择已画好的半椭圆）

指定要偏移的那一侧上的点，或[退出(E)/多个(M)/放弃(U)]<退出>：（在已画好的半椭圆外侧点击）

选择要偏移的对象，或[退出(E)/放弃(U)]<退出>：（回车，绘制好外半椭圆）

然后再绘制好封头左边部分的两条直边，至此，上面的封头结构线绘制完成。下面的封头和上面的绘制相似，不同之处在于必须从左边开始，因为下面的封头用的是椭圆的下部分，也可以通过先复制上面的封头，进行 180°的旋转，然后再进行移动定位也可以完成下面封头的绘制；或通过作筒体的横向中心线，利用镜像完成下封头的绘制，这一点希望读者自己去练习。最后的结果见图 5-5-12。

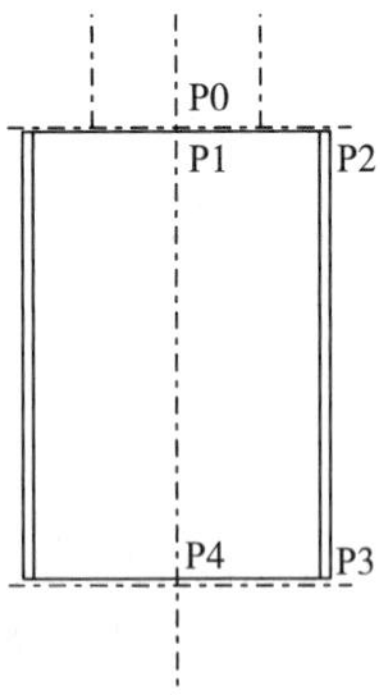

图 5-5-10　绘制筒体主结构线

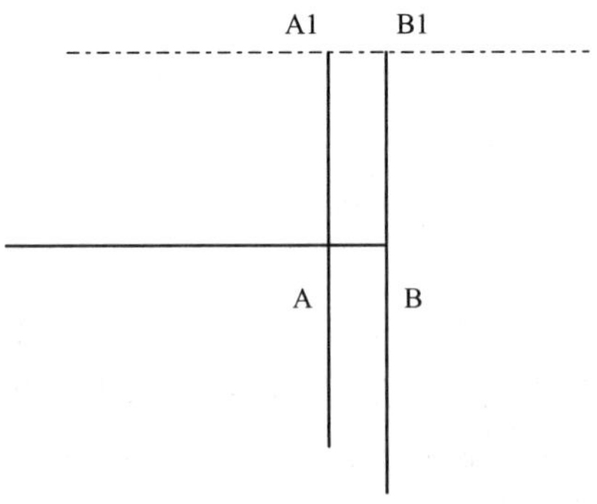

图 5-5-11　绘制封头主结构线

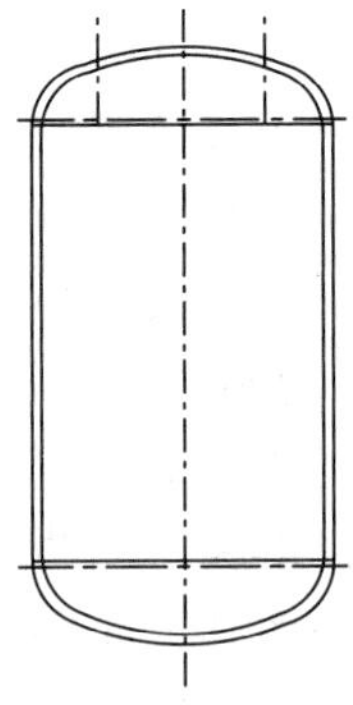

图 5-5-12　完成绘制封头主结构线

(3) 所有接管在主视图和俯视图中的结构线

本设备图中共有各种接管 8 个，涉及三种公称直径，接管上采用管法兰和其他管子相连接，与这三种公称直径有关的数据见表 5-5-1，表中数据的第一项为实际大小，斜杠后面的数据为在具体绘制中用到的数据。

表 5-5-1 三种接管及法兰数据 mm

公称直径	法兰外径 D	螺栓孔中心距 K	法兰厚度 b	接管外径 d	接管内径 d_0	接管厚度 t	长度 L
a、c、e 管：50	140/14	110/11	12/1.2	57/5.7	50/5	3.5/0.8	150/15
d 管：40	120/12	90/9	12/1.2	45/4.5	38/3.8	3.5/0.8	150/15
b_{1-4}管：15	75/7.5	50/5	10/1.0	18/1.8	12/1.2	3/0.5	150/15

所有接管均采用如图 5-5-13 的简化画法，其涉及的数据均已在表中一一列出。俯视图中的接管采用局部剖方法绘制，在俯视图中只绘制三个圆，分别是法兰外直径圆、螺栓孔中心距圆(用中心线)、接管内径圆。

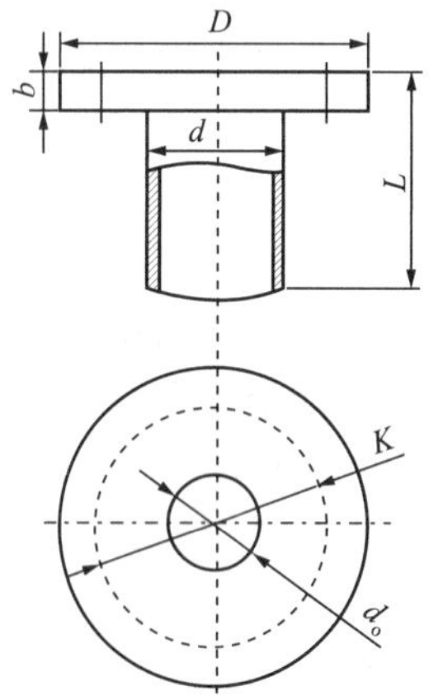

图 5-5-13 接管绘制 1

由上分析，在本设备图中绘制接管的关键在定位，a、b、c、d 接管的定位线已经绘好，而四个液位计接管的定位线即接管中心线，可以通过筒体主结构线中的水平线，利用辅助直线定位的方法绘制。下面通过 d 管的绘制方法，来说明所有接管的绘制过程，其他接管均可以参照此方法绘制。

由上分析，在本设备图中绘制接管的关键在定位，a、b、c、d 接管的定位线已经绘好，而四个液位计接管的定位线即接管中心线，可以通过筒体主结构线中的水平线，利用辅助直线定位的方法绘制。下面通过 d 管的绘制方法，来说明接管的绘制过程，其他接管可以参照此方法绘制。

d 管的公称直径为 40mm，具体的数据见表 5-5-1，下面是其绘制过程及命令解释。

命令：_line

指定第一点：(捕捉筒体中心线和封头内轮廓线的交点 A，见图 5-5-14)

指定下一点或[放弃(U)]：@2.25，0 (2.2=22.5/10,，22.5 为接管的外半径，确定 B 点)

指定下一点或[放弃(U)]：(在正交状态下，鼠标在上方一定位置点击，只要离开封头外壳即可，确定 D 点。不要太长，否则，还需要修剪)

指定下一点或[闭合(C)/放弃(U)]：(回车，绘制好 AB、BD 线，为面的绘制打下基础)

命令：_line

指定第一点：(捕捉 C 点，为 BD 线与封头外轮廓线的交点)

指定下一点或[放弃(U)]：@0，13.8[13.8=(150-12)/10，其中 150 为接管总长度，12 为法兰厚度，确定 E 点]

指定下一点或[放弃(U)]：@3.75，0 [3.75 =(60-22.5)/10，其中 60 为法兰外半径]

指定下一点或[闭合(C)/放弃(U)]：@0，1.2(1.2=12/10，12 为法兰厚度)

指定下一点或[闭合(C)/放弃(U)]：(鼠标在筒体中心线上捕捉垂足)

指定下一点或[闭合(C)/放弃(U)]：(回车)

命令：_line

指定第一点：(捕捉 E 点，完成法兰厚度线的下半部分)

指定下一点或[放弃(U)]：(鼠标在筒体中心线上捕捉垂足)

指定下一点或[放弃(U)]：(回车)

命令：_offset

指定偏移距离或[通过(T)/删除(E)/图层(L)]<通过>：0.8(0.8 作为接管的厚度，有夸张)

选择要偏移的对象，或[退出(E)/放弃(U)]<退出>：(点击 CE 线)

指定要偏移的那一侧上的点，或[退出(E)/多个(M)/放弃(U)]<退出>：(在 CE 线左侧点击)

选择要偏移的对象，或[退出(E)/放弃(U)]<退出>：(点击 BD 线)

指定要偏移的那一侧上的点，或[退出(E)/多个(M)/放弃(U)]<退出>：(在 BD 线左侧点击)

选择要偏移的对象，或[退出(E)/放弃(U)]<退出>：(回车，绘制好接管右边部分)

命令：_mirror 找到 8 个

指定镜像线的第一点：指定镜像线的第二点：(在筒体中心线也是接管中心线上从上到下点击两次)

是否删除源对象？[是(Y)/(否)]〈N〉：(回车)

然后绘制剖面部分和不剖部分分界线，最后结果见图 5-5-14。

在图 5-5-14 的基础上，先进入中心线图层，绘制好两条螺栓孔的中心线。该中心线可通过法兰的垂直外侧线向内偏移 1.5(即 15mm)来定位，然后再通过修剪、打断等方法，最后得到满足要求的接管图，见图 5-5-15。其他接管均可仿照此法，只要根据表中的数据作相应修改即可，同时对于相同大小的接管，只要找准基点，也可以通过复制、旋转、移动等一系列修改工具来绘制，无须再重新绘制，最后全局绘制结果见图 5-5-16。

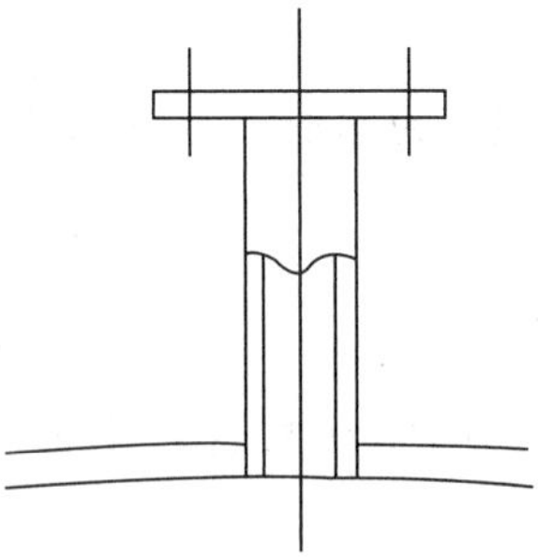

图 5-5-14　接管绘制 2

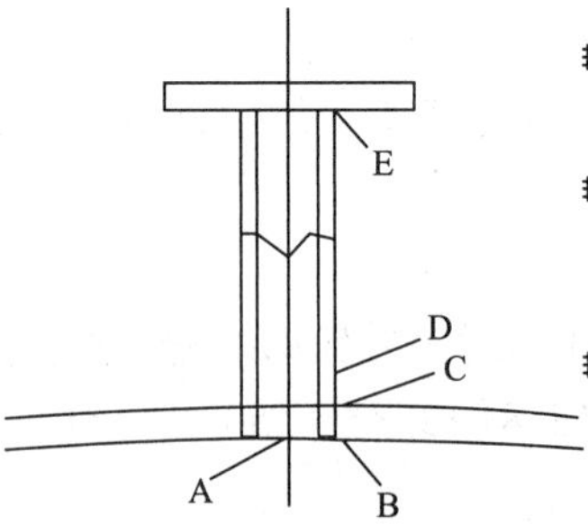

图 5-5-15　接管绘制 3

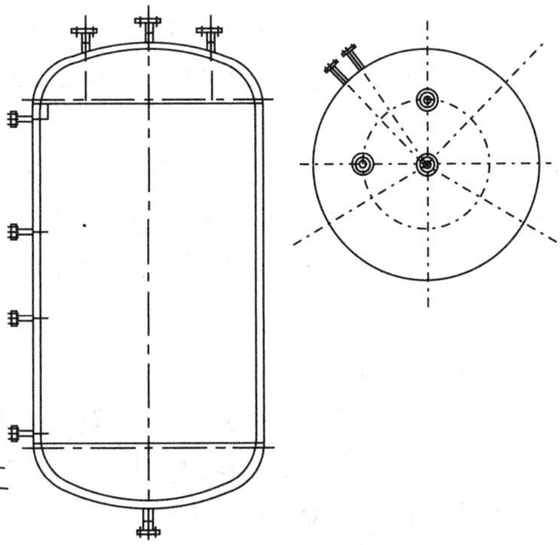

图 5-5-16　接管绘制最后结果

(4) 支座在主视图和俯视图中的结构线

图 5-5-17 是本容器图中支座的具体尺寸示意图，尺寸大小是查有关标准得到的。现在的关键问题是确定支座绘制的起点或某一个基点，然后就可以根据图 5-5-17 中的具体数据进行绘制，下面是具体绘制过程及命令解释。

① 首先确定绘制的基点，选择垫板和筒体接触的下部端点的位置作为支座在正视图的起点，见图 5-5-18 中的 C 点。

命令：_line

指定第一点：(在筒体和下封头的交界线上捕捉一点)

指定下一点或[放弃(U)]：@30，0 (绘制辅助线)

指定下一点或[放弃(U)]：@0，160 (160=1600/10，绘制好 A 点，此乃支座垂直距离定位点)

指定下一点或[闭合(C)/放弃(U)]：(在筒体垂直线上捕捉垂足 B 点)

指定下一点或[闭合(C)/放弃(U)]：@0，-1.1 (1.1 =11/10，11 = 315-40-250-14，确定 C 点，此乃绘制起点)

指定下一点或[闭合(C)/放弃(U)]：(回车，完成定位工作，见图 5-5-18)

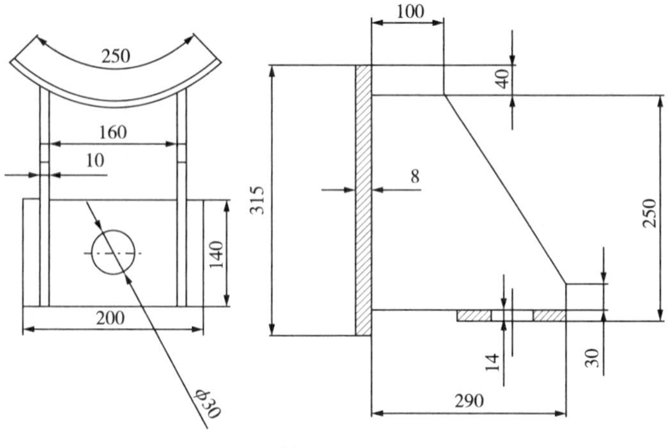

图 5-5-17 支座具体尺寸(没有完全按比例绘制)

② 绘制主视图中的支座主要结构线，最后结果见图 5-5-19。

命令：_line

指定第一点：(捕捉图 5-5-18 中的 C 点)

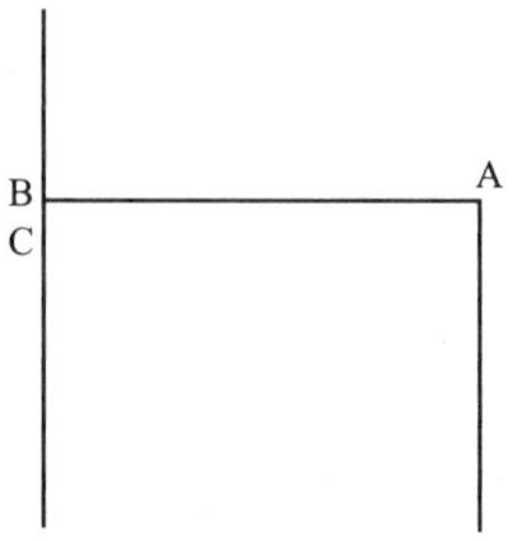

图 5-5-18 支座绘制在正视图中的位置

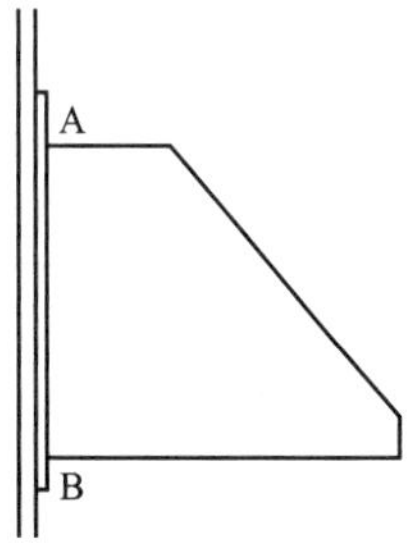

图 5-5-19 支座绘制在正视图中的主结构线

指定下一点或[放弃(U)]：@0.8，0(0.8=8/10，其中8是垫板厚度，后面说明数据，直接用原尺寸来说明，除以10不再演示)

指定下一点或[放弃(U)]：@0，2.5(25=315-40-250)

指定下一点或[闭合(C)/放弃(U)]：@29，0

指定下一点或[闭合(C)/放弃(U)]：@0，3

指定下一点或[闭合(C)/放弃(U)]：@-19，22(190=290-100，220=250-30)

指定下一点或[闭合(C)/放弃(U)]：@-10，0

指定下一点或[闭合(C)/放弃(U)]：@0，4

指定下一点或[闭合(C)/放弃(U)]：(捕捉筒体上的垂足)

指定下一点或[闭合(C)/放弃(U)]：(回车)

命令：_line

指定第一点：(捕捉图5-5-19中的A点)

指定下一点或[放弃(U)]：(捕捉图5-5-19中的B点，将垫板的结构线连起来)

指定下一点或[放弃(U)]：(回车，完成本轮绘制工作，见图5-5-19)

③ 绘制底板的命令过程，绘制结果见图5-5-20。

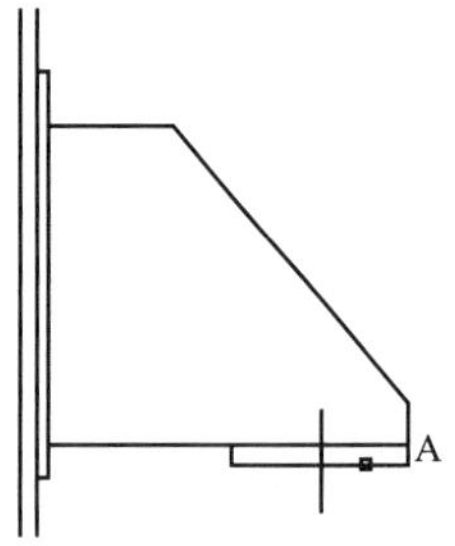

图5-5-20　底板绘制结果图

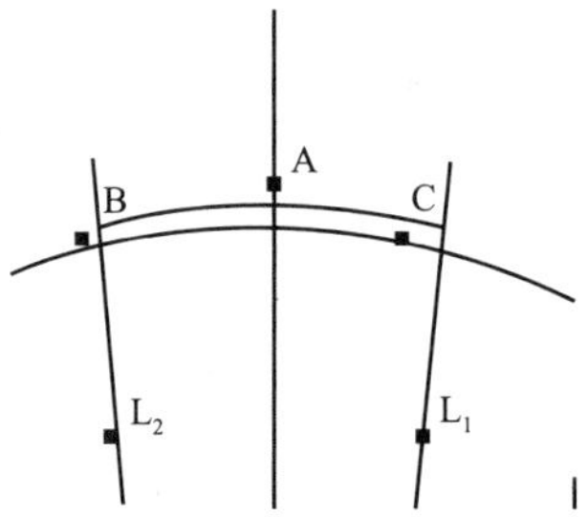

图5-5-21　支座俯视图绘制1

命令：_line

指定第一点：(捕捉图5-5-20中的A点，即筋板的右下端点)

指定下一点或[放弃(U)]：@0，-1.4(14为底板厚度)

指定下一点或[放弃(U)]：@-14,，0 (140为底板宽度)

指定下一点或[闭合(C)/放弃(U)]：(在筋板水平结构线上捕捉垂足)

指定下一点或[闭合(C)/放弃(U)]：(回车，绘制好底板主视图中的结构线)

命令：_offset

指定偏移距离或[通过(T)/删除(E)/图层(L)]<通过〉：7 (底板螺栓孔中心线距底板边缘距离)

选择要偏移的对象或[退出(E)/放弃(U)]<退出>：(选择过A点的直线)

指定要偏移的那一侧上的点或[退出(E)/多个(M)/放弃(U)]<退出>：(在左侧点击

选择要偏移的对象或[退出(E)/放弃(U)]<退出>：(回车)

将偏移得到的直线进行改变图层、两端拉伸操作，即可得到图5-5-20的结果。

④ 支座俯视图绘制。

俯视图的绘制要考虑到垫板的长度250是和筒体紧贴的，为了便于绘制，需要算出其圆弧度数，其计算公式如下：

$$圆弧度数 = \frac{250}{806} \times \frac{360}{2\pi} = 17.77$$

以垂直方向的支座为例，说明绘制过程。

命令：_line

指定第一点：(捕捉俯视图中的大圆圆心)

指定下一点或[放弃(U)]：(点击图 5-5-21 中的 A 点，为旋转做准备)

指定下一点或[放弃(U)]：(回车)

命令：_rotate

UCS 当前的正角方向：ANGDIR=逆时针，ANGBASE=0

找到 1 个(选择刚才绘制好的线条，注意不要选择整条原来的中心线)

指定基点：(捕捉圆心)

指定旋转角度或[参照(R)]，-8.89(绘制好 L1)

命令：_mirror

选择对象：找到 1 个(选择已旋转的辅助线，见图 5-5-21 中的 L1) 选择对象：(回车)

指定镜像线的第一点：指定镜像线的第二点：(在大圆的垂直中心线上从上到下点击两次)

是否删除源对象？[是(Y)/否(N)]<N>：(回车，绘制好 L2)

命令：_ offset

指定偏移距离或[通过(T)/删除(E)/图层(L)]<7.0000>：0.8 (8 为垫板厚度)

选择要偏移的对象或[退出(E)/放弃(U)]<退出>：(点击大圆)

指定要偏移的那一侧上的点或[退出(E)/多个(M)/放弃(U)]<退出>：(在大圆外侧点击)

选择要偏移的对象或[退出(E)/放弃(U)]<退出>：(回车)

命令：_break

选择对象：(选择偏移后得到的圆)

指定第二个打断点或[第一点(F)]：f

指定第一个打断点：(点击图 5-5-21 中的 B 点)

指定第二个打断点：(点击图 5-5-21 中的 C 点，本轮最后结果见图 5-5-21)

⑤确定支座筋板在俯视图中的绘制基点。

命令：_line

指定第一点：(捕捉图 5-5-22 中的 A 点，此点为俯视图垂直中心线和垫片结构线的交点)

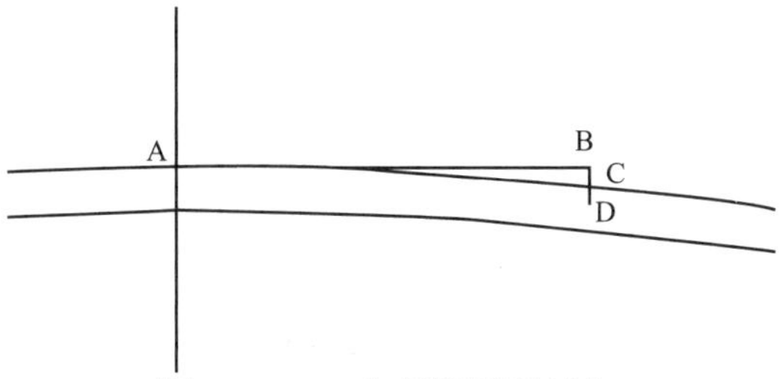

图 5-5-22 支座俯视图绘制 2

指定下一点或[放弃(U)]：@8，0（80为筋片外端距支座垂直中心线的距离，绘制好B点）
指定下一点或[放弃(U)]：（绘制好D点，在垫片的内部点即可）
指定下一点或[闭合(C)/放弃(U)]：（回车，本轮结果见图5-5-22）
⑥绘制俯视图中筋板及底板的右半部分。
命令：_ line
指定第一点：（捕捉图5-5-22中的C点）
指定下一点或[放弃(U)]：@0，29（290为筋板长度，绘制好图5-5-23中的A点）
指定下一点或[放弃(U)]：@2，0［20=(200—160)/2，绘制好图5-5-23中的B点］
指定下一点或[闭合(C)/放弃(U)]：@0，-14（绘制好图5-5-23中的C点）
指定下一点或[闭合(C)/放弃(U)]：（捕捉垂足，见图5-5-23中的D点）
指定下一点或[闭合(C)/放弃(U)]：（回车）
命令：_line
指定第一点：（捕捉A点）
指定下一点或[放弃(U)]：（捕捉垂足E点）
指定下一点或[放弃(U)]：（回车）
命令：_ offset
指定偏移距离或[通过(T)/删除(E)/图层(L)]<0.8000>：1（10为筋板厚度）
选择要偏移的对象或[退出(E)/放弃(U)]<退出>：（选择过A点的垂直线）
指定要偏移的那一侧上的点或[退出(E)/多个(M)/放弃(U)]<退出>：（在左侧点击）
选择要偏移的对象或[退出(E)/放弃(U)]<退出>：（回车）
命令：_offset
指定偏移距离或[通过(T)/删除(E)/图层(L)]<1.0000>：19(190=290-100）选择要偏移的对象或[退出(E)/放弃(U)]<退出>：（选择AE线）
指定要偏移的那一侧上的点或[退出(E)/多个(M)/放弃(U)]<退出>：（下方点击）
选择要偏移的对象或[退出(E)/放弃(U)]<退出>：（回车，结果见图5-5-23)。

在图5-5-23的基础上通过修剪、打断、镜像等处理方法，并绘上底板中间的螺栓孔，该孔直径为30，最后结果见图5-5-24。在图5-5-24的基础上，通过复制、旋转、作辅助圆确定复制基点及带基点移动等多项处理技术，可得到另两个支座在俯视图上的结构线，最后全局图见图5-5-25。观察图5-5-25，发现主视图和俯视图靠得太近，说明在原来中心线定位时有一点偏差，只要通过移动俯视图即可，移动后的图见图5-5-26。具体命令如下。

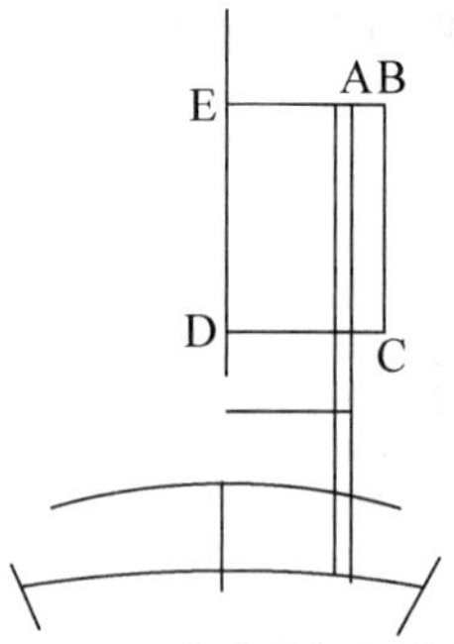

图5-5-23　支座俯视图绘制3

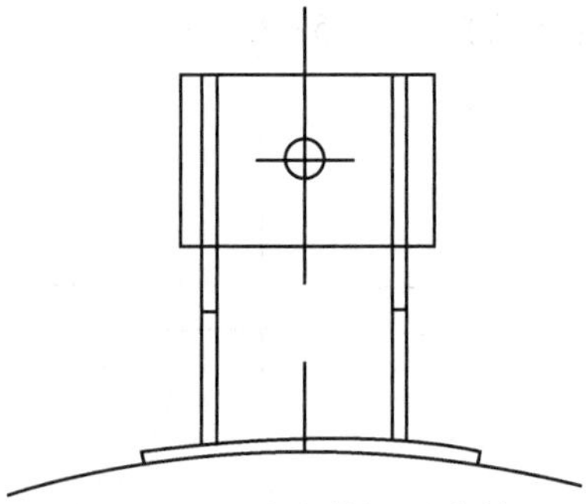
图5-5-24　支座俯视图绘制4

命令：_move 找到 93 个(选中俯视图中全部线条)

指定基点或位移：指定位移的第二点或<用第一点作位移>：@10，-10(向右、向下移动)

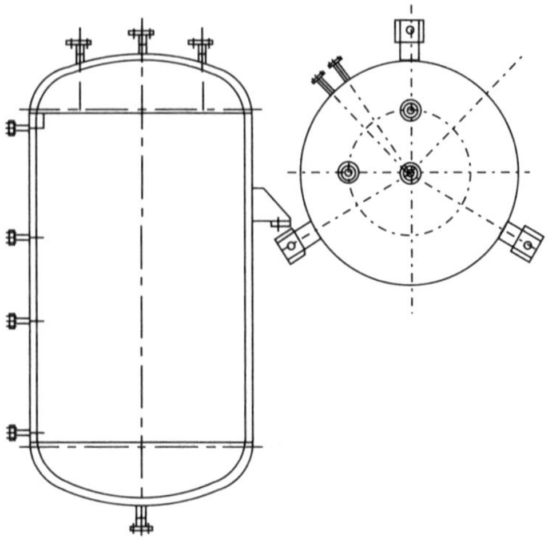

图 5-5-25 支座俯视图绘制 5

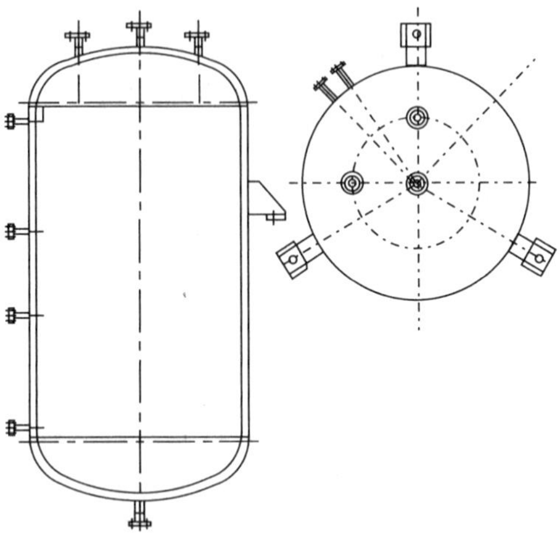

图 5-5-26 支座俯视图绘制 6

(5) 人孔在主视图和俯视图中结构线

① 确定绘制基点。

命令：_line

指定第一点：(捕捉图 5-5-27 中的 A 点，此点乃筒体外轮廓线和封头线的交点)

指定下一点或[放弃(U)]：@40，0(40 基于人孔总长度为 352 左右考虑，绘制 B 点)

指定下一点或[放弃(U)]：@0，50(500 为人孔中心线距封头和筒体交界线的距离，绘制 C 点)

指定下一点或[闭合(C)/放弃(U)]：(在正交状态下，在筒体内部点击，绘制好人孔中心线，和筒体外壳交 D 点)

指定下一点或[闭合(C)/放弃(U)]：(回车，完成本轮操作，结果见图 5-5-27)

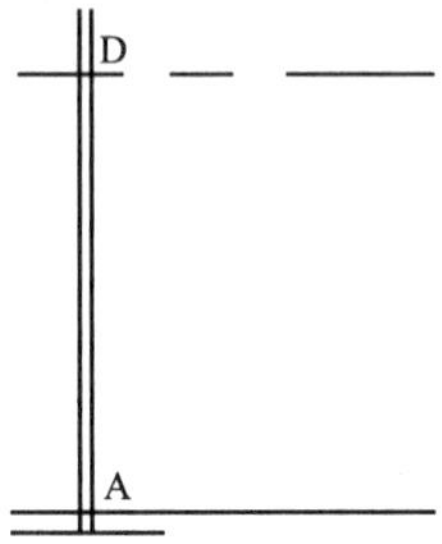

图 5-5-27 人孔绘制 1

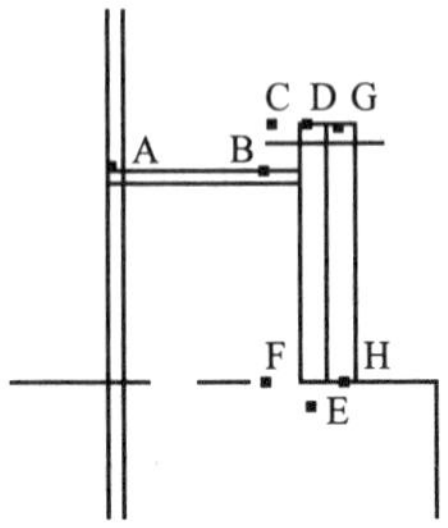

图 5-5-28 人孔绘制 2

② 绘制人孔在主视图中的上半部分。

命令：_line

指定第一点：(捕捉图 5-5-28 中的 D 点)

指定下一点或[放弃(U)]：@0，26.5 (265 = 530/2，530 为人孔的外径，绘制好图 5-5-28 中的 A 点，下面提到的点均指图 5-5-28)

指定下一点或[放弃(U)]：@19.8，0（198=230—32，32 为法兰厚度，绘制好 B 点）

指定下一点或[闭合(C)/放弃(U)]：@0，5.75［57.5=(645-530)/2，645 为法兰外径，绘制好 C 点］

指定下一点或[闭合(C)/放弃(U)]：@3.2，0（绘制好 D 点）

指定下一点或[闭合(C)/放弃(U)]：（捕捉人孔中心线上的垂足，绘制好 E 点）指定下一点或[闭合(C)/放弃(U)]：（回车）

命令：_line

指定第一点：（捕捉 C 点）

指定下一点或[放弃(U)]：（捕捉人孔中心线上的垂足，绘制好 F 点）

指定下一点或[放弃(U)]：（回车）

命令：_offset

指定偏移距离或[通过(T)/删除(E)/图层(L)]<通过>：1.5（人孔壁厚为 6，采用和筒体相同的夸张方法）

选择要偏移的对象或[退出(E)/放弃(U)]<退出>：（选择 AB 线）

指定要偏移的那一侧上的点或[退出(E)/多个(M)/放弃(U)]<退出>：（在下方点击）

选择要偏移的对象或[退出(E)/放弃(U)]<退出>：（回车）

命令：_offset

指定偏移距离或[通过(T)/删除(E)/图层(L)]<1.5000>：3.2(人孔盖厚度为 32）选择要偏移的对象或[退出(E)/放弃(U)]<退出>：（选择 DE 线）

指定要偏移的那一侧上的点或[退出(E)/多个(M)/放弃(U)]<退出>：（在其右侧点击）

选择要偏移的对象或[退出(E)/放弃(U)]<退出>：（回车，绘制好 GH 线）

然后通过延伸和偏移等处理，完成本轮的最后工作，见图 5-5-28。

③通过镜像生成下半部分，并利用中心线定位把手的位置，把手距中心线 175mm，把手直径为 20mm，本身长 150mm，高 70mm。具体的绘制命令和前面的基本相仿，不再解释，只列出命令，望读者在练习中体会其含义，结果见图 5-5-29。

命令：_ mirror 找到 15 个

指定镜像线的第一点：指定镜像线的第二点：

是否删除源对象？［是(Y)/否(N)]<N>：

命令：_ offset

指定偏移距离或[通过(T)/删除(E)/图层(L)<2.2500>：17.5

选择要偏移的对象或[退出(E)/放弃(U)]<退出>：

指定要偏移的那一侧上的点或[退出(E)/多个(M)/放弃(U)]<退出>：

命令：_ line

指定第一点：

指定下一点或[放弃(U)]：@7，0

指定下一点或[放弃(U)]：

命令：_ offset

指定偏移距离或[通过(T)/删除(E)/图层(L)]<17.5000>：1

选择要偏移的对象或[退出(E)/放弃(U)]<退出>

指定要偏移的那一侧上的点或[退出(E)/多个(M)/放弃(U)]<退出>:
选择要偏移的对象或[退出(E)/放弃(U)]<退出>:
指定要偏移的那一侧上的点或[退出(E)/多个(M)/放弃(U)]<退出>:
选择要偏移的对象或[退出(E)/放弃(U)]<退出>:
指定要偏移的那一侧上的点或[退出(E)/多个(M)/放弃(U)]<退出>:
选择要偏移的对象或[退出(E)/放弃(U)]<退出>:
命令:_ circle
指定圆的圆心或[三点(3P)/两点(2P)/相切、相切、半径(T)]:
指定圆的半径或[直径(D)]<1.0000>:
命令:_ break
选择对象:
指定第二个打断点或[第一点(F)]:f
指定第一个打断点:
指定第二个打断点:
命令:_ offset
指定偏移距离或[通过(T)/删除(E)/图层(L)]<3.5500>:35.5(此乃回转轴心距人孔中心线距离)
选择要偏移的对象或[退出(E)/放弃(U)]<退出>:
指定要偏移的那一侧上的点或[退出(E)/多个(M)/放弃(U)]<退出>:
选择要偏移的对象或[退出(E)/放弃(U)]<退出>:(回车,最后结果见图 5-5-29)

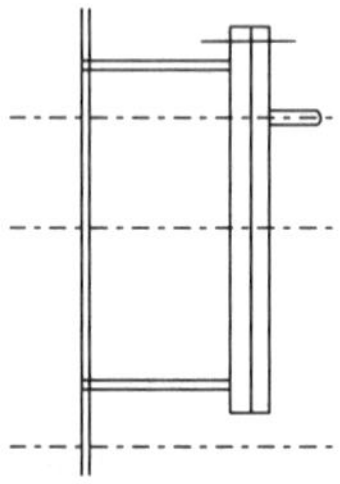

图 5-5-29 人孔绘制 3

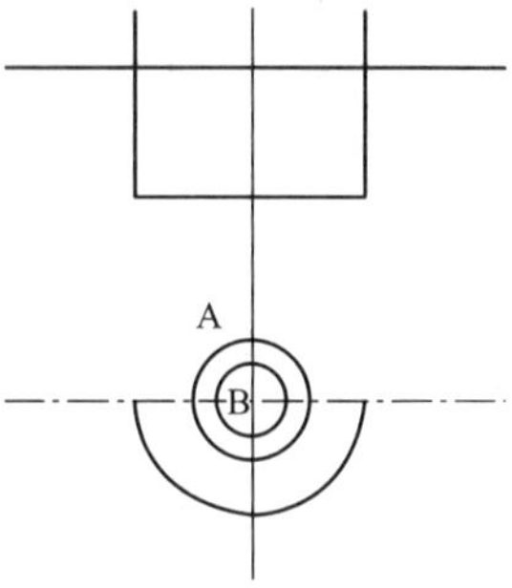

图 5-5-30 人孔绘制 4

④ 绘制人孔回转轴上的一些结构线,这里作了一些简单画法,只确定了回转轴中心线的位置、轴的大小(直径为 20mm)、轴上的固定螺母外径 32mm 等,具体绘制过程如下。

命令:_line
指定第一点:(捕捉图 5-5-30 中的 A 点)
指定下一点或[放弃(U)]:(在正交状态下鼠标过回转轴水平中心线点击)
指定下一点或[放弃(U)]:(回车)
命令:_circle
指定圆的圆心或[三点(3P)/两点(2P)/相切、相切、半径(T)]:(鼠标捕捉 B 点)
指定圆的半径或[直径(D)]<5.0000>:1.0 (绘制好小圆)
命令:_circle

指定圆的圆心或[三点(3P)/两点(2P)/相切、相切、半径(T)]：(鼠标捕捉 B 点)
指定圆的半径或[直径(D)]<1.0000>：1.6（绘制好中圆）
命令：_circle
指定圆的圆心或[三点(3P)/两点(2P)/相切、相切、半径(T)]：(鼠标捕捉 B 点)
指定圆的半径或[直径(D)]<2.0000>：3.2（绘制好大圆）
命令：_break
选择对象：(选择大圆)
指定第二个打断点或[第一点(F)]：f
指定第一个打断点：
指定第二个打断点：(打断后见图 5-5-30)

在图 5-5-30 的基础上，补充好其他连接线并将法兰外端被回转轴组合构件挡住部分删除后，见图 5-5-31。在图 5-5-31 的基础上，绘制好补强圈，补强圈外径为 840mm，厚度为 6mm，内径最小处 540mm，并以 35°左右的角度向上倾斜，具体细节见局部放大图，补强圈的中心线和人孔的中心线重叠，具体绘制过程不再重复，结果见图 5-5-32。此时的全局图见图 5-5-33，至此已完成了全部主要结构线的绘制工作，下面将进入一些辅助性工作。对于这些工作的介绍，一般只介绍工作方法，不再作详细介绍。

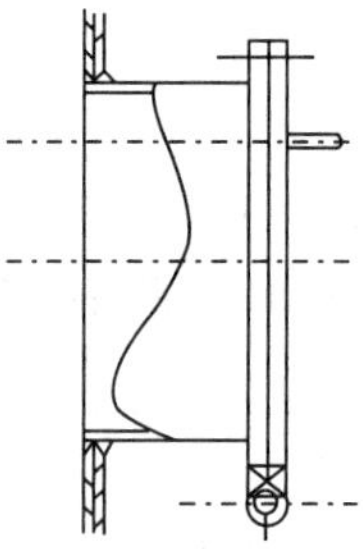

图 5-5-31　人孔绘制 5

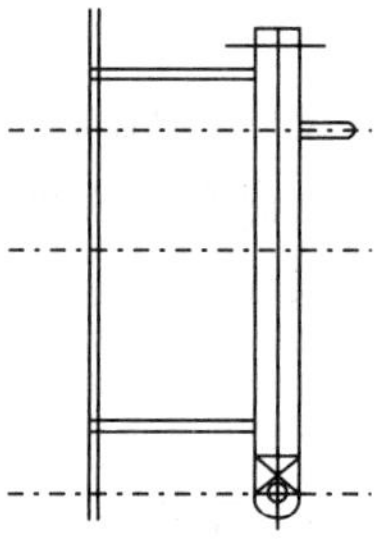

图 5-5-32　补强圈绘制图

5.5.5　画局部放大图

本容器设备图中，已清晰地表明了大部分部件的相互关系，主要在补强圈部分有些看不清楚，通过将原来部分放大 6 倍，来表达局部放大图。该放大图可在俯视图下面重新绘制，也可以利用原来已画部分进行复制放大处理获取，可不按比例绘制，只要能表达清楚其结构相互关系即可。绘制好的局部放大图见图 5-5-34。

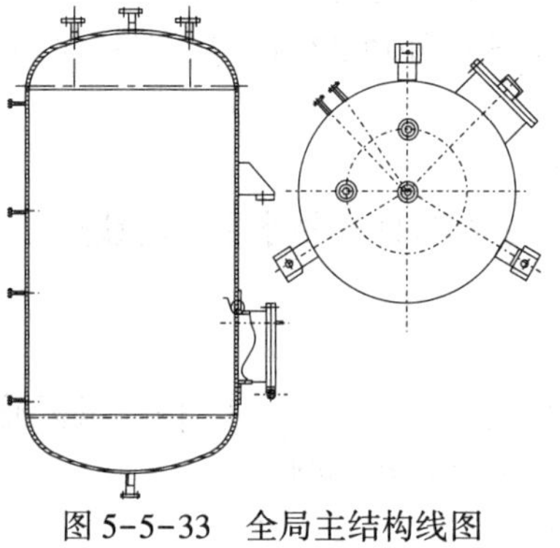

图 5-5-33　全局主结构线图

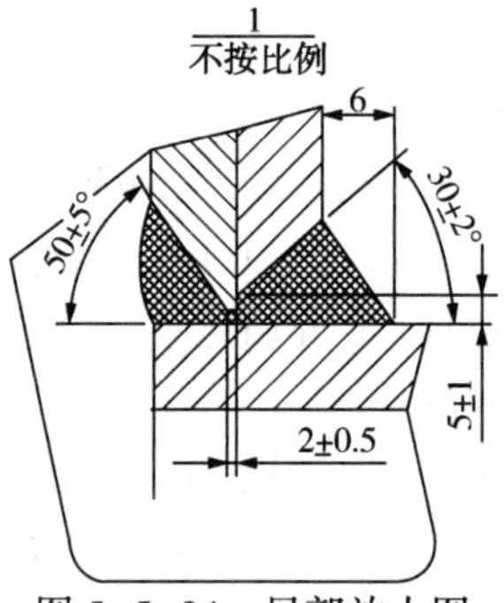

图 5-5-34　局部放大图

5.5.6 画剖面线及焊缝线

进入剖面线图层绘制剖面线，剖面线型号选为 ANSI31，比例为 1，角度为 90°或 0°，同一个部件其角度必须保持一致，两个相邻的部件，其角度应取不同值，如本容器图中筒体剖面线的角度为 90°，封头则为 0°，而封头上的管子的剖面线其角度又为 90°，筒体上的液位计接管剖面线其角度为 0°。在绘制剖面线之间，需为绘制焊缝做好准备，如筒体和封头之间的焊缝需在绘制剖面线前预先绘制在范围，如由原来的图 5-5-35 经预先处理变成图 5-5-36；而接管和筒体及封头连接部分也需预先处理，如将原来的图 5-5-37 经预先处理成图 5-5-38。在剖面线的绘制过程中，有时需要添加一些辅助线，将填充空间缩小或封闭起来。总之只要细心并遵循前面提出的一些规定，就能绘制好剖面线。绘制好剖面线，就能绘制各种焊缝。本图中主要有筒体和上下封头、封头上的接管、筒体上的接管、筒体和补强圈、筒体和支座上的垫板等焊缝。在绘制剖面线和焊缝的过程中，发现 C 管上封头的结构线没有打断，顺便补上该工作，绘至此时的全局图见图 5-5-39。

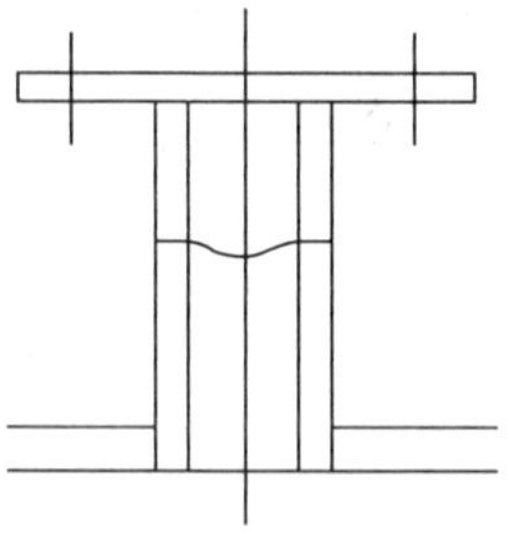

图 5-5-35　剖面线及焊缝线绘制 1

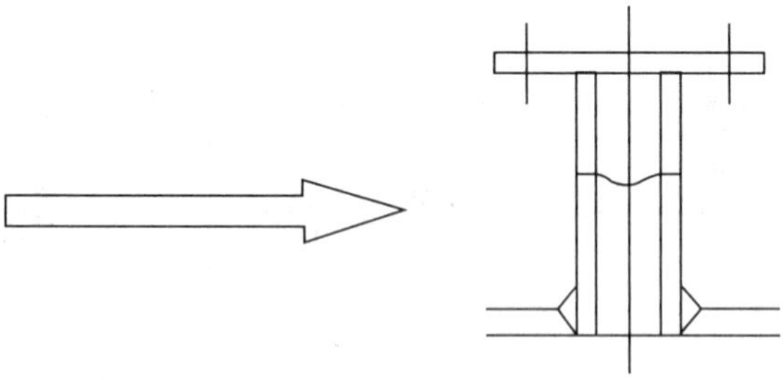

图 5-5-36　剖面线及焊缝线绘制 2

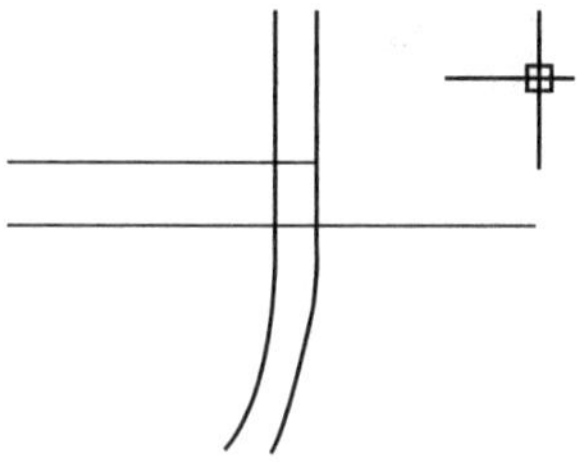

图 5-5-37　剖面线及焊缝线绘制 3

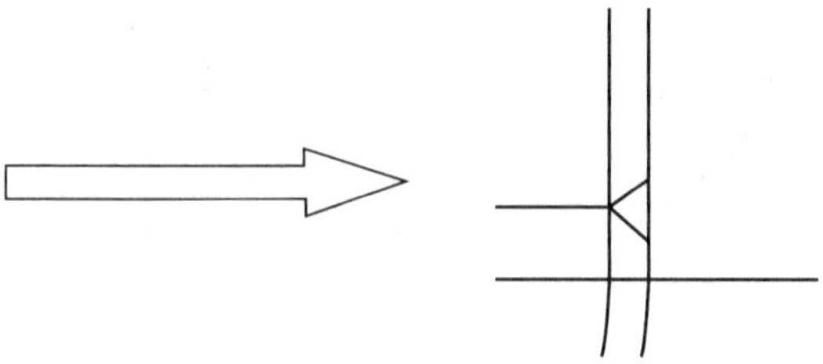

图 5-5-38　剖面线及焊缝线绘制 4

5.5.7 画指引线

本设备共有指引线 14 条，指引线一般从左下角开始，按顺时针编号排列。指引线由一条斜线段和一条水平线段组成，在水平线段上方标上序号即可。序号的字和明细栏中的大小相同，可采用 2.5 号字体，即字高 2.5mm。尽管在 AutoCAD 的标注工具中有指引线一栏，但其指引线绘制好后，其文字在水平段的左方，而不是所希望的上方。其实利用绘制直线工具直接绘制指引线

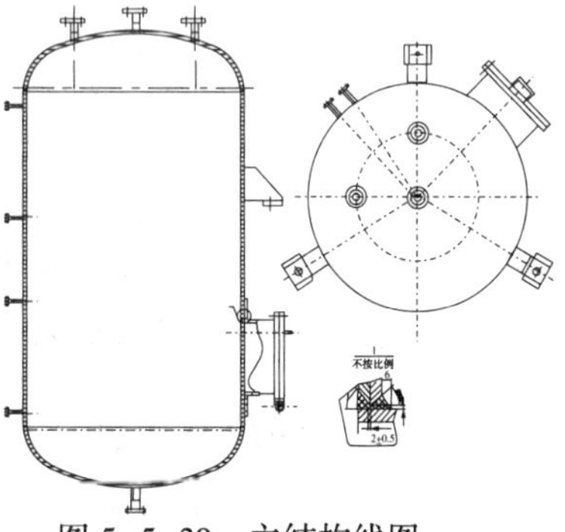

图 5-5-39　主结构线图

也是十分简便的，需要指出的是在绘制指引线的水平段时，其长度可采用 5mm，也就是说在绘制好指引线的斜线段后通过输入(@5，0)或(@-5，0)来绘制水平段，同一方向的水平线段应尽量对齐。需要注意的是水平段长度为 5mm，不能像绘制结构线那样按 1：10 绘制，而按实际大小绘制，同样在下面介绍的明细栏、主题栏、管口表、技术特性表均是按实际尺寸绘制。指引线上方的文字通过点击左边工具栏中文字编辑工具，采用 2.5 号仿宋体。此阶段的全局图和标注好尺寸后的全局图一起表示，见图 5-5-40。

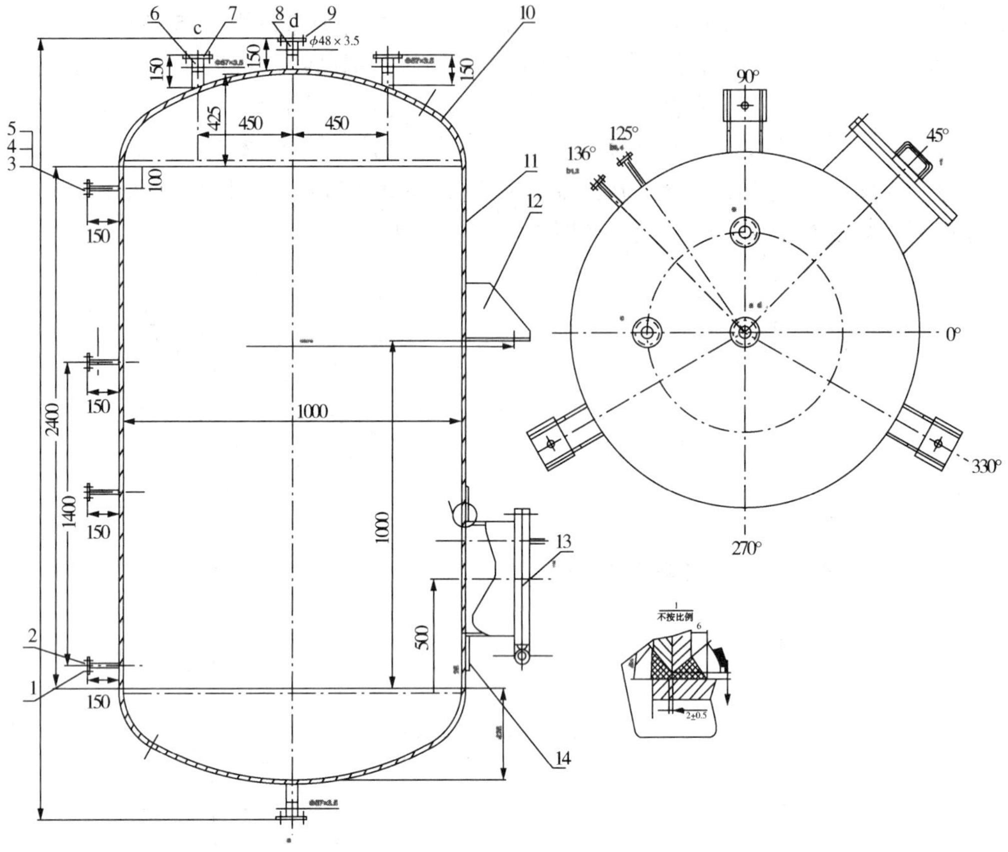

图 5-5-40 绘制好指引线及标注尺寸后的全局图（对俯视图作了移动）

5.5.8 标注尺寸

进入尺寸标注图层，并通过格式一标注式样，设定标注的形式，如选择文字高度为 2.5，选择箭头大小为 2.5。设置好标注式样后，根据设备的实际尺寸进行标注，切记不可根据所画图的大小进行标注。因为在绘制时已经按比例进行了缩小，同时有些方面还进行了夸张处理，所以必须按实际尺寸进行标注，其中支座安装尺寸是利用指引线绘制的，上面的数字利用文字编辑器进行输入，标注后的全局图见图 5-5-41。

5.5.9 写技术说明，绘管口表、标题栏、明细栏、技术特性表等

技术说明可利用文字编辑器进行输入，“技术要求”4 个字采用 5 号字，正文说明采用

3.5 号字。明细栏、标题栏的绘制通过直线绘制工具及多次利用偏移、修剪、打断等工具可快速地进行，栏中或表中的文字有采用 5 号的，也有采用 2.5 号的，可根据其宽度而定。

下面通过标题栏的具体绘制说明各类表的绘制方法。先绘制标题栏的外框尺寸，接着通过偏移产生内部线条。再通过修剪、打断生成基本框架。而后通过图层置换，改变所需要改变的线条。经过以上几个步骤，就可以完成标题栏线条的绘制。然后再根据具体的内容，利用文字输入工具输入有关文字，本轮工作完成后，全局的效果图见图 5-5-41。需要注意的是明细栏中有些项目的内容没有写上去，但在正式图纸中需要写上去。

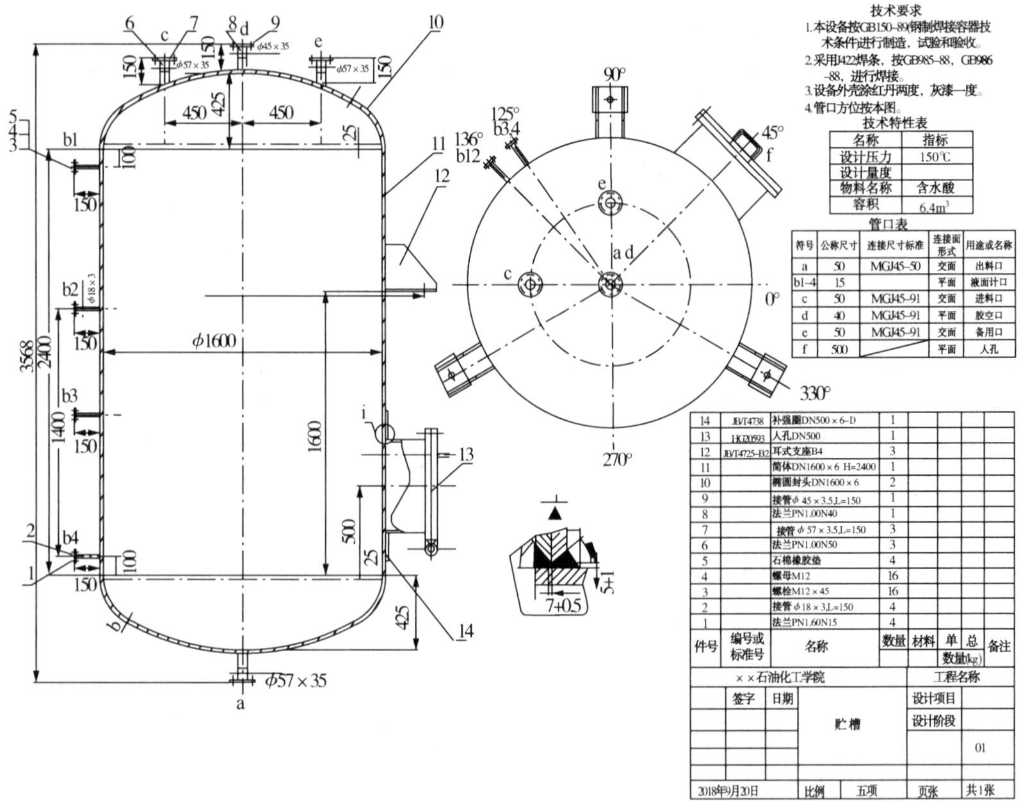

图 5-5-41 某容器设备全局效果图

附 录

附录1 部分物质重要物理性质

1. 某些气体的重要物理性质

名 称	分子式	密度(0℃,101.33kPa)/(kg/m^3)	比热容/[kJ/(kg·℃)]	黏度 $\mu\times10^5$/(Pa·s)	沸点(101.33kPa)/℃	汽化热/(kJ/kg)	临界点 温度/℃	临界点 压力/kPa	导热系数/[W/(m·℃)]
空气	—	1.293	1.009	1.73	-195	197	-140.7	3768.4	0.0244
氧	O_2	1.423	0.653	2.03	-132.98	213	-118.82	5036.6	0.0240
氮	N_2	1.251	0.745	1.70	-195.78	199.2	-147.13	3392.5	0.0228
氢	H_2	0.0899	10.13	0.842	-252.75	454.2	-239.9	1296.6	0.163
氦	He	0.1785	3.18	1.88	-268.95	19.5	-267.96	228.94	0.144
氩	Ar	1.7820	0.322	2.09	-185.87	163	-122.44	4862.4	0.0173
氯	Cl_2	3.217	0.355	1.29(16℃)	-33.8	305	144.0	7708.9	0.0072
氨	NH_3	0.771	0.67	0.918	-33.4	1373	132.4	11295	0.0215
一氧化碳	CO	1.250	0.754	1.66	-191.48	211	-140.2	3497.9	0.0226
二氧化碳	CO_2	1.976	0.653	1.37	-78.2	574	31.1	7384.8	0.0137
二氧化硫	SO_2	2.927	0.502	1.17	-10.8	394	157.5	7879.1	0.0077
二氧化氮	NO_2	—	0.615	—	21.2	712	158.2	10130	0.0400
硫化氢	H_2S	1.539	0.804	1.166	-60.2	548	100.4	19136	0.0131
甲烷	CH_4	0.717	1.70	1.03	-161.58	511	-82.15	4619.3	0.0300
乙烷	C_2H_6	1.357	1.44	0.850	-88.50	486	32.1	4948.5	0.0180
丙烷	C_3H_8	2.020	1.65	0.795(18℃)	-42.1	427	95.6	4355.9	0.0148
正丁烷	C_4H_{10}	2.673	1.73	0.810	-0.5	386	152	3798.8	0.0135
正戊烷	C_5H_{12}	—	1.57	0.874	-36.08	151	197.1	3342.9	0.0128
乙烯	C_2H_4	1.261	1.222	0.985	-103.7	481	9.7	5135.9	0.0164
丙烯	C_3H_6	1.914	1.436	0.835(20℃)	-47.7	440	91.4	4599.0	—
乙炔	C_2H_2	1.171	1.352	0.935	-83.66(升华)	829	35.7	6240.0	0.0184
氯甲烷	CH_3Cl	2.308	0.582	0.989	-24.1	406	148	6685.8	0.0085
苯	C_6H_6	—	1.139	0.72	80.2	394	288.5	4832.0	0.0088

2. 某些液体的重要物理性质

名 称	分子式	密度(20℃)/(kg/m^3)	沸点(101.33kPa)/℃	汽化热/(kJ/kg)	比热容(20℃)/[kJ/(kg·℃)]	黏度(20℃)/(mPa·s)	导热系数(20℃)/[W/(m·℃)]	体积膨胀系数 $\beta\times10^4$(20℃)/(1/℃)	表面张力 $\sigma\times10^3$(20℃)/(N/m)
水	H_2O	998	100	2258	4.183	1.005	0.599	1.82	72.8
氯化钠盐水(25%)	—	1186(25℃)	107	—	3.39	2.3	0.57(30℃)	4.4	—

续表

名　称	分子式	密度（20℃）/（kg/m³）	沸点（101.33 kPa）/℃	汽化热/（kJ/kg）	比热容（20℃）/［kJ/（kg·℃）］	黏度（20℃）/（mPa·s）	导热系数（20℃）/［W/（m·℃）］	体积膨胀系数 $\beta\times10^4$（20℃）/（1/℃）	表面张力 $\sigma\times10^3$（20℃）/（N/m）
氯化钙盐水（25%）	—	1228	107	—	2.89	2.5	0.57	3.4	—
硫酸	H_2SO_4	1831	340（分解）	—	1.47（98%）	—	0.38	5.7	—
硝酸	HNO_3	1513	86	481.1	—	1.17（10℃）	—	—	—
盐酸（30%）	HCl	1149	—	—	2.55	2（31.5%）	0.42	—	—
二硫化碳	CS_2	1262	46.3	352	1.005	0.38	0.16	12.1	32
戊烷	C_5H_{12}	626	36.07	357.4	2.24（15.6℃）	0.229	0.113	15.9	16.2
己烷	C_6H_{14}	659	68.74	335.1	2.31（15.6℃）	0.313	0.119	—	18.2
庚烷	C_7H_{16}	684	98.43	316.5	2.21（15.6℃）	0.411	0.123	—	20.1
辛烷	C_8H_{18}	763	125.67	306.4	2.19（15.6℃）	0.540	0.131	—	21.8
三氯甲烷	$CHCl_3$	1489	61.2	253.7	0.992	0.58	0.138（30℃）	12.6	28.5（10℃）
四氯化碳	CCl_4	1594	76.8	195	0.850	1.0	0.12	—	26.8
1,2-二氯乙烷	$C_2H_4Cl_2$	1253	83.6	324	1.260	0.83	0.14（50℃）	—	30.8
苯	C_6H_6	879	80.10	393.9	1.704	0.737	0.148	12.4	28.6
甲苯	C_7H_8	867	110.63	363	1.70	0.675	0.138	10.9	27.9
邻二甲苯	C_8H_{10}	880	144.42	347	1.74	0.811	0.142	—	30.2
间二甲苯	C_8H_{10}	864	139.10	343	1.70	0.611	0.167	10.1	29.0
对二甲苯	C_8H_{10}	861	138.35	340	1.704	0.643	0.129	—	28.0
苯乙烯	C_8H_8	911（15.6℃）	145.2	（352）	1.733	0.72	—	—	—
氯苯	C_6H_5Cl	1106	131.8	325	1.298	0.85	0.14（30℃）	—	32
硝基苯	$C_6H_5NO_2$	1203	210.9	396	1.47	2.1	0.15	—	41
苯胺	$C_6H_5NH_2$	1022	184.4	448	2.07	4.3	0.17	8.5	42.9
酚	C_6H_5OH	1050（50℃）	181.8（熔点 40.9）	511	—	3.4（50℃）	—	—	—
萘	$C_{16}H_8$	1145（固体）	217.9（熔点 80.2）	314	1.80（100℃）	0.59（100℃）	—	—	—
甲醇	CH_3OH	791	64.7	1101	2.48	0.6	0.212	12.2	22.6

续表

名称	分子式	密度(20℃)/(kg/m^3)	沸点(101.33 kPa)/℃	汽化热/(kJ/kg)	比热容(20℃)/[kJ/(kg·℃)]	黏度(20℃)/(mPa·s)	导热系数(20℃)/[W/(m·℃)]	体积膨胀系数 $\beta\times10^4$(20℃)/(1/℃)	表面张力 $\sigma\times10^3$(20℃)/(N/m)
乙醇	C_2H_5OH	789	78.3	846	2.39	1.15	0.172	11.6	22.8
乙醇(95%)	—	804	78.2	—	—	1.4	—	—	—
乙二醇	$C_2H_4(OH)_2$	1113	197.6	780	2.35	23	—	—	47.7
甘油	$C_3H_5(OH)_3$	1261	290(分解)	—	—	1499	0.59	5.3	63
乙醚	$(C_2H_5)_2O$	714	34.6	360	2.34	0.24	0.14	16.3	18
糠醛	$C_5H_4O_2$	1168	161.7	452	1.6	1.15(50℃)	—	—	43.5
乙醛	CH_3CHO	783(18℃)	20.2	574	1.9	1.3(18℃)	—	—	21.2
丙酮	CH_3COCH_3	792	56.2	523	2.35	0.32	0.17	—	23.7
甲酸	HCOOH	1220	100.7	494	2.17	1.9	0..26	—	27.8
醋酸	CH_3COOH	1049	118.1	406	1.99	1.3	0.17	10.7	23.9
醋酸乙酯	$CH_3COOC_2H_5$	901	77.1	368	1.92	0.48	0.14(10℃)	—	—
煤油	—	780-820	—	—	—	3	0.15	10.0	—
汽油	—	680-800	—	—	—	0.7-0.8	0.19(30℃)	12.5	—

3. 干空气的物理性质(101.33kPa)

温度 t/℃	密度 ρ/(kg/m^3)	比热容 c_p/[kJ/(kg·℃)]	导热系数 $\lambda\times10^2$/[W/(m·℃)]	黏度 $\mu\times10^5$/(Pa·s)	普郎特数 Pr
-50	1.584	1.013	2.035	1.46	0.728
-40	1.515	1.013	2.117	1.52	0.728
-30	1.453	1.013	2.198	1.57	0.723
-20	1.395	1.009	2.279	1.62	0.716
-10	1.342	1.009	2.360	1.67	0.712
0	1.293	1.005	2.442	1.72	0.707
10	1.247	1.005	2.512	1.77	0.705
20	1.205	1.005	2.593	1.81	0.703
30	1.165	1.005	2.675	1.86	0.701
40	1.128	1.005	2.756	1.91	0.699
50	1.093	1.005	2.826	1.96	0.698
60	1.060	1.005	2.896	2.01	0.696
70	1.029	1.009	2.966	2.06	0.694
80	1.000	1.009	3.047	2.11	0.692

续表

温度 t/℃	密度 ρ/(kg/m^3)	比热容 c_p/[kJ/(kg·℃)]	导热系数 $\lambda\times10^2$/[W/(m·℃)]	黏度 $\mu\times10^5$/(Pa·s)	普郎特数 Pr
90	0.972	1.009	3.128	2.15	0.690
100	0.946	1.009	3.210	2.19	0.688
120	0.898	1.009	3.338	2.29	0.686
140	0.854	1.013	3.489	2.37	0.684
160	0.815	1.017	3.640	2.45	0.682
180	0.779	1.022	3.780	2.53	0.681
200	0.746	1.026	3.931	2.60	0.680
250	0.674	1.038	4.228	2.74	0.677
300	0.615	1.048	4.605	2.97	0.674
350	0.566	1.059	4.908	3.14	0.676
400	0.524	1.068	5.210	3.31	0.678
500	0.456	1.093	5.745	3.62	0.687
600	0.404	1.114	6.222	3.91	0.699
700	0.362	1.135	6.711	4.18	0.706
800	0.329	1.156	7.176	4.43	0.713
900	0.301	1.172	7.630	4.67	0.717
1000	0.277	1.185	8.041	4.9	0.719
1100	0.257	1.197	8.502	5.12	0.722
1200	0.239	1.206	9.153	5.35	0.724

4. 水的物理性质

温度/℃	饱和蒸气压/kPa	密度/(kg/m^3)	焓/(kJ/kg)	比热容/[kJ/(kg·℃)]	导热系数 $\lambda\times10^2$/[W/(m·℃)]	黏度 $\mu\times10^5$/(Pa·s)	体积膨胀系数 $\beta\times10^4$/(1/℃)	表面张力 $\sigma\times10^3$/(N/m)	普郎特数 Pr
0	0.6082	999.9	0	4.212	55.13	179.21	−0.63	75.6	13.66
10	1.2262	999.7	42.04	4.191	57.45	130.77	0.70	74.1	9.52
20	2.3346	998.2	83.90	4.183	59.89	100.50	1.82	72.6	7.01
30	4.2474	955.7	125.69	4.174	61.76	80.07	3.21	71.2	5.42
40	7.3766	992.2	167.51	4.174	63.38	65.60	3.87	69.6	4.32
50	12.34	988.1	209.30	4.174	64.78	54.94	4.49	67.7	3.54
60	19.923	983.2	251.12	4.178	65.94	46.88	5.11	66.2	2.98
70	31.164	977.8	292.99	4.187	66.76	40.61	5.70	64.3	2.54
80	47.379	971.8	334.94	4.195	67.45	35.65	6.32	62.6	2.22
90	70.136	965.3	376.98	4.208	68.04	31.65	6.95	60.7	1.96
100	101.33	958.4	419.10	4.220	68.27	28.38	7.52	58.8	1.76
110	143.31	951.0	461.34	4.238	68.50	25.89	8.08	56.9	1.61
120	198.64	943.1	503.67	4.260	68.62	23.73	8.64	54.8	1.47
130	270.25	934.8	546.38	4.266	68.62	21.77	9.17	52.8	1.36
140	361.47	926.1	589.08	4.287	68.50	20.10	9.72	50.7	1.26
150	476.24	917.0	632.20	4.312	68.38	18.63	10.3	48.6	1.18
160	618.28	907.4	675.33	4.346	68.27	17.36	10.7	46.6	1.11

续表

温度/℃	饱和蒸气压/kPa	密度/(kg/m^3)	焓/(kJ/kg)	比热容/[kJ/(kg·℃)]	导热系数 $\lambda\times10^2$/[W/(m·℃)]	黏度 $\mu\times10^5$/(Pa·s)	体积膨胀系数 $\beta\times10^4$/(1/℃)	表面张力 $\sigma\times10^3$/(N/m)	普郎特数 Pr
170	792. 59	897. 3	719. 29	4. 379	67. 92	16. 28	11. 3	45. 3	1. 05
180	1003. 5	886. 9	763. 25	4. 417	67. 45	15. 30	11. 9	42. 3	1. 00
190	1255. 6	876. 0	807. 63	4. 460	66. 99	14. 42	12. 6	40. 0	0. 96
200	1554. 77	863. 0	852. 43	4. 505	66. 29	13. 63	13. 3	37. 7	0. 93
210	1917. 72	852. 8	897. 65	4. 555	65. 48	13. 04	14. 1	35. 4	0. 91
220	2320. 88	840. 3	943. 70	4. 614	64. 55	12. 46	14. 8	33. 1	0. 89
230	2798. 59	827. 3	990. 18	4. 681	63. 73	11. 97	15. 9	31	0. 88
240	3347. 91	813. 6	1037. 49	4. 756	62. 80	11. 47	16. 8	28. 5	0. 87
250	3977. 67	799. 0	1085. 64	4. 844	61. 76	10. 98	18. 1	26. 2	0. 86
260	4693. 75	784. 0	1135. 04	4. 949	60. 48	10. 59	19. 7	23. 8	0. 87
270	5503. 99	767. 9	1185. 28	5. 070	59. 96	10. 20	21. 6	21. 5	0. 88
280	6417. 24	750. 7	1236. 28	5. 229	57. 45	9. 81	23. 7	19. 1	0. 89
290	7443. 29	732. 3	1289. 95	5. 485	55. 82	9. 42	26. 2	16. 9	0. 93
300	8592. 94	712. 5	1344. 80	5. 736	53. 96	9. 12	29. 2	14. 4	0. 97
310	9877. 6	691. 1	1402. 16	6. 071	52. 34	8. 83	32. 9	12. 1	1. 02
320	11300. 3	667. 1	1462. 03	6. 573	50. 59	8. 3	38. 2	9. 81	1. 11
330	12879. 6	640. 2	1526. 19	7. 243	48. 73	8. 14	43. 3	7. 67	1. 22
340	14615. 8	610. 1	1594. 75	8. 164	45. 71	7. 75	53. 4	5. 67	1. 38
350	16538. 5	574. 4	1671. 37	9. 504	43. 03	7. 26	66. 8	3. 81	1. 60
360	18667. 1	528. 0	1761. 39	13. 984	39. 54	6. 67	109	2. 02	2. 36
370	21040. 9	450. 5	1892. 43	10. 319	33. 73	5. 69	264	0. 471	6. 80

5. 饱和水蒸气表(按温度)

温度/℃	绝对压力/kPa	蒸汽的密度/(kg/m^3)	焓/(kJ/kg)		汽化热/(kJ/kg)
			液体	蒸汽	
0	0. 6082	0. 00484	0	2491. 1	2491. 1
5	0. 8730	0. 00680	20. 94	2500. 8	2479. 89
10	1. 2262	0. 00940	41. 87	2510. 4	2468. 5
15	1. 7068	0. 01283	62. 80	2520. 5	2457. 7
20	2. 3346	0. 01719	83. 74	2530. 1	2446. 3
25	3. 1684	0. 02304	104. 67	2539. 7	2435. 0
30	4. 2474	0. 03036	125. 60	2549. 3	2423. 7
35	5. 6207	0. 03960	146. 54	2559. 0	2412. 4
40	7. 3766	0. 05114	167. 47	2568. 6	2401. 1
45	9. 5837	0. 06543	188. 41	2577. 8	2389. 4
50	12. 340	0. 0830	209. 34	2587. 4	2378. 1
55	15. 743	0. 1043	230. 27	2596. 7	2366. 4
60	19. 923	0. 1301	251. 21	2606. 3	2355. 1
65	25. 014	0. 1611	272. 14	2615. 5	2343. 4

续表

温度/℃	绝对压力/kPa	蒸汽的密度/(kg/m³)	焓/(kJ/kg)		汽化热/(kJ/kg)
			液体	蒸汽	
70	31.164	0.1979	293.08	2624.3	2331.2
75	38.551	0.2416	314.01	2633.5	2319.5
80	47.379	0.2929	334.94	2642.3	2307.8
85	57.875	0.3531	355.88	2651.1	2295.2
90	70.136	0.4229	376.81	2659.9	2283.1
95	84.556	0.5039	397.75	2668.7	2270.9
100	101.33	0.5970	418.68	2677.0	2258.4
105	120.85	0.703	440.03	2685.0	2245.4
110	143.31	0.8254	460.97	2693.4	2232.0
115	169.11	0.9635	482.32	2701.3	2219.0
120	196.64	1.1199	503.67	2708.9	2205.2
125	232.19	1.296	525.02	2716.4	2191.8
130	270.25	1.494	546.38	2723.9	2177.6
135	313.11	1.715	567.73	2731.0	2163.3
140	361.47	1.962	589.09	2737.7	2148.7
145	415.72	2.238	610.85	2744.4	2134.0
150	476.24	2.543	632.21	2750.7	2118.5
160	618.28	3.252	675.75	2762.9	2087.1
170	792.59	4.113	719.29	2773.3	2054.0
180	1003.5	5.145	763.25	2782.5	2019.3
190	1255.6	6.378	807.64	2790.1	1982.4
200	1554.77	7.840	852.01	2795.5	1943.5
210	1917.72	9.567	897.23	2799.3	1902.5
220	2320.88	11.60	942.45	2801.0	1858.5
230	2798.59	13.98	988.50	2800.1	1811.6
240	3347.91	16.76	1034.56	2796.8	1761.8
250	3977.67	20.01	1081.45	2790.1	1708.6
260	4693.75	23.82	1128.76	1780.9	1651.7
270	5503.99	28.27	1176.91	2768.3	1591.4
280	6417.24	33.47	1225.48	2752.0	1526.5
290	7443.29	39.60	1274.46	2732.3	1457.4
300	8592.94	46.93	1325.54	2708.0	1382.5
310	9877.96	55.59	1378.71	2680.0	1301.3
320	11300.3	65.95	1436.07	2648.2	1212.1
330	12879.6	78.53	1446.78	2610.5	1116.2
340	14615.8	93.98	1562.93	2568.6	1005.7
350	16538.5	113.2	1636.20	2516.7	880.5
360	1866.91	139.6	1729.15	2442.6	713.0
370	21040.9	171.0	1888.25	2301.9	411.1
374	22070.9	322.6	2098.0	2098.0	—

附录 2　管壳式换热器系列标准与参数

1. 管壳式换热器系列标准(摘录)

1) 固定管板式热交换器(GB/T 28712. 2—2023)

(1) ϕ19mm 管径换交换器基本参数

公称直径 DN/mm	公称压力 PN/MPa	管程数 N_p	管子根数 n	中心排管数	管程流通面积/m^2	计算换热面积/m^2 换热管长度 L/mm						
						1500	2000	3000	4500	6000	9000	12000
168	≤6. 40	1	19	5	0. 0034	1. 6	2. 1	3. 3	—	—	—	—
219			33	7	0. 0058	2. 8	3. 7	5. 7	—	—	—	—
273		1	65	9	0. 0115	5. 4	7. 4	11. 3	17. 1	22. 9	—	—
		2	56	8	0. 0049	4. 7	6. 4	9. 7	14. 7	19. 7	—	—
325		1	99	11	0. 0175	8. 3	11. 2	17. 1	26. 0	34. 9	—	—
		2	88	10	0. 0078	7. 4	10. 0	15. 2	23. 1	31. 0	—	—
		4	68	11	0. 0030	5. 7	7. 7	11. 8	17. 9	23. 9	—	—
400		1	174	14	0. 0307	14. 5	19. 7	30. 1	45. 7	61. 3	—	—
		2	164	15	0. 0145	13. 7	18. 6	28. 4	43. 1	57. 8	—	—
		4	146	14	0. 0065	12. 2	16. 6	25. 3	38. 3	51. 4	—	—
450		1	237	17	0. 0419	19. 8	26. 9	41. 0	62. 2	83. 5	—	—
		2	220	16	0. 0194	18. 4	25. 0	38. 1	57. 8	77. 5	—	—
		4	200	16	0. 0088	16. 7	22. 7	34. 6	52. 5	70. 4	—	—
500		1	275	19	0. 0486	—	31. 2	47. 6	72. 2	96. 8	—	—
		2	256	18	0. 0226	—	29. 0	44. 3	67. 2	90. 2	—	—
		4	222	18	0. 098	—	25. 2	38. 4	58. 3	78. 2	—	—
600		1	430	22	0. 0760	—	48. 8	74. 4	112. 9	151. 4	—	—
		2	416	23	0. 0368	—	47. 2	72. 0	109. 3	146. 5	—	—
		4	370	22	0. 0163	—	42. 0	64. 0	97. 2	130. 2	—	—
		6	360	20	0. 0106	—	40. 8	62. 3	94. 5	126. 8	—	—
700		1	607	27	0. 1073	—	—	105. 1	159. 4	213. 8	—	—
		2	574	27	0. 0507	—	—	99. 4	150. 8	202. 1	—	—
		4	542	27	0. 0239	—	—	93. 8	142. 3	190. 9	—	—
		6	518	24	0. 0153	—	—	89. 7	136. 0	182. 4	—	—
800		1	797	31	0. 1408	—	—	138. 0	209. 3	280. 7	—	—
		2	776	31	0. 0686	—	—	134. 3	203. 8	273. 3	—	—
		4	722	31	0. 0319	—	—	125. 0	189. 8	254. 3	—	—
		6	710	30	0. 0209	—	—	122. 9	186. 5	250. 0	—	—

续表

公称直径 DN/mm	公称压力 PN/MPa	管程数 N_p	管子根数 n	中心排管数	管程流通面积/m^2	计算换热面积/m^2 换热管长度 L/mm						
						1500	2000	3000	4500	6000	9000	12000
900	≤6.40	1	1009	35	0.1783	—	—	174.7	265.0	355.3	536.0	—
		2	988	35	0.0873	—	—	171.0	259.5	347.9	524.9	—
		4	938	35	0.0414	—	—	162.4	246.4	330.3	498.3	—
		6	914	34	0.0269	—	—	158.2	240.0	321.9	485.6	—
1000		1	1267	39	0.2239	—	—	219.3	332.8	446.2	673.1	—
		2	1234	39	0.1090	—	—	213.6	324.1	434.6	655.6	—
		4	1186	39	0.0524	—	—	205.3	311.5	417.7	630.1	—
		6	1148	38	0.0338	—	—	198.7	301.5	404.3	609.9	—

(2) ϕ25mm 管径热交换器基本参数

公称直径 DN/ mm	公称压力 PN/ MPa	管程数 N_p	管子根数 n	中心排管数	管程流通面积/m^2	计算换热面积 A/ m^2 换热管长度 L/mm						
						1500	2000	3000	4500	6000	9000	12000
168	≤6.40	1	11	3	0.0035	1.2	1.6	2.5	—	—	—	—
219			25	5	0.0079	2.7	3.7	5.7	—	—	—	—
273		1	38	6	0.0119	4.2	5.7	8.7	13.1	17.6	—	—
		2	32	7	0.0050	3.5	4.8	7.3	11.1	14.8		—
325		1	57	9	0.0179	6.3	8.5	13.0	19.7	26.4	—	—
		2	56	9	0.0088	6.2	8.4	12.7	19.3	25.9		—
		4	40	9	0.0031	4.4	6.0	9.1	13.8	18.5		—
400		1	98	12	0.0308	10.8	14.6	22.3	33.8	45.4	—	—
		2	94	11	0.0148	10.3	14.0	21.4	32.5	43.5		—
		4	76	11	0.0060	8.4	11.3	17.3	26.3	35.2		—
450		1	135	13	0.0424	14.8	20.1	30.7	46.6	62.5	—	—
		2	126	12	0.0198	13.9	18.8	28.7	43.5	58.4		—
		4	106	13	0.0083	11.7	15.8	24.1	36.6	49.1		—
500		1	174	14	0.0546	—	26.0	39.6	60.1	80.6	—	—
		2	164	15	0.0257	—	24.5	37.3	56.6	76.0		—
		4	144	15	0.0113	—	21.4	32.8	49.7	66.7		—
600		1	245	17	0.0769	—	36.5	55.8	84.6	113.5	—	—
		2	232	16	0.0364	—	34.6	52.8	80.1	107.5		—
		4	222	17	0.0174	—	33.1	50.5	76.7	102.8		—
		6	216	16	0.0113	—	32.2	49.2	74.6	100.0		—
700		1	355	21	0.1115	—	—	80.0	122.6	164.4	—	—
		2	342	21	0.0537	—	—	77.9	118.1	158.4		—
		4	322	21	0.0253	—	—	73.3	111.2	149.1		—
		6	304	20	0.0159	—	—	69.2	105.0	140.8		—

续表

公称直径 DN/ mm	公称压力 PN/ MPa	管程数 N_p	管子根数 n	中心排管数	管程流通面积/m^2	计算换热面积 A/ m^2 换热管长度 L/mm						
						1500	2000	3000	4500	6000	9000	12000
800	≤6. 40	1	467	23	0. 1466	—	—	106. 3	161. 3	216. 3	—	—
		2	450	23	0. 0707	—	—	102. 4	155. 4	208. 5		—
		4	442	23	0. 0347	—	—	100. 6	152. 7	204. 7		—
		6	430	24	0. 0225	—	—	97. 9	148. 5	119. 2		—
900		1	605	27	0. 1900	—	—	137. 8	209. 0	280. 2	422. 7	—
		2	588	27	0. 0923	—	—	133. 9	203. 1	272. 3	410. 8	—
		4	554	27	0. 0435	—	—	126. 1	191. 4	256. 6	387. 1	—
		6	538	26	0. 0282	—	—	122. 5	185. 8	249. 2	375. 9	—
1000		1	749	30	0. 2352	—	—	170. 5	258. 7	346. 8	523. 3	—
		2	742	29	0. 1165	—	—	168. 9	256. 3	343. 7	518. 4	—
		4	710	29	0. 0557	—	—	161. 6	245. 2	328. 8	496. 0	—
		6	698	30	0. 0365	—	—	158. 9	241. 1	323. 3	487. 7	—

2）浮头式热交换器（GB/T 28712. 1—2023）

（1）内导流热交换器和冷凝器的主要工艺参数

公称直径 DN/mm	管程数 N_p	换热管根数 n		中心排管数		管程流通面积/m^2					换热面积/m^2					
		换热管外径 d/mm				$d\times\delta_t$/mm					L=3m		L=4. 5m		L=6m	
		19	25	19	25	19×1. 25	19×2	25×1. 5	25×2	25×2. 5	19	25	19	25	19	25
（325）300	2	60	32	7	5	0. 0064	0. 0053	0. 0060	0. 0055	0. 0050	10. 5	7. 4	15. 8	11. 1	—	—
	4	52	28	6	4	0. 0028	0. 0023	0. 0026	0. 0024	0. 0022	9. 1	6. 4	13. 7	9. 7	—	—
（426）400	2	120	74	8	7	0. 0128	0. 0106	0. 0138	0. 0126	0. 0116	20. 9	16. 9	31. 6	25. 6	42. 3	34. 4
	4	108	68	9	6	0. 0058	0. 0048	0. 0065	0. 0059	0. 0053	18. 8	15. 6	28. 4	23. 6	38. 1	31. 6
500	2	206	124	11	8	0. 0220	0. 0182	0. 0235	0. 0215	0. 0194	35. 7	28. 3	54. 1	42. 8	72. 5	57. 4
	4	192	116	10	9	0. 0103	0. 0085	0. 0110	0. 0100	0. 0091	33. 2	26. 4	50. 4	40. 1	67. 6	53. 7
600	2	324	198	14	11	0. 0346	0. 0286	0. 0376	0. 0343	0. 0311	55. 8	44. 9	84. 8	68. 2	113. 9	91. 5
	4	308	188	14	10	0. 0165	0. 0136	0. 0179	0. 0163	0. 0148	53. 1	42. 6	80. 7	64. 8	108. 2	86. 9
	6	284	158	14	10	0. 0100	0. 0083	0. 0100	0. 0091	0. 0083	48. 9	35. 8	74. 4	54. 4	99. 8	73. 1
700	2	468	268	16	13	0. 0500	0. 0414	0. 0508	0. 0464	0. 0421	80. 4	60. 6	122. 2	92. 1	164. 1	123. 7
	4	448	256	17	12	0. 0240	0. 0198	0. 0243	0. 0222	0. 0201	76. 9	57. 8	117. 0	87. 9	157. 1	118. 1
	6	382	224	15	10	0. 0136	0. 0112	0. 0141	0. 0129	0. 0116	65. 6	50. 6	99. 8	76. 9	133. 9	103. 4
800	2	610	366	19	15	0. 0652	0. 0539	0. 0694	0. 0634	0. 0575	104. 3	62. 6	158. 9	125. 4	213. 5	168. 5
	4	588	352	18	14	0. 0315	0. 0260	0. 0335	0. 0305	0. 0276	100. 6	60. 2	153. 2	120. 6	205. 8	162. 1
	6	518	316	16	14	0. 0184	0. 0152	0. 0199	0. 0182	0. 0165	88. 6	54. 0	134. 9	108. 3	181. 3	145. 5

续表

公称直径 DN/mm	管程数 N_p	换热管根数 n		中心排管数		管程流通面积/m²					换热面积/m²					
		换热管外径 d/mm				$d\times\delta_t$/mm					L=3m		L=4.5m		L=6m	
		19	25	19	25	19×1.25	19×2	25×1.5	25×2	25×2.5	19	25	19	25	19	25
900	2	800	472	22	17	0.0856	0.0707	0.0895	0.0817	0.0741	136.0	80.2	207.6	161.2	279.2	216.8
	4	776	456	21	16	0.0415	0.0343	0.0433	0.0395	0.0358	131.9	77.5	201.4	155.7	270.8	209.4
	6	720	426	21	16	0.0257	0.0212	0.0269	0.0246	0.0223	122.4	72.4	186.9	145.5	251.3	195.6
1000	2	1006	606	24	19	0.1077	0.0890	0.1150	0.1050	0.0952	170.5	102.7	260.6	206.6	350.6	277.9
	4	980	588	23	18	0.0524	0.0433	0.0557	0.0509	0.0462	166.1	99.7	253.9	200.4	341.6	269.7
	6	892	564	21	18	0.0318	0.0262	0.0357	0.0326	0.0295	151.2	95.6	231.1	192.2	311.0	258.7

（2）外导流热交换器的工艺参数

公称直径 DN/mm	管程数 N_p	换热管根数 n		中心排管数		管层流通面积/m²					换热面积/m²	
		换热管外径 d/mm				$d\times\delta_t$/mm					L=6m	
		19	25	19	25	19×1.25	19×2	25×1.5	25×2	25×2.5	19	25
500	2	224	132	13	10	0.0239	0.0198	0.0251	0.0229	0.0207	78.8	61.2
	4	218	124	12	10	0.0117	0.0096	0.0117	0.0107	0.0097	76.8	57.4
600	2	338	206	16	12	0.0360	0.0298	0.0391	0.0357	0.0324	118.8	95.3
	4	320	196	15	12	0.0170	0.0141	0.0186	0.0170	0.0154	112.5	90.6
700	2	480	280	18	15	0.0514	0.0425	0.0531	0.0485	0.0440	168.3	129.2
	4	460	268	17	14	0.0246	0.0203	0.0254	0.0232	0.0210	161.3	123.6
800	2	636	378	21	16	0.0680	0.0562	0.0717	0.0655	0.0594	222.6	174.1
	4	612	364	20	16	0.0328	0.0271	0.0345	0.0315	0.0285	214.2	167.6
900	2	822	490	24	19	0.0877	0.0726	0.0929	0.0848	0.0769	287.0	225.1
	4	796	472	23	18	0.0426	0.0352	0.0448	0.0409	0.0371	278.0	216.9
	6	742	452	23	16	0.0263	0.0217	0.0286	0.0261	0.0237	259.1	207.7
1000	2	1050	628	26	21	0.1124	0.0929	0.1194	0.1090	0.0987	365.9	287.9
	4	1020	608	27	20	0.0546	0.0451	0.0576	0.0526	0.0478	355.5	278.8
	6	938	580	25	20	0.0334	0.0276	0.0367	0.0335	0.0301	326.9	265.9

3）立式热虹吸式重沸器(JB/T 4716—1992)

（1）ϕ25mm 管径换热器基本参数

公称直径 DN/mm	公称压力 PN/MPa	管程数 N_p	管子根数 n	中心排管数	管程流通面积/m²		计算换热面积 A/m²			
							换热管长度 L/mm			
					ϕ25×2	ϕ25×2.5	1500	2000	2500	3000
400	1.00 1.60	1	98	12	0.0339	0.0308	10.8	14.6	18.4	—
500			174	14	0.0603	0.0546	19.0	26.0	32.7	—
600			245	17	0.0849	0.0769	26.8	36.5	46.0	—

续表

公称直径 DN/mm	公称压力 PN/MPa	管程数 N_p	管子根数 n	中心排管数	管程流通面积/m^2		计算换热面积 A/m^2 换热管长度 L/mm			
					$\phi25\times2$	$\phi25\times2.5$	1500	2000	2500	3000
700			355	21	0.1230	0.1115	38.8	52.8	66.7	80.8
800			467	23	0.1618	0.1466	51.1	69.4	87.8	106
900	0.25		605	27	0.2095	0.1900	66.2	90.0	113	137
1000			749	30	0.2594	0.2352	82.0	111	140	170
(1100)	0.60		931	33	0.3225	0.2923	102	138	175	211
1200		1	1115	37	0.3862	0.3501	122	165	209	253
(1300)	1.00		1301	39	0.4506	0.4085	142	193	244	295
1400			1547	43	0.5358	0.4858	—	230	290	351
(1500)	1.60		1753	45	0.6072	0.5504	—	—	329	398
1600			2023	47	0.7007	0.6352	—	—	380	460
(1700)			2245	51	0.7776	0.7049	—	—	422	510
1800			2559	55	0.8863	0.8035	—	—	481	581

（2）ϕ38mm 管径换热器基本参数

公称直径 DN/mm	公称压力 PN/MPa	管程数 N_p	管子根数 n	中心排管数	管程流通面积/m^2		计算换热面积 A/m^2 换热管长度 L/mm			
					$\phi38\times2.5$	$\phi38\times3$	1500	2000	2500	3000
400	1.00		51	7	0.0436	0.0410	8.5	11.6	14.6	—
500	1.60		69	9	0.0590	0.0555	11.5	15.6	19.8	—
600			115	11	0.0982	0.0942	19.2	26.1	32.9	—
700			169	13	0.136	0.128	26.6	36.0	45.5	55.0
800			205	15	0.175	0.165	34.2	46.5	58.7	70.9
900	0.25		259	17	0.221	0.208	43.3	58.7	74.2	89.6
1000			355	19	0.303	0.285	59.3	80.5	102	123
(1100)	0.60	1	419	21	0.358	0.337	70.0	95.0	120	145
1200			503	23	0.430	0.404	84.0	114	144	174
(1300)	1.00		587	25	0.502	0.472	90.1	133	168	203
1400			711	27	0.608	0.572	—	161	204	246
(1500)	1.60		813	31	0.696	0.654	—	—	233	281
1600			945	33	0.808	0.760	—	—	271	327
(1700)			1059	35	0.905	0.851	—	—	303	366
1800			1177	39	1.006	0.946	—	—	337	407

2. 管壳式换热器总传热系数 K_o 的推荐值

(1) 管壳式换热器用作冷却时的 K_o 值范围

高温流体	低温流体	总传热系数范围 /[W/(m²·K)]	备 注
水	水	1400~2840	污垢系数 0.52m²·K/kW
甲醇、氢	水	1400~2840	
有机物黏度 $0.5×10^{-3}$Pa·s 以下①	水	430~850	
有机物黏度 $0.5×10^{-3}$Pa·s 以下①	冷冻盐水	220~570	
有机物黏度 $(0.5~1)×10^{-3}$Pa·s②	水	280~710	
有机物黏度 $1×10^{-3}$Pa·s 以下③	水	28~430	
气体	水	12~280	
水	冷冻盐水	570~1200	
水	冷冻盐水	230~580	传热面为塑料衬里
硫酸	水	870	传热面为不透性石墨，两侧对流传热系数均为 2440W(m²·K)
四氯化碳	氯化钙溶液	76	管内流速 0.0052~0.011m/s
氯化氢气(冷却除水)	盐水	35~175	传热面为不透性石墨
氯气(冷却除水)	水	35~175	传热面为不透性石墨
被烧 SO_2 气体	水	230~465	传热面为不透性石墨
氮	水	66	计算值
水	水	410~1160	传热面为塑料衬里
20%~40%盐酸	水 t=30~60℃	465~1050	
20%盐酸	水 t=25~110℃	580~1160	
有机溶液	盐水	175~510	

① 为苯、甲苯、丙酮、乙醇、丁酮、汽油、轻煤油、石脑油等有机物；

② 为煤油、热柴油、吸热收油、原油馏分等有机物；

③ 为冷柴油、燃料油、原油、焦油、沥青等有机物。

(2) 管壳式换热器用作冷凝器时的 K_o 值范围

高温流体	低温流体	总传热系数范围/[W/(m²·K)]	备 注
有机质蒸气	水	230~930	传热面为塑料衬里
有机质蒸气	水	290~1160	传热面为不透性石墨
饱和有机质蒸气(大气压下)	盐水	570~1140	
饱和有机质蒸气 (减压下且含有少量不凝性气体)	盐水	280~570	
低沸点碳氢化合物(大气压下)	水	450~1140	

续表

高温流体	低温流体	总传热系数范围/[W/(m² · K)]	备 注
高沸点碳氢化合物(减压下)	水	60~175	
21%盐酸蒸气	水	110~1750	传热面为不透性石墨
氨蒸气	水	870~2330	水流速 1~1.5m/s
有机溶剂蒸气和水蒸气混合物	水	350~1160	传热面为塑料衬里
有机质蒸气(减压下且含有大量不凝性气体)	水	60~280	
有机质蒸气(大气压下且含有大量不凝性气体)	盐水	115~450	
氟里昂液蒸气	水	870~990	水流速 1~1.2m/s
汽油蒸气	水	520	水流速 1~1.5m/s
汽油蒸气	原油	115~175	原油流速 0.6m/s
煤油蒸气	水	290	水流速 1m/s
水蒸气(加压下)	水	1990~4260	
水蒸气(减压下)	水	1700~3440	
氯乙醛(管外)	水	165	直立式，传热面为搪瓷玻璃
甲醛(管内)	水	640	直立式
四氯化碳(管内)	水	360	直立式
缩醛(管内)	水	460	直立式
糠醛(管外)(有不凝性气体)	水	220	直立式
水蒸气(管外)	水	610	卧式

(3) 管壳式换热器用作加热器时的 K 值范围

高温流体	低温流体	总传热系数范围/[W/(m² · ℃)]	备 注
水蒸气	水	1150~4000	污垢系数 0.18m² · ℃/kW
水蒸气	甲醇、氨	1150~4000	污垢系数 0.18m² · ℃/kW
水蒸气	水溶液黏度 0.02Pa · s 以下	1150~4000	
水蒸气	水溶液黏度 0.02Pa · s 以上	570~2800	污垢系数 0.18m² · ℃/kW
水蒸气	有机物黏度 0.001Pa · s 以上	35~340	
水蒸气	气体	28~280	
水蒸气	水	2270~4500	水流速 1.2~1.5m/s
水蒸气	盐酸或硫酸	350~580	传热面为塑料衬里
水蒸气	饱和盐水	700~1500	传热面为不透性石墨
水蒸气	硫酸铜溶液	930~1500	传热面为不透性石墨
水蒸气	空气	50	空气流速 3m/s
水蒸气(或热水)	不凝性气体	23~29	传热面为不透性石墨，不凝性气体流速 4.5~7.5m/s

续表

高温流体	低温流体	总传热系数范围/[W/(m^2·℃)]	备 注
水蒸气	不凝性气体	35~46	传热面为不透性石墨，不凝性气体流速9.0~12.0m/s
水	水	400~1150	
热水	碳氢化合物	230~500	管外为水
温水	稀硫酸溶液	580~1150	传热面材料为石墨
熔融盐	油	290~450	
导热油蒸气	重油	45~350	
导热油蒸气	气体	23~230	

3. 壁面污垢热阻(污垢系数)(m^2·℃/W)

(1) 冷却水

加热流体的温度/℃	115以下		115~205	
水的温度/℃	25以下		25以上	
水的流速/(m/s)	1以下	1以上	1以下	1以上
海水	0.8598×10^{-4}	0.8598×10^{-4}	1.7197×10^{-4}	1.7197×10^{-4}
自来水、井、湖水、软化锅炉水	1.7197×10^{-4}	1.7197×10^{-4}	3.4394×10^{-4}	3.4394×10^{-4}
蒸馏水	0.8598×10^{-4}	0.8598×10^{-4}	0.8598×10^{-4}	0.8598×10^{-4}
硬水	5.1590×10^{-4}	5.1590×10^{-4}	8.598×10^{-4}	8.598×10^{-4}
河水	5.1590×10^{-4}	3.4394×10^{-4}	6.8788×10^{-4}	5.1590×10^{-4}

(2) 工业用气体

气体名称	热 阻	气体名称	热 阻
有机化合物蒸汽	0.8598×10^{-4}	溶剂蒸气	1.7197×10^{-4}
水蒸气	0.8598×10^{-4}	天然气	1.7197×10^{-4}
空气	3.4394×10^{-4}	焦炉气	1.7197×10^{-4}

(3) 工业用液体

液体名称	热 阻	液体名称	热 阻
有机化合物	1.7197×10^{-4}	熔盐	0.8598×10^{-4}
盐水	1.7197×10^{-4}	植物油	5.1950×10^{-4}

(4) 石油分馏物

馏出物名称	热 阻	馏出物名称	热 阻
原油	3.4394×10^{-4}~12.098×10^{-4}	柴油	3.4394×10^{-4}~5.1590×10^{-4}
汽油	1.7197×10^{-4}	重油	8.598×10^{-4}
石脑油	1.7197×10^{-4}	沥青油	1.7197×10^{-4}
煤油	1.7197×10^{-4}		

附录3 管壳式换热器装配图

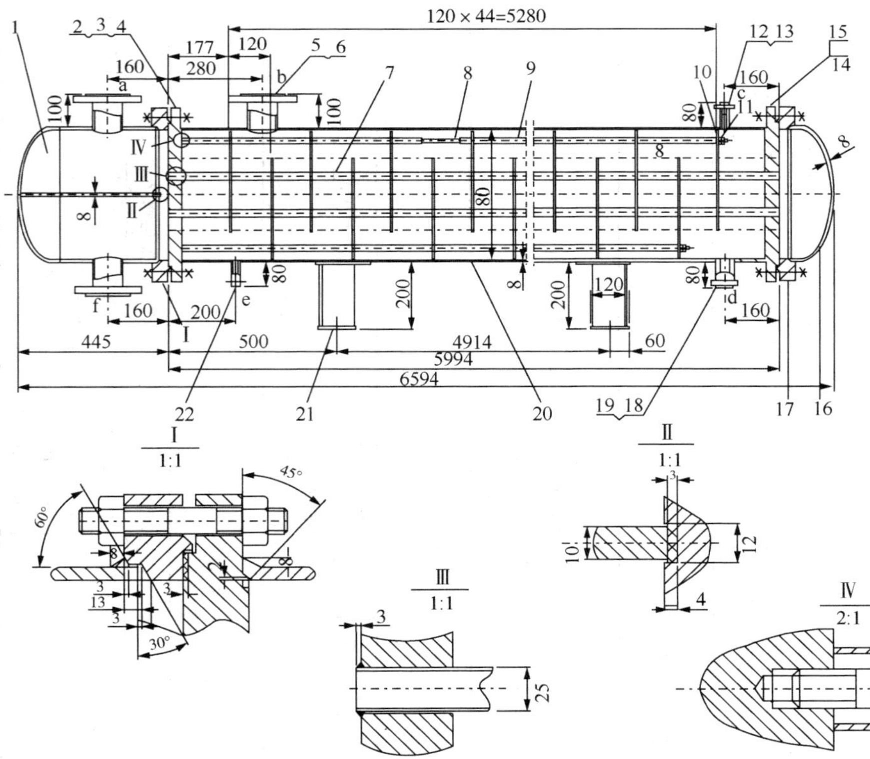

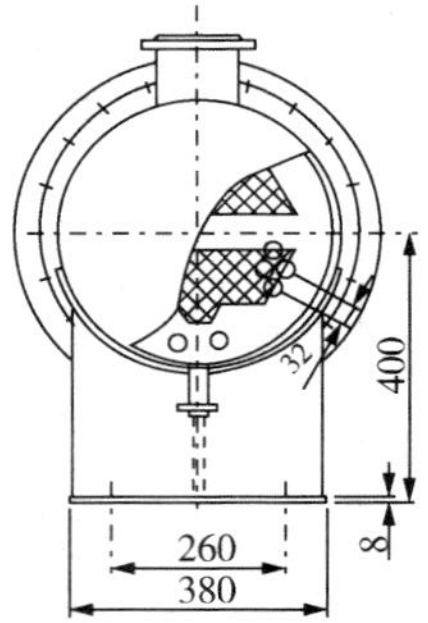

技术要求

1.本设备按原国家劳动局颁发的压力容器安全技术监察规程,钢制化工容器技术要求,钢制管器壳式换热器设计规定,GB151–1999管壳式换热器进行设计、制造、试验和验收。

2.焊接采用点焊,焊条型号为T422。

3.焊接接头型式及尺寸,除图注明外,均采用HG20583–1998中规定对接焊缝采用8号,T型焊缝采用33号,角焊缝采用25号,法兰焊接按相应法兰标准中的规定。

4.壳体焊缝应进行无损探伤检查,探伤长度占缝总长的20%。

5.设备制造完毕后,壳程及管程分别以0.75MPa的表压实验合格后壳程再以0.63MPa表压进行气密性试验。

6.管口方位见本图。

技术特性表

名称	管程	壳程
设计压力/MPa	0.5	0.5
设计温度/℃		
操作压力/MPa	0.4	0.3
操作温度/℃	30/40	120/40
物料名称	循环水	油
程数	Ⅱ	Ⅰ
腐蚀裕度/mm		
焊缝系数	2.0	2.0
换热面积/m^2	24.8	
容器类别	一类	

管口表

符号	公称尺寸	连接尺寸及标准	连接面形式	用途或名称
a	200	PNL0DN200HG20592–97	平面	循环水出口
b	100	PNL0DN100HG20592–97	凹面	煤油入口
c	20	PNL0DN20HG20592–97	凹面	放气口
d	100	PNL0DN100HG20592–97	凸面	煤油出口
e	20	PNL0DN20HG20592–97	凸面	净排口
f	200	PNL0DN200HG20592–97	平面	循环水入口

件号	图号或标准号	名称	数量	材料	单重量/kg	双重量/kg	备注
22	HG20592–97	凸面法兰PN1 DN20	1	Q235–B			
21	B/T47121–07	支座	2	Q235–A			
20		筒体ϕ400 δ=8	1	16MnR			
19	HG20592–97	凸面法兰PN1 DN70	1	Q235–B			
18		接管ϕ106 × 4	1	10			
17	HG20613–97	凹面法兰Y6–400	1	16MnR			
16	B/T4746–02	封头Dg400 × 8	1	A3			
15	HG20606–97	垫片	1	耐油橡胶石棉板			
14		后管板	1	16MnR			
13	HG20592–97	凹面法兰PN1 DN200	1	Q235–B			
12		接管ϕ25 × 3	2	10			
11		螺母M12		Q235–A			
10		折流板 δ=8	49	Q235–A			
9		定距管ϕ 25 × 25		10			
8		拉杆 ϕ12		10			
7		换热管ϕ 25 × 25	72	10			l=6000
6	HG20592–97	凹面法兰PN1 DN200	1	Q235–B			
5		接管ϕ219 × 6	1	10			
4	HG20613–97	螺母M20		10			
3	HG20613–97	螺栓M20 × 140		Q235–A			
2		前管板	1	16MnR			
1		管箱	1	铝			

职员	姓名	签名	日期	固定管板式换热器装配图	设计项目	
设计					设计阶段	施工图
制图						
校对						
审定				比例1:5 专业设备	第1张	

附录4 带控制节点的工艺流程图

代号	名称	代号	名称
LM	低压蒸汽	┌	放空
CW	冷却水(人)	P	压力
CWR	冷却水(出)	T	温度
SC	冷凝水	F	流量
─▸◂─	截止阀	L	液位
─⋈─	调节阀	DL	乙醇
♁	取样口	WL	釜液
─◑─	疏水器		
A106	分配器	1	
T-101	精馏塔	1	
E-104	冷却器	1	
E-103	冷却器	1	
E-102	全凝器	1	
E-101	原料预热器	1	
P-106	产品泵(备用)	1	
P-105	产品泵	1	
P-104	釜液泵(备用)	1	
P-103	釜液泵	1	
P-102	原料泵(备用)	1	
P-101	原料泵	1	
V-103	产品贮罐	1	
V-102	釜液贮罐	1	
V-101	原料贮罐	1	
序号	名称	数量	备注

××石油化工学院

职责	签名	日期	年处理54000t乙醇-水注阀精馏塔生产工艺流程图	
设计				
制图				
审核			图号	4

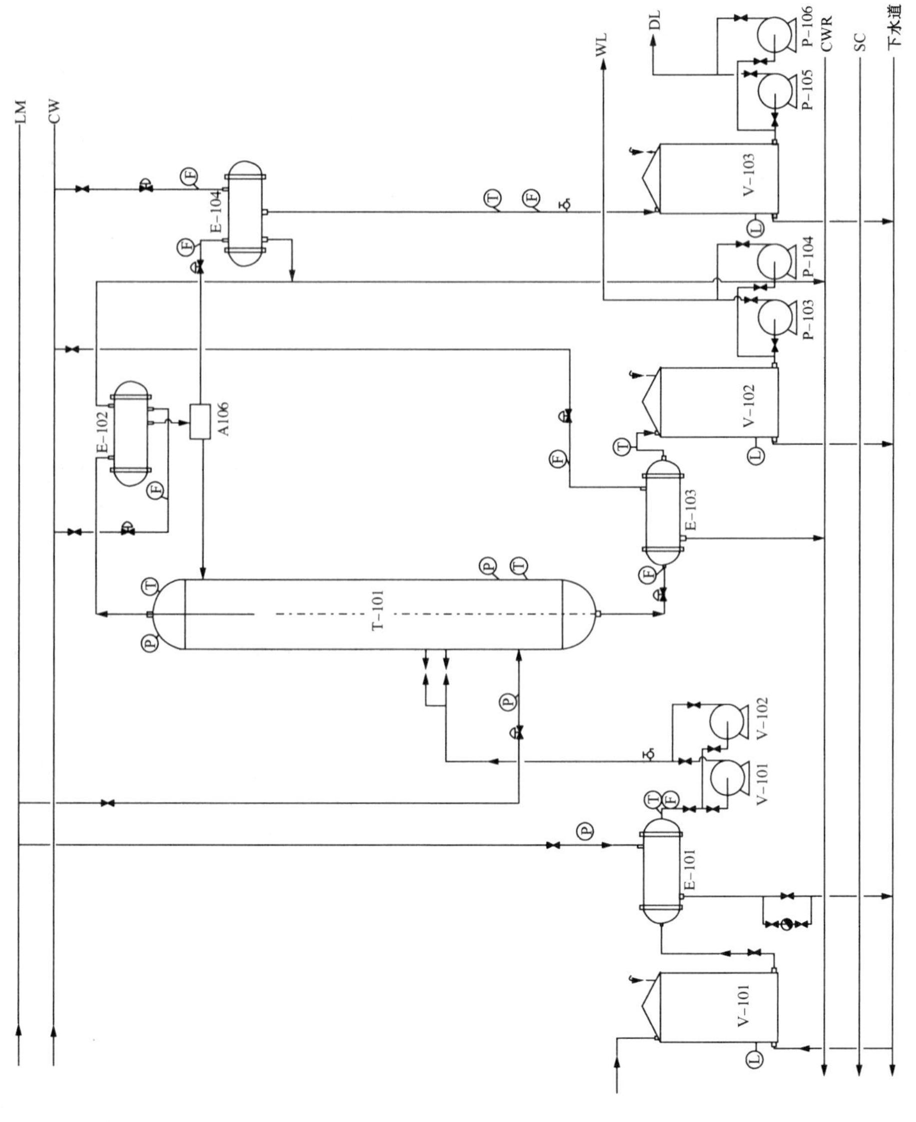

附录5 浮阀精馏塔装配图

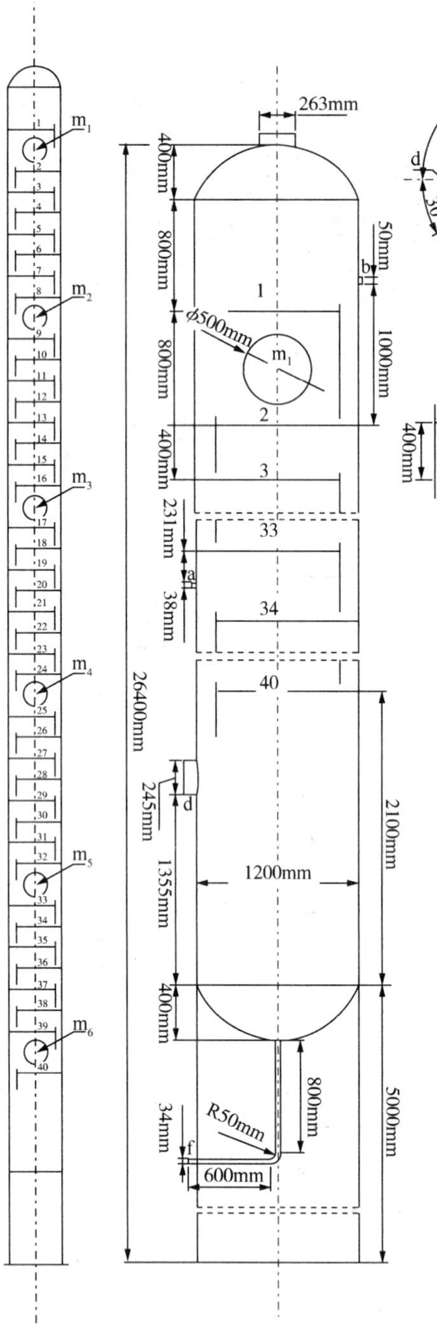

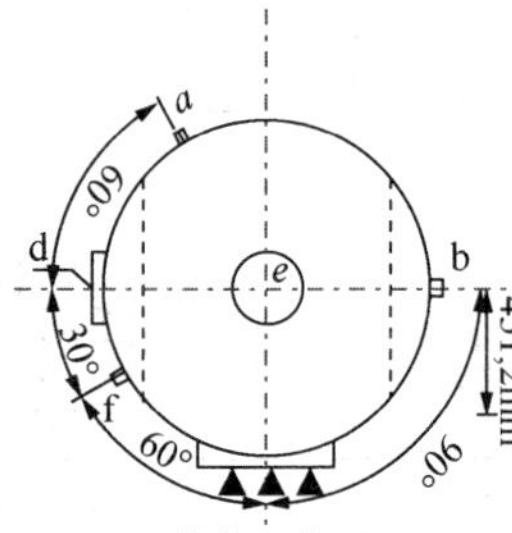

接管方位图

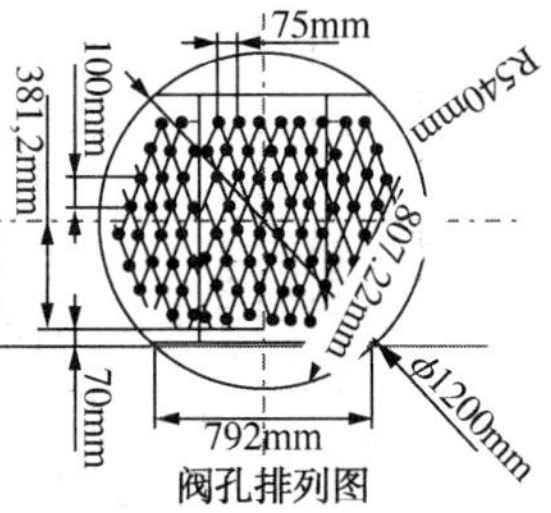

阀孔排列图

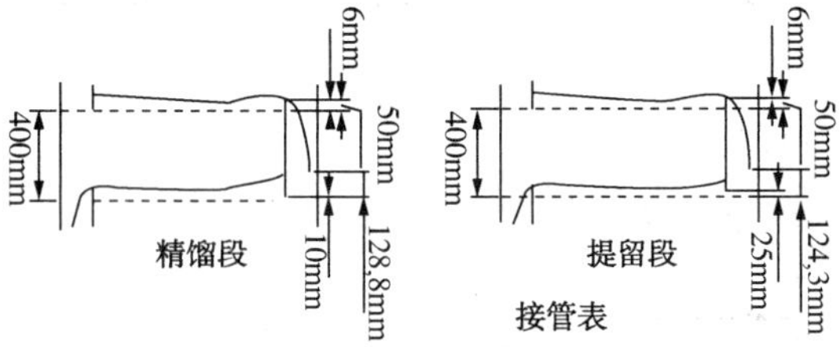

精馏段　　提留段

接管表

符号	公称尺寸(mm)	连接方式	用途
a	38	平面	进料口
b	50	平面	回流液出口
d	245	平面	水蒸气进口
e	263	平面	塔顶上升蒸气出口
f	34	平面	釜残液出口
m_{1+}	500	平面	人 孔

D	塔径	1200	W_a	破沫区宽度	70
R	鼓泡区半径	540	Wd	降液管宽度	148.8
l_w	堰长	792	W_e	无效区宽度	60
t	阀孔心距(横)	75	t′	阀孔心距(竖)	100
X	鼓泡宽度1/2	381.2			
H_d	清液层高度(精馏段)	128.8	H_d'	清液层高度(提馏段)	124.3
h_w	出口堰高	50	h_{ow}	堰上液层高度	6
ho	底隙高度(精馏段)	10	h_a'	底隙高度(提馏段)	25
H	精馏塔高	26400	H_F	进料板高	500
H_D	塔顶高	1200	H_P	人孔处塔板高	800
H_B	塔釜高	2500	H_T	塔板高	400
代号	名称	数值(mm)	代号	名称	数值(mm)

××石油化工学院

职责	签 名	日期	乙醇–水浮阀精馏塔设计条件图			
设计						
制图						
审核			比例	1:25	图号	5

附录 6　填料吸收塔装配图

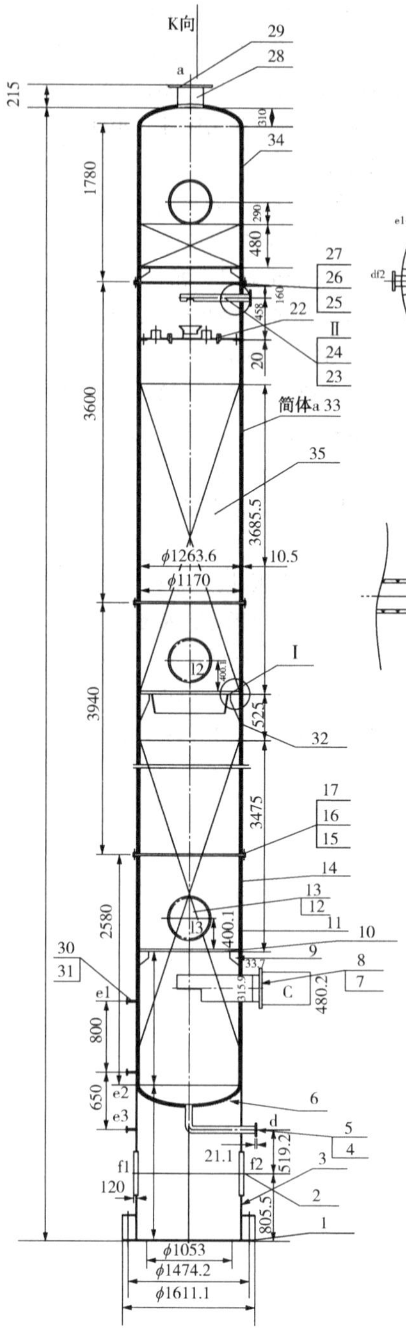

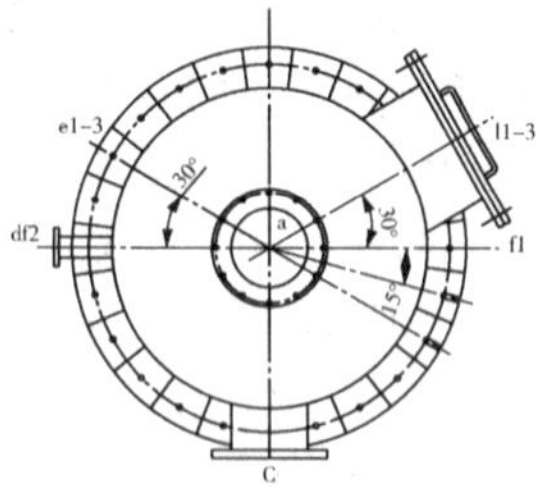

Ⅰ

M 1:3

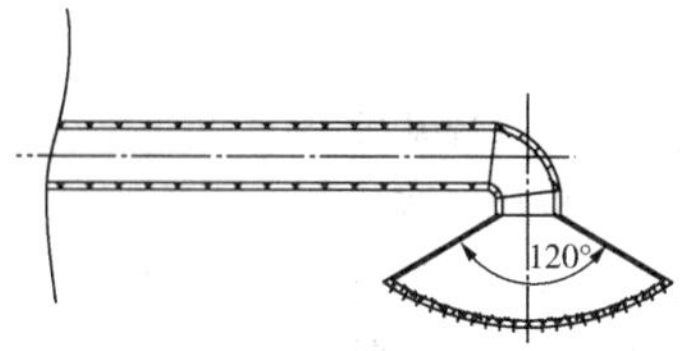

Ⅱ

M 1:3

35		填料	17		垫片
34	ZX-003-11-3	筒体	16		螺栓
33	ZX-003-11-2	筒体	15	ZX-003-11-12	法兰
32	ZX-003-11-1	筒体	14	ZX-003-11-11	筒体
31	ZX-003-11-22	法兰	13	ZX-003-11-10	人孔盖
30		接管	12	ZX-003-11-09	人孔
29	ZX-003-11-21	法兰	11		陶瓷
28		接管	10	ZX-003-11-08	栅板
27		垫片	9	ZX-003-11-07	支板
26		螺栓	8	ZX-003-11-06	法兰
25	ZX-003-11-20	法兰	7	ZX-003-11-05	接管
24	ZX-003-11-19	法兰	6	ZX-003-11-04	封头
23	ZX-003-11-18	接管	5	ZX-003-11-03	法兰
22	ZX-003-11-17	分配板	4		接管
21	ZX-003-11-16	栅板	3	ZX-003-11-02	裙座
20	ZX-003-11-15	分锥	2	ZX-003-11-01	人孔
19	ZX-003-11-14	接收板	1		螺栓
序号	代　号	名　称	序号	代　号	名　称

学校名称：　专业：　化工原理课程设计

取责	签名	日期	水吸收二氧化硫填料塔条件图
设计			
绘图			
审核			
比例		图号	

参 考 文 献

[1] 夏清，贾绍义. 化工原理[M]. 天津：天津大学出版社，2012.

[2] 贾绍义，柴诚敬. 化工原理课程设计[M]. 天津：天津大学出版社，2011.

[3] 王瑶，匡国柱. 化工单元过程及设备课程设计[M]. 北京：化学工业出版社，2013.

[4] 李功祥. 常用化工单元设备设计[M]. 广州：华南理工大学出版社，2003.

[5] 马江权，冷一欣. 化工原理课程设计[M]. 2版. 北京：中国石化出版社，2011.

[6] 王静康. 化工设计[M]. 北京：化学工业出版社，2017.

[7] 马沛生. 石油化工基础数据手册[M]. 北京：化学工业出版社，1993.

[8] 刘光启. 化工物性算图手册[M]. 北京：化学工业出版社，2002.

[9] 王松汉. 石油化工设计手册：第三卷[M]. 北京：化学工业出版社，2002.

[10] 蒋维钧，雷良恒，刘茂村. 化工原理：下册[M]. 2版. 北京：清华大学出版社，2003.

[11] 冯宵. 化工节能原理与技术[M]. 北京：化学工业出版社，2004.

[12] 陈涛，张国亮. 化工传递过程基础[M]. 北京：化学工业出版社，2002.

[13] 路秀林，王者相. 塔设备[M]. 北京：化学工业出版社，2002.

[14] 潘国昌，郭庆丰. 化工设备设计[M]. 北京：清华大学出版社，1996.

[15] 付家新，王为国，肖稳发. 化工原理课程设计：典型化工单元设备设计[M]. 北京：化学工业出版社，2010.

[16] 陈涛，张国亮. 化工传递过程基础[M]. 北京：化学工业出版社，2002.

[17] 兰州石油机械研究所. 现代塔器技术[M]. 北京：中国石化出版社，2005.

[18] 王树楹. 现代填料塔技术指南[M]. 北京：中国石化出版社，1999.

[19] 大连理工大学编. 化工原理：下册[M]. 北京：高等教育出版社，2002.

[20]《化工设备设计全书》编辑委员会. 塔设备[M]. 北京：化学工业出版社，2004.